◎ 罗文文 编著

清华大学出版社
北 京

内 容 简 介

Scratch是一种可视化的编程语言，它不仅是一个编程工具，更是一个极好的表达思想和创意的载体。学习物理不是记忆一个个枯燥的物理模型和数学公式，而是通过学习，让学生对真实的物理世界有更深刻的理解。本书创新性地把Scratch和物理有趣地结合在了一起。

本书设计了50个丰富精彩且富有创意的案例，把50个重要的物理原理和数学模型用Scratch动态地模拟和表现出来，让枯燥的物理学习变得鲜活和形象，同时也让学生在丰富的编程案例中锻炼了编程的思维和技巧，一举两得。

本书适合正在学习物理和编程或对物理和编程感兴趣的青少年。本书为编程教师提供了丰富的Scratch＋物理的创意编程教案，同时也为物理教师提供了一种新颖的物理教学方式。

图书在版编目(CIP)数据

Scratch物理创意编程/罗文文编著.—北京：清华大学出版社，2020.8 (2023.2重印)
ISBN 978-7-302-55940-5

Ⅰ.①S… Ⅱ.①罗… Ⅲ.①程序设计－青少年读物 ②物理学－青少年读物 Ⅳ.①TP311.1-49 ②O4-49

中国版本图书馆CIP数据核字(2020)第120409号

责任编辑：王剑乔
封面设计：刘 键
责任校对：刘 静
责任印制：沈 露

出版发行：清华大学出版社
网 址：http://www.tup.com.cn，http://www.wqbook.com
地 址：北京清华大学学研大厦A座 **邮 编**：100084
社 总 机：010-83470000 **邮 购**：010-62786544
投稿与读者服务：010-62776969，c-service@tup.tsinghua.edu.cn
质量反馈：010-62772015，zhiliang@tup.tsinghua.edu.cn
印 装 者：三河市龙大印装有限公司
经 销：全国新华书店
开 本：185mm×260mm **印 张**：15.75 **字 数**：375千字
版 次：2020年9月第1版 **印 次**：2023年2月第2次印刷
定 价：89.00元

产品编号：088211-01

前言

FOREWORD

Scratch 是一款面向青少年的图形化编程工具。由于它简单易用且功能强大，所以迅速风靡全球，成为广受欢迎的编程软件。用 Scratch 编程就像搭建乐高积木一样，用鼠标拖曳，把不同指令的积木拼搭起来，就能创造出各种充满创意和想象力的作品，例如动画故事、游戏、音乐或美术作品等。Scratch 不仅仅是编程工具，更是表达创意和思想的载体，它能激发青少年创造的内在动力，鼓励他们思考和动手实践，提升他们解决问题的能力，这些都是青少年面向未来不可或缺的能力。

目前，Scratch 正逐渐与数学、物理、英语、语文等学科融合，促进各学科知识的学习。本书就是把物理原理和数学模型用 Scratch 动态地模拟和展现出来。例如，要用 Scratch 模拟"小孔成像"实验，需要先设计算法，然后编程实现。在设计算法时，鼓励青少年主动探究物理实验和现象背后的物理原理与数学模型。在编程实现时，驱使青少年探索和实践如何用强大的 Scratch 指令将物理模型准确地表达出来。这个过程不仅让枯燥的物理学习变得更有趣味性，还能极大地激发青少年主动学习和运用各学科知识去解决问题。

本书分为机械运动、物质、声、光、力、牛顿运动定律、能量、圆周运动、电、磁共 10 篇，设计了 50 个丰富精彩且富有创意的案例，涵盖了基础物理学科中的大部分内容。同时，在案例实践中，学习如何使用流程图描述算法以及结构化、面向对象的程序设计思想，练习 Scratch 编程的所有知识和技巧，包括角色外观和运动、变量和运算、程序控制、列表、过程、侦测、绘图、声音、克隆、消息和事件等。

本书中的程序基于 Scratch 3.0(版本号为 v3.6.0)编写，所有案例程序均已调试通过，且提供 QQ 群和微信群方便读者交流和答疑，读者可以扫描右侧的二维码查看答疑方式和程序源代码。

本书程序源代码和交流答疑群

本书不仅适合正在学习物理和编程或对物理和编程感兴趣的青少年，还为编程教师提供了丰富的 Scratch＋物理的创意编程教案，同时也为物理教师提供了一种新颖的物理教学方式。

最后特别感谢谢声涛老师对本书的指导和所提出的意见，由于他的帮助促成了本书的完成。

书中若有疏漏或不足之处，恳请读者批评、指正。

罗文文

2020 年 3 月

目录

CONTENTS

第 1 篇　机械运动 ………………………………………… 1

第 1 课　运动的快慢——区间测速 ………………………… 2
第 2 课　加速度——疯狂的赛车 …………………………… 6
第 3 课　重力加速度——自由落体运动 …………………… 12
第 4 课　平抛运动——飞机投弹 …………………………… 16
第 5 课　斜抛运动——定点投篮 …………………………… 23
第 6 课　单摆运动——神奇的小球 ………………………… 29

第 2 篇　物质 ………………………………………… 33

第 7 课　物质的构成——分子热运动 ……………………… 34
第 8 课　固体的密度——鉴别真假金块 …………………… 38
第 9 课　液体的密度——盐水浮鸡蛋 ……………………… 43
第 10 课　气体的密度——充气气球 ……………………… 47
第 11 课　物态变化——冰的熔化过程 …………………… 53

第 3 篇　声 ………………………………………… 61

第 12 课　声音的特性——绘制声波图 …………………… 62
第 13 课　超声波的妙用 1——超声波测速 ……………… 68
第 14 课　超声波的妙用 2——倒车雷达 ………………… 71

第 4 篇　光 ………………………………………… 75

第 15 课　光的直线传播——小孔成像 …………………… 76
第 16 课　光的反射 1——光的反射原理 ………………… 80

第 17 课 光的反射 2——潜望镜原理 …… 85
第 18 课 平面镜成像——水中的倒影 …… 88
第 19 课 光的折射——抓鱼的技巧 …… 93
第 20 课 光的色散——神奇的三棱镜 …… 97
第 21 课 光的三原色——红绿蓝变变变 …… 101

第 5 篇 力 …… 105

第 22 课 杠杆原理——智能调节平衡的杠杆 …… 106
第 23 课 二力平衡——被拉扯的小车 …… 112
第 24 课 压强——压力的作用效果 …… 117
第 25 课 液体的压强——喷射的水柱 …… 120
第 26 课 水中的浮力 1——浮力的原理 …… 124
第 27 课 水中的浮力 2——鸡蛋的浮沉 …… 129
第 28 课 大气压强——托里拆利实验 …… 133
第 29 课 摩擦力——无动力小车冲冲冲 …… 137

第 6 篇 牛顿运动定律 …… 141

第 30 课 牛顿第一定律——惯性小车 …… 142
第 31 课 牛顿第二定律——电梯里的超重与失重 …… 145
第 32 课 牛顿第三定律——反推力小车 …… 153

第 7 篇 能量 …… 157

第 33 课 动能与重力势能——滑坡比赛 …… 158
第 34 课 非弹性碰撞——弹跳的小球 …… 164
第 35 课 动量守恒——大力士小球推木块 …… 167
第 36 课 弹性碰撞 1——小球对对碰 …… 172
第 37 课 弹性碰撞 2——打台球 …… 175

第 8 篇 圆周运动 …… 179

第 38 课 圆周运动——自制时钟 …… 180
第 39 课 匀速圆周运动——自制电风扇 …… 186
第 40 课 天体的运动 1——太阳、地球与月球 …… 191
第 41 课 天体的运动 2——太阳系的行星 …… 195
第 42 课 宇宙速度——航天飞行 …… 199

第 9 篇 电 …… **205**

第 43 课 欧姆定律——可调节的灯 …… 206
第 44 课 基本电路类型 1——串联电路 …… 209
第 45 课 基本电路类型 2——并联电路 …… 212
第 46 课 串并联电路——神奇的开关 …… 215
第 47 课 家庭电路——小保险丝大作用 …… 220

第 10 篇 磁 …… **225**

第 48 课 磁极 1——有趣的磁性小车 …… 226
第 49 课 磁极 2——有趣的磁性杠杆 …… 230
第 50 课 电磁铁——智能水位报警器 …… 237

参考文献 …… **241**

第 1 篇 机械运动

机械运动是宇宙中最普遍的现象，也是自然界中最简单、最基本的运动形态。机械运动的形式多种多样，有沿着直线运动的，也有沿着曲线运动的；有运动得快的，也有运动得慢的。

本篇把多种类型的机械运动与有趣的 Scratch 案例结合，通过编程让机械运动生动而形象地展现在眼前。

第 1 课　运动的快慢——区间测速

第 2 课　加速度——疯狂的赛车

第 3 课　重力加速度——自由落体运动

第 4 课　平抛运动——飞机投弹

第 5 课　斜抛运动——定点投篮

第 6 课　单摆运动——神奇的小球

第1课
运动的快慢——区间测速

1. 课程目标

当人们乘坐车辆在高速公路上行驶时，经常会听到导航里提示“您已进入区间测速”。这句提示语是什么意思呢？所谓区间测速，就是在某个路段上设置前、后两个监控点，监测车辆通过这两个监控点的时间来计算车辆在该路段上的平均速度，并根据该路段的限速标准来判断车辆是否超速。

本节课将带你学习机械运动中最简单的直线运动，学习如何计算物体运动的速度，并用Scratch模拟实现“区间测速”系统。相信学完本节课的内容后，你对“区间测速”会有更深入的理解。

本节课的案例预期的实现效果如图1-1所示。当汽车从A点行驶到B点时，程序能立即计算出汽车行驶的平均速度。

图1-1 “区间测速”程序的实现效果

2. 物理知识

速度

天上飞行的飞机，地上行驶的汽车，水里航行的轮船，都有一个共同点，那就是它们都是运动中的物体，位置随着时间的变化而不断变化。这种运动在物理学中叫作机械运动。大到宇宙中的天体，小到陆地上的一只蜗牛，它们做的都是机械运动。

对于运动中的物体，通常用一个关键词“快慢”来形容。怎么比较物体运动的快慢呢？通常有两种方法：一种是在相同时间内，如果物体经过的路程越长，就代表这个物体运动得越快；另一种是在相同路程内，如果物体用的时间越短，就代表这个物体运动得越快。这两种方法最终比较的都是同一个物理量——速度。

在物理学中，速度就是用来表示物体运动快慢的物理量。通常用 s 表示路程，t 表示时间，v 表示速度，则有

$$v=s/t$$

速度的单位通常用米每秒(m/s)或者千米每小时(km/h)来表示。

匀速直线运动和变速直线运动

做机械运动的物体按照运动轨迹的曲直可以分为直线运动和曲线运动。本节课先来学习简单的直线运动。在直线运动中，又根据速度是否变化，分为匀速直线运动和变速直线运动。

如果一个物体沿着直线运动且速度保持不变，那么这个物体做的是匀速直线运动。如果一个物体沿着直线运动而速度是变化的，那么这个物体做的是变速直线运动。

变速运动相对复杂，如果只做粗略研究，也可以套用速度计算公式 $v=s/t$，这样计算出来的速度就是平均速度。

接下来分析图 1-2 中两只小猫的运动情况。

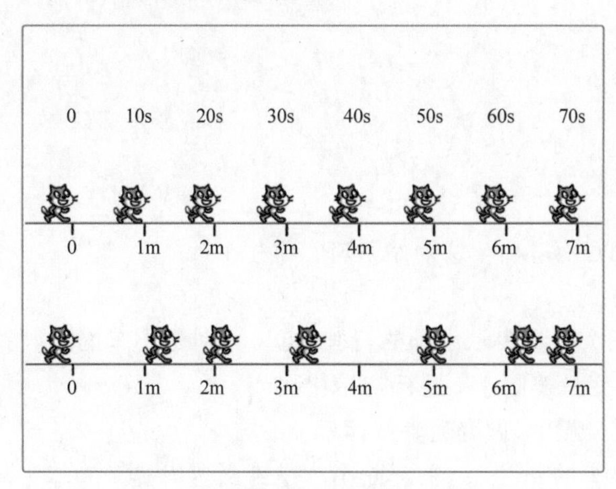

图 1-2　做匀速直线运动和变速直线运动的 Scratch 小猫

第一只小猫做匀速直线运动，速度是 7/70＝0.1m/s。

第二只小猫做变速直线运动，平均速度也是 7/70＝0.1m/s。

这说明，虽然这两只小猫的运动形态不同，但它们运动的快慢差不多。

明白了这个物理原理之后，接下来，我们用 Scratch 编写“区间测速”的程序。

3. 算法分析

试着模拟这样的场景，小车从 A 点行驶到相距 100m 的 B 点，A 点和 B 点在一条直线上。小车做变速直线运动，速度不定。测量小车从 A 点行驶到 B 点的时间 t，计算出小车的平均速度 v。

已知小车行驶的总路程为 A 点到 B 点的距离 100m，要计算出小车的速度 v，必须要知道小车行驶的时间 t。要怎么测量它的行驶时间呢？答案是采用计时器。

当小车启动时，将计时器归 0，启动计时器开始计时。当小车到达 B 点后，停止计时器，此时计时器的时间就是小车行驶的时间 t。

用自然语言描述整个程序的算法，步骤如下。

(1) 程序开始，进行数据初始化，计时器清 0。

(2) 单击启动按钮，小车从 A 点出发，开始计时。

(3) 小车向前做变速直线运动。

(4) 判断小车是否到达 B 点，若是，转到第(5)步；若否，转到第(3)步。

(5) 停止计时器，得到小车的行驶时间 t。

(6) 计算平均速度 v。

(7) 程序结束。

用流程图可以更直观地描述上述算法，如图 1-3 所示。

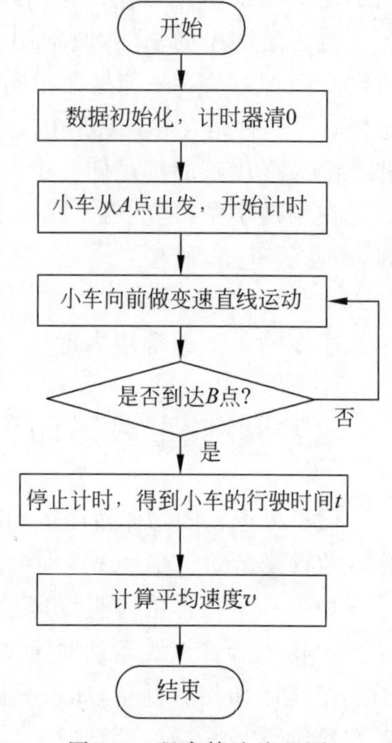

图 1-3　程序算法流程图

4. 编程实现

(1) 新建角色。

本程序主要的角色有：小车、“开始”按钮、学生 lisa。

(2) 数据初始化。

本程序需要用三个变量表示小车的行驶过程，分别是小车的行驶路程 s、行驶时间 t 和行驶平均速度 v。将变量按图 1-4 进行初始化。

(3) 小车在行驶过程中，做变速直线运动。

通过不断检测小车的 x 坐标，来判断小车是否到达 B 点。

如果小车未到达 B 点，那么小车继续向前行驶，小车的 x 坐标不断增加。因为小车做的是变速运动，所以坐标变化不是固定的。

如果小车到达 B 点，那么将此时计时器的值赋值给行驶时间 t 变量，这样就得到了小车的行驶时间。

请你思考一个问题，可以直接用计时器的值来代表小车的行驶时间吗？

答案是不行。因为 Scratch 里面的计时器是不能暂停或停止的。除非清 0，否则计时器一直在计时。即使程序结束，计时器仍然在计时。所以为了准确地表达小车的行驶时间，需要引入一个新的变量 t。在小车到达 B 点时，把此时计时器的瞬时值赋值给 t，这样 t 就能准确代表小车的行驶时间了。具体代码如图 1-5 所示。

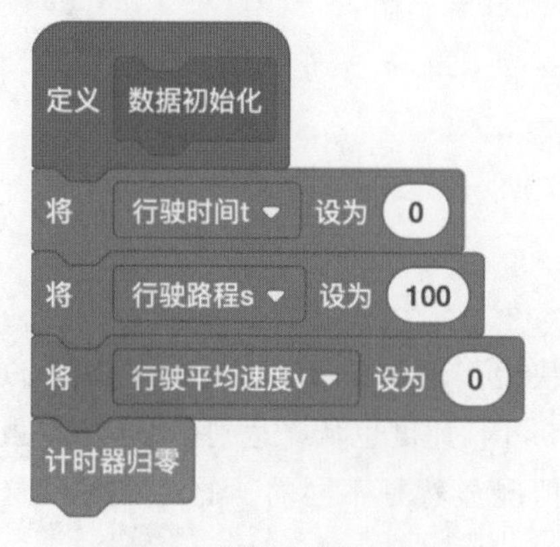

图 1-4　数据初始化的代码

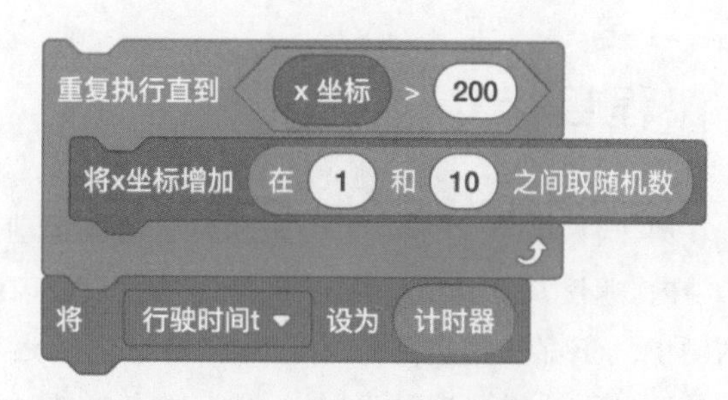

图 1-5　计算小车行驶时间 t 的代码

(4) 计算小车的平均速度 v。

运用平均速度计算公式 $v=s/t$，代码如图 1-6 所示。

图 1-6　计算小车平均速度的代码

5. 试一试

在示例程序中，让小车做的是变速直线运动。请你打开程序，思考并尝试实现如下效果：如何让小车做匀速直线运动？如何让小车行驶得更快？如何让小车行驶得更慢？

第2课
加速度——疯狂的赛车

1. 课程目标

在第1课中,我们学习了用速度表示物体运动的快慢。现在有两辆小汽车,一辆小汽车在10s内,速度从0达到70km/h;另一辆小汽车在20s内,速度也从0达到70km/h。虽然这两辆小汽车都从0达到70km/h,但是它们的运动情况显然是不同的。此时“速度”这个物理量已经无法描述这种不同了,那应该怎样描述呢?

本节课将带你学习一个新的物理量“加速度”来描述这种不同,并用Scratch模拟实现“疯狂的赛车”比赛。通过这个案例,相信你能够更好地理解加速度在物体运动中的作用效果。

2. 物理知识

加速度

本节课开头提到的两辆小汽车都在做加速运动,速度都是从0增加到70km/h,但所用的时间不同。也就是说,它们的速度变化量相同,但速度变化的快慢不同。用时短的,速度变化快;用时长的,速度变化慢。物理学中,把描述速度变化快慢的物理量叫作加速度,通常用a来表示。加速度a的表达公式为

$$a=\frac{\Delta v}{\Delta t}$$

加速度的单位是米每二次方秒,符号是m/s^2。

加速度是有方向的。如果速度在增加,那么加速度与速度方向相同,用正数表示。如果速度在减小,那么加速度与速度方向相反,用负数表示。

匀变速直线运动

前面提到的两辆小汽车，如果加速度保持不变，那么第一辆小汽车的加速度为

$$a_1=(70-0)/10=7(\mathrm{m/s^2})$$

第二辆小汽车的加速度为

$$a_2=(70-0)/20=3.5(\mathrm{m/s^2})$$

由于加速度保持不变，小车的速度随时间均匀的变化，这两个小车所做的运动就叫作匀变速直线运动。

匀变速直线运动分为匀加速直线运动和匀减速直线运动。

速度与时间的关系

现在，已知小汽车的初始速度 v_0，加速度 a，行驶时间 t，那么小汽车当前的速度 v 是多少呢？

把 $\Delta v=v-v_0$ 代入 $a=\dfrac{\Delta v}{\Delta t}$ 中，得到 $v=v_0+at$，这就是匀变速直线运动中速度与时间的关系式。图 2-1 描绘了匀加速直线运动中速度随时间的变化情况。

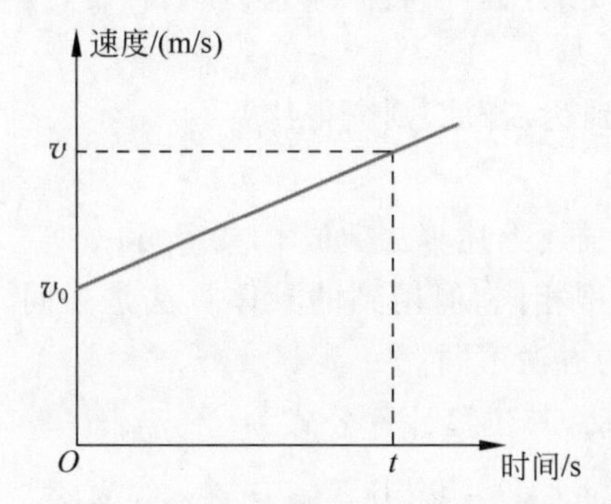

图 2-1　匀加速直线运动中速度与时间的关系

位移与时间的关系

做匀变速直线运动的物体，其位移大小可以用图 2-1 中的梯形面积来表示。根据梯形的面积公式，得出位移 $s=\dfrac{1}{2}(v_0+v)t$。把 $v=v_0+at$ 代入，可得

$$s=v_0t+\frac{1}{2}at^2$$

这就是匀变速直线运动中位移与时间的关系式。

明白了这些物理原理之后，接下来用 Scratch 编写“疯狂的赛车”的程序。

3. 算法分析

在“疯狂的赛车”程序中，有三辆小车，分别用红车、绿车、黄车表示。从起始点开始比赛，三辆小车分别做着不同的运动，最先到达终点的小车获胜。把屏幕左侧边缘设为起始点，把屏幕右侧边缘设为终点。

下面分别描述这三辆小车的运动情况。

(1) 绿车起始速度是 5m/s，加速度为 0，做匀速直线运动。

(2) 红车起始速度是 3m/s，加速度为 $0.1\mathrm{m/s^2}$，做匀加速直线运动。

(3) 黄车起始速度是 0，加速度为 $0.2\mathrm{m/s^2}$，做匀加速直线运动。

这三辆小车虽然运动状态不同，但都符合下面的算法模型。用自然语言描述这个算法模型，步骤如下。

(1) 程序开始，进行数据初始化。

(2) 把小车移到起点，比赛开始。

(3) 计算小车在单位时间内的位移，并移动到新的位置。

(4) 判断小车是否到达终点，若否，转到第(3)步；若是，转到第(5)步。

(5) 判断是否是第一个到达，若是，则赢得比赛。

(6) 程序结束。

用流程图可以更直观地描述上述算法，如图 2-2 所示。

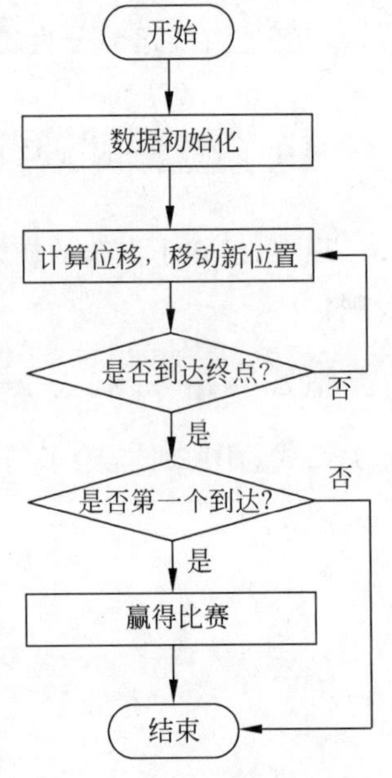

图 2-2　程序算法流程图

虽然三辆小车的算法模型相同，但用到的具体算法是不同的，不同点就在于位移计算的方法不同。

(1) 绿车做匀速直线运动，其位移计算公式为 $s=vt$。

(2) 红车和黄车做匀加速直线运动，其位移计算公式为 $s=v_0t+\frac{1}{2}at^2$。

(3) 黄车的初始速度为 0，其位移计算公式可简化为 $s=\frac{1}{2}at^2$。

最后程序实现的效果如下。

(1) 比赛开始后，绿车领先，红车其次，黄车最后(见图 2-3)。

(2) 红车超过绿车，领先比赛，绿车其次，黄车最后(见图 2-4)。

(3) 黄车反超，领先比赛，红车其次，绿车最后(见图 2-5)。

(4) 黄车赢得比赛的胜利(见图 2-6)。

从上面的程序结果可以看出，虽然比赛开始时，黄车初始速度小，处于落后状态，但黄车的动力强劲，加速度最大，很快就追了上来，最后赢得了比赛。

这说明运动的物体随着时间的增加，加速度越大，运动得越快，这就是加速度在物体运动中的作用效果。

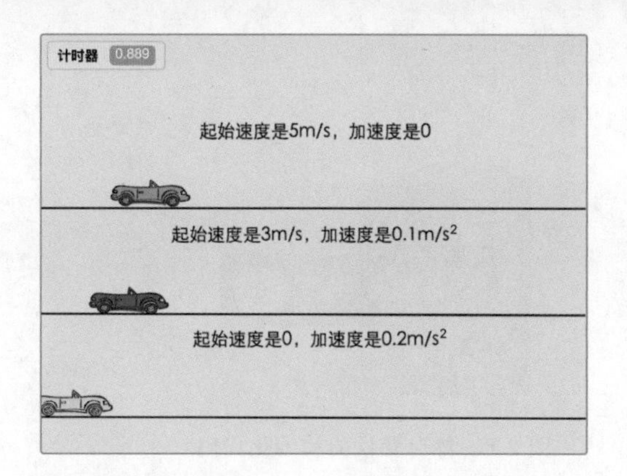

图 2-3 比赛开始 0.8s 左右，绿车领先

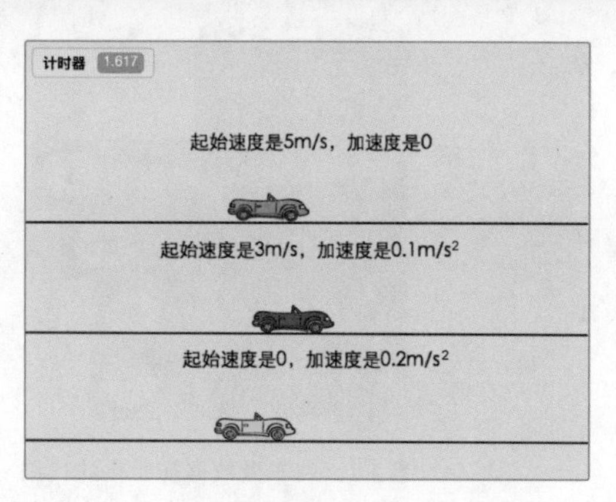

图 2-4 比赛开始 1.6s 左右，红车领先

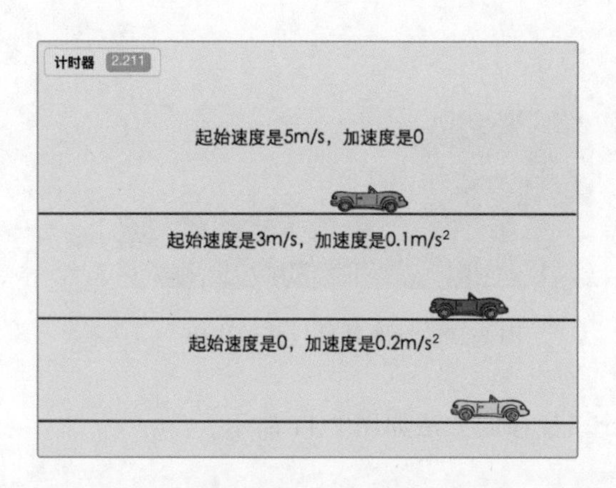

图 2-5 比赛开始 2.2s 左右，黄车领先

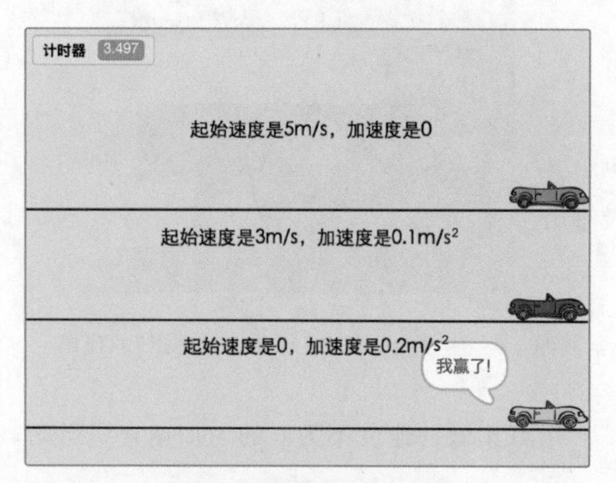

图 2-6 最后黄车赢得比赛

4. 编程实现

(1) 新建角色。

本程序主要的角色有：绿车、红车、黄车。

(2) 数据初始化。

每个角色都创建 3 个私有变量：初始速度 v_0、时间 t 和位移 s。红车和黄车还多了 1 个私有变量——加速度 a。

以红车做数据初始化的代码为例，如图 2-7 所示。

程序中还有一个全局变量“冠军”，用于存储比赛是否产生冠军的结果。在舞台背景的程序中，创建全局变量“冠军”，并初始化为 0(见图 2-8)。

(3) 小车向前行驶，直到到达终点。代码如图 2-9 所示。

绿车做匀速直线运动，计算位移的方法如图 2-10 所示。

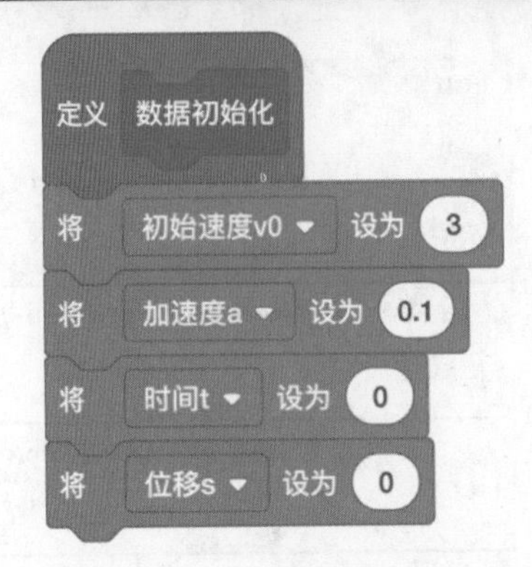

图 2-7 红车做数据初始化的代码

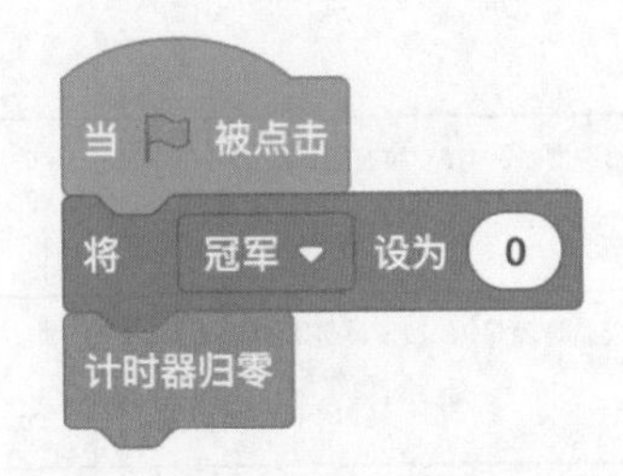

图 2-8 舞台背景的初始化代码

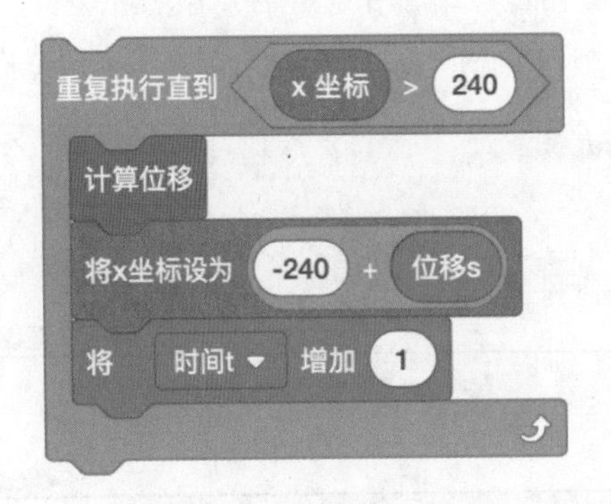

图 2-9 实现“小车向前行驶直到终点”的代码

图 2-10 绿车计算位移的代码

红车做初速度不为 0 的匀加速直线运动，计算位移的方法如图 2-11 所示。

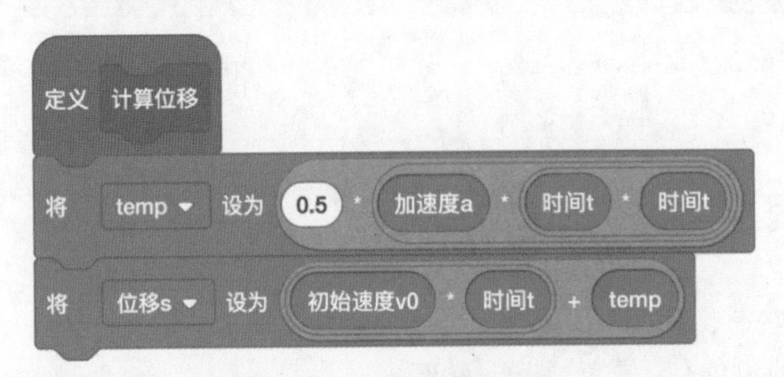

图 2-11 红车计算位移的代码

黄车做初速度为 0 的匀加速直线运动，计算位移的方法如图 2-12 所示。

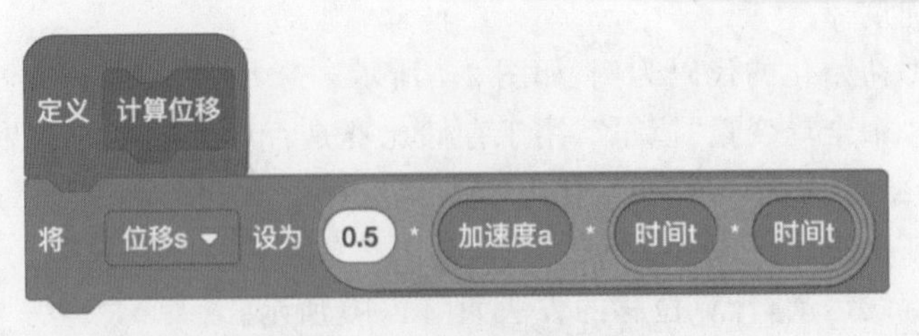

图 2-12 黄车计算位移的代码

(4) 判断比赛的冠军。

每个小车都添加一个“判断冠军”的方法。如果自己到达终点后，还未产生冠军，那么自己就是冠军。代码如图 2-13 所示。

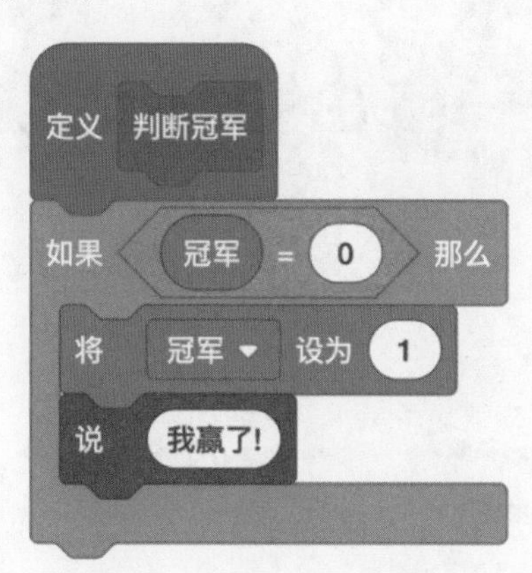

图 2-13 判断冠军的代码

5. 试一试

请你打开示例程序，思考如果让绿车或红车赢得比赛，应该怎么调整程序呢？快动手试试吧。

第3课 重力加速度——自由落体运动

1. 课程目标

你一定听说过牛顿与苹果的故事。牛顿坐在苹果树下，熟透的苹果砸在了牛顿的头上，牛顿因此获得灵感，发现了万有引力。自此以后，人们明白了，水总是从高处往低处流，人用力跳起来最终总会双脚着地，向空中抛出的球最终总会落到地面，这些都是因为地球的引力。

在物理学中，由于地球对物体的吸引而使物体受到的力叫作重力。站在高处，松开手里的球，球在重力的作用下落向地面。请你思考一个问题，如果让大小不同的两个球从同一高度同时落下，哪个球下落得快呢？相信学完本节课的内容后，你会找到答案的。

本节课将带你学习物体在重力作用下的运动规律，并用 Scratch 模拟实现“自由落体运动”。本节课的案例预期实现的效果如图 3-1 所示，小球从高处落下，每隔 1s 打一次点，同时记录小球的瞬时速度。

从结果可以看出，小球的速度越来越快，每秒的位移也越来越大，这到底是什么原理呢？

2. 物理知识

最早研究物体下落运动的是古希腊科学家亚里士多德。他认为物体下落的快慢与它的重量有关系，重的物体下落得快，轻的物体下落得慢。这符合平常人们观察到的事实，一个铁球肯定比一片棉花下落得要快。亚里士多德的这个理论一直被大家奉为经典，直到两千年后物理学家伽利略的出现。

伽利略认为，亚里士多德的理论是自相矛盾的。他假设有两块大小不同的石头，大石头的下落速度为 8m/s，小石头的下落速度为 4m/s。如果把两块石头绑在一起，大石头的速度会被小石头拖慢，那整体的速度范围应该在 4～8m/s。但是整体的重量比大石头要重，所以

图 3-1 程序的运行效果

整体的下落速度应该比 8m/s 还要大，这就得出了自相矛盾的结果。因此推论出，亚里士多德的结论是错误的，物体下落的速度应该与重量无关，也就是说重的物体与轻的物体的下落速度应该同样快。

但是为什么人们在现实生活中看到物体下落的快慢有不同呢？为什么石头比叶子要下落得快呢？原来是因为空气阻力的影响。

如果没有空气阻力，物体只在重力作用下，从静止开始下落时所做的运动就叫作自由落体运动。日常生活中，如果空气阻力小，可以忽略不计，那么物体的下落可以近似为自由落体运动。

重力加速度

自由落体运动是匀加速的直线运动，这个加速度叫作重力加速度，通常用 g 表示。研究表明，在同一地点，所有物体下落时的重力加速度都相同。

重力加速度 g 的方向竖直向下，大小通常取 9.8m/s^2 或 10m/s^2。

下面总结一下自由落体运动的规律。

(1) 初始速度为 0。

注意：自由落体运动的物体是从静止开始下落的。如果初始速度不是 0，那就不是自由落体。

(2) 物体下落时，只受重力的作用。

(3) 自由落体运动是匀加速直线运动。

自由落体运动遵循匀加速直线运动的规律，把初始速度 $v_0=0$ 和加速度 $a=g$ 代入匀变速直线运动的计算公式中，可以得出速度与时间的关系式为

$$v=gt$$

位移与时间的关系式为

$$s=\frac{1}{2}gt^2$$

学习了自由落体运动的规律之后，接下来用 Scratch 模拟实现“自由落体运动”。

3. 算法分析

在本案例程序中，有一个小球从高处做自由落体运动。在下落过程中，每隔 1s 打一次点，通过打点展现出小球的运动规律。

用自然语言描述整个程序的算法，步骤如下。

（1）程序开始，进行数据初始化。

（2）小球从高处开始下落，每隔 1s ，计算小球的速度和位移。

小球的速度计算公式为 $v=gt$，位移的计算公式为 $s=\frac{1}{2}gt^2$。

（3）移动小球，并打点。

（4）判断小球是否到达屏幕底部，若否，则转到第(2)步；若是，则转到第(5)步。

（5）程序结束。

用流程图可以更直观地描述上述算法，如图 3-2 所示。

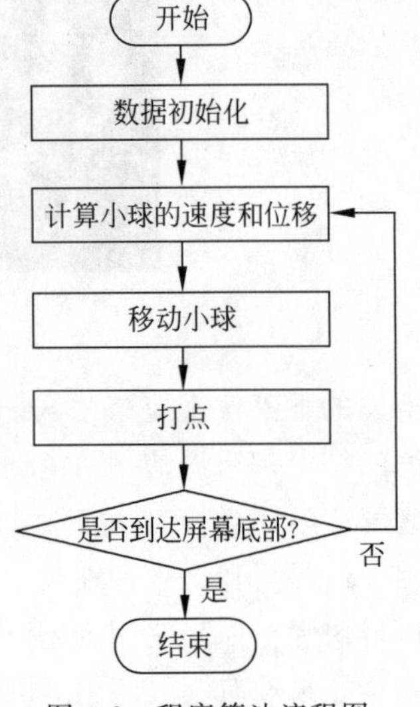

图 3-2　程序算法流程图

4. 编程实现

（1）新建角色。

本程序主要的角色有：小球、时间打点、学生 lisa。

（2）数据初始化。

数据初始化的代码如图 3-3 所示。

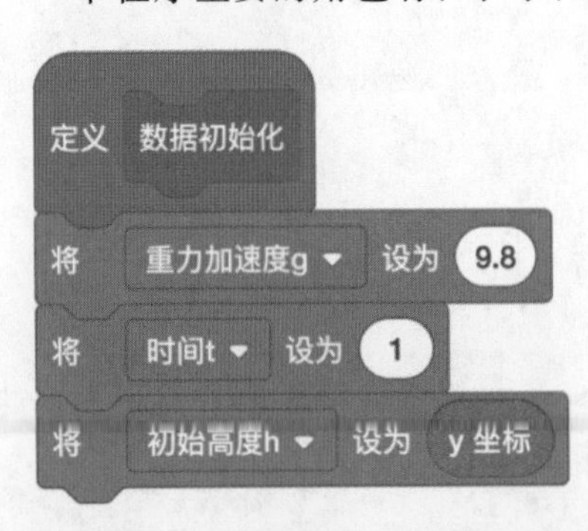

图 3-3　数据初始化的代码

程序用四个变量描述小球的下落过程，分别是小球的下落时间 t、下落的速度 v、下落的位移 s 和重力加速度 g。

（3）小球在下落过程中，做自由落体运动，代码如图 3-4 所示。

在这里，由于位移 s 的数据较大，为了能在有限的舞台范围内更好地展现小球的运动规律，故把小球在舞台上的位移按真实位移数值的 10%的比例缩小。其中，计算速度和位移的代码如图 3-5 所示。

（4）小球在下落过程中，每隔 1s 打点。

小球运动轨迹的打点采用的是图章的方式，代码如图 3-6 所示。

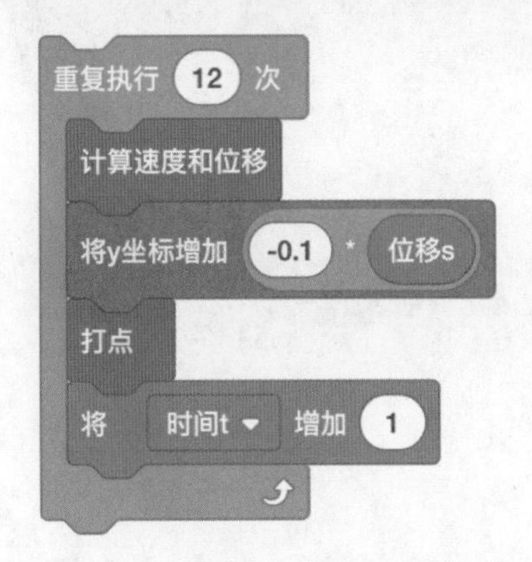

图 3-4　小球做自由落体运动的代码

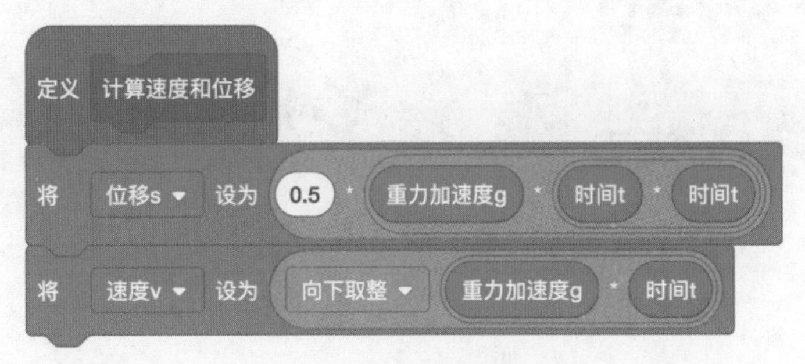

图 3-5　计算速度和位移的代码

时间点的显示需要用到另一个角色——“时间打点”。这里巧妙地应用了切换造型和图章积木,代码如图 3-7 所示。

图 3-6　小球打点的代码

图 3-7　角色“时间打点”的代码

首先,角色“时间打点”的造型换成当前时间点对应的造型。例如,如果当前时间 t 是 1s,就换成造型 1;如果当前时间 t 是 10s,就换成造型 10。

接着,移到当前小球所在的位置。这里需要设置各造型的中心点,这样才不会导致时间的打点和小球的打点在屏幕上产生重叠。

最后,在屏幕上用图章的方式打印出时间点。

5. 试一试

在示例程序中,重力加速度 g 的值设置的是 9.8m/s^2。尝试修改 g 的值,观察程序的结果有何不同。

第4课
平抛运动——飞机投弹

1. 课程目标

在战争电影里，经常会看到飞机从高空向地面投炸弹的画面。拉个远景看，炸弹在飞机正下方排列成整整齐齐的一列朝地面落下，很是壮观。

设想一下，如果你是驾驶飞机的飞行员，你的目标敌人正在你的飞机的正下方，你按下投弹按钮，炸弹飞出去，此时你觉得这些炸弹能准确地射中目标敌人吗？如果不能，那应该在哪个位置投弹才能准确无误地击中目标呢？

本节课将带你学习飞机投弹的物理原理，并用 Scratch 模拟实现“飞机投弹”。相信学完本节课的内容后，你就会知道什么才是正确的投弹姿势了。

2. 物理知识

参照物

飞机投下去的炸弹，从飞机上看，是竖直向下降落的，但从地面上看，却有着不同的运动轨迹。这是为什么呢？

原来，炸弹在离开飞机时，由于惯性仍然会继续向前飞行。在水平方向上，炸弹和飞机继续以相同的速度向前飞行。也就是说，在水平方向上，炸弹和飞机是相对静止的。所以，如果以飞机作为参照物，炸弹只做竖直向下的运动；而如果以地面作为参照物，地面是静止的，炸弹 边往前飞行 边往下降落，运动轨迹是 条曲线。

所以，描述一个物体的运动情况时，选取的参照物不同，结果也会不同。

平抛运动

物体在水平方向上以一定的初速度抛出，如果物体仅受重力的作用，这样的运动就叫作平抛运动。把平抛运动进行分解，可以看作在水平方向上做匀速直线运动，在竖直方向上做自由落体运动。

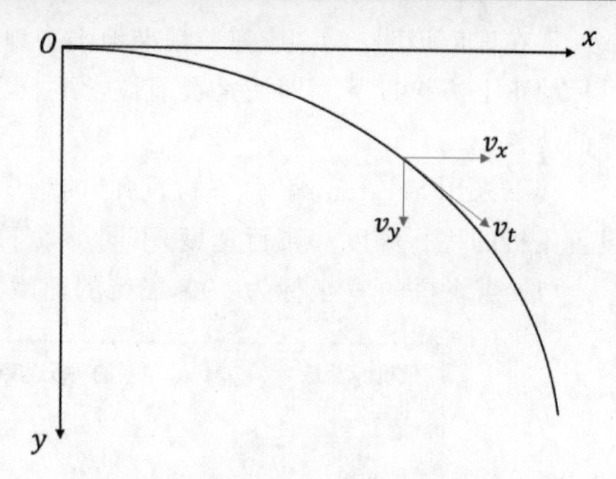

图 4-1　平抛运动的曲线

从飞机上抛下去的炸弹，在水平方向上，有一个初始速度 v_0，这个速度和飞机的飞行速度相同。在竖直方向上，炸弹受重力的作用，加速度为重力加速度 g。

以炸弹抛出点为原点 O，以水平方向为 x 轴，竖直方向为 y 轴，建立平面直角坐标系，如图 4-1 所示。

平抛运动是一种曲线运动，由于其运动的加速度恒定，所以是匀变速曲线运动，运动轨迹是一条抛物线。

平抛运动的规律

(1) 在水平方向上，速度、位移与时间的关系式为

$$速度\ v_x=v_0,\quad 位移\ x=v_0t$$

(2) 在竖直方向上，速度、位移与时间的关系式为

$$速度\ v_y=gt,\quad 位移\ y=\frac{1}{2}gt^2$$

(3) 物体下落的运动时间只与平抛运动开始时的高度有关。假设下落时的高度为 h，那么下落时间为

$$t=\sqrt{\frac{2h}{g}}$$

(4) 落至地面的水平位移是由高度和初速度决定的。

$$x=v_0t=v_0\sqrt{\frac{2h}{g}}$$

当高度一定时，初速度越大，水平位移就越大，如图 4-2 所示。

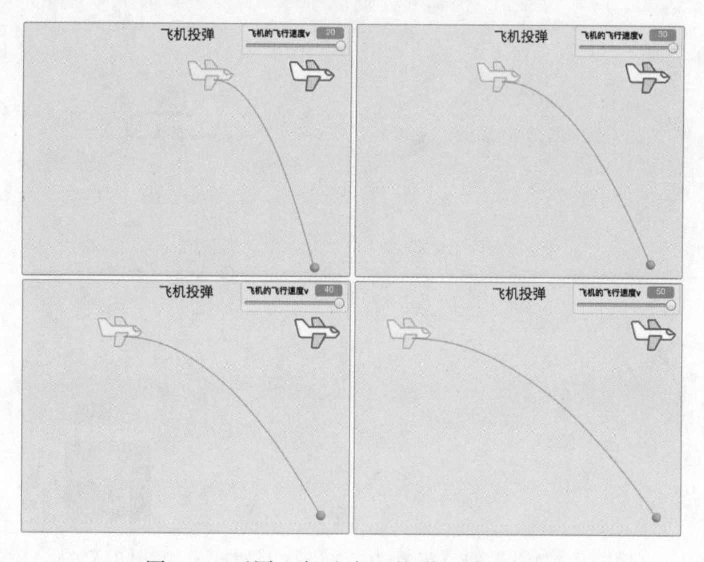

图 4-2　不同飞行速度下炸弹运动的轨迹

现在你应该明白了，炸弹要精准地击中地面上的目标敌人，需要被提前投下，而不是在目标的正上方被投下。即使是提前被投下，也不是随意的位置都可以，而是需要精确计算投弹的位置。

接下来用 Scratch 编写“飞机投弹”的程序。本程序预期实现的效果是：在程序中，灵活设置飞机的飞行高度和飞行速度，不同场景下都可以达到精准击中目标的目的。

（1）当飞机的 y 坐标为 100，飞行的速度为 40 时，如图 4-3 所示。

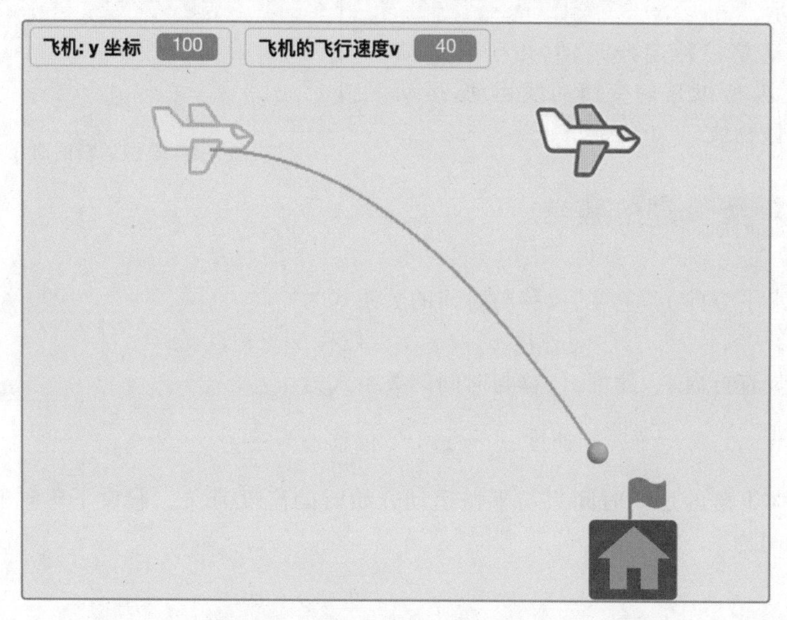

图 4-3　当飞机的 y 坐标为 100，飞行的速度为 40 时的效果

（2）当飞机的 y 坐标为 60，飞行的速度为 40 时，如图 4-4 所示。

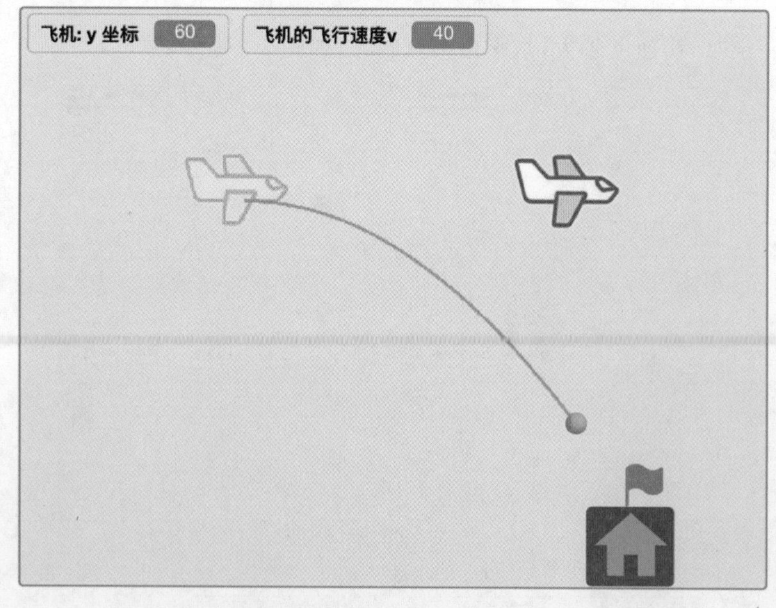

图 4-4　当飞机的 y 坐标为 60，飞行的速度为 40 时的效果

(3) 当飞机的 y 坐标为 100，飞行的速度为 20 时，如图 4-5 所示。

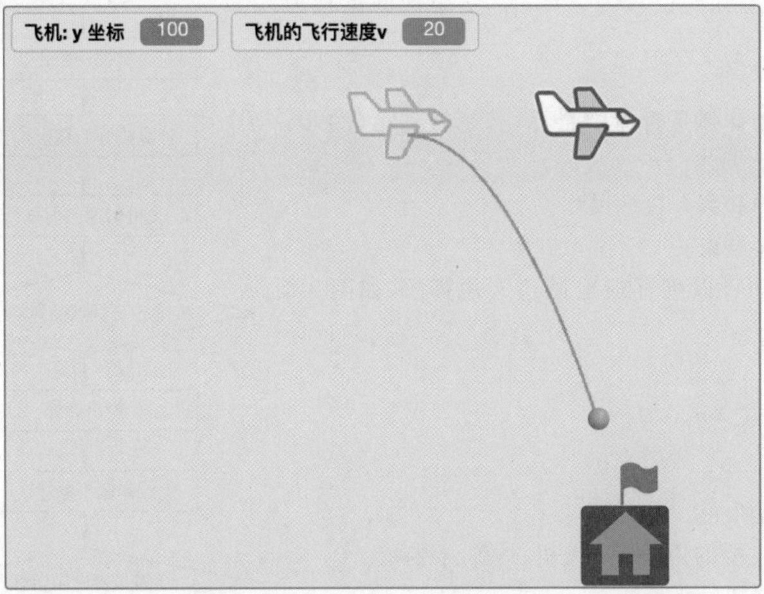

图 4-5　当飞机的 y 坐标为 100，飞行的速度为 20 时的效果

3. 算法分析

在“飞机投弹”的程序里，主要有三个角色：飞机、炸弹和目标敌人。程序根据目标敌人的位置、飞机的飞行高度和飞行速度，计算出炸弹投出的精确位置。当飞机飞行到该位置时，投出炸弹，一次击中。

用自然语言描述整个程序的算法，步骤如下。

(1) 程序开始，进行数据初始化。

在程序初始时，设置飞机的飞行高度和飞行速度 v_0。

(2) 计算投弹的精确位置。

根据目标的位置、飞机的飞行高度和飞行速度，计算出投弹的精确位置，如何计算呢？

第一步，已知飞机的飞行高度和目标敌人的位置，可计算出炸弹的下降高度 h。

$$\text{炸弹的下降高度 } h = \text{飞机的 } y \text{ 坐标} - \text{目标敌人的 } y \text{ 坐标}$$

第二步，根据下落的高度 h，计算下落的时间 $t=\sqrt{\dfrac{2h}{g}}$。

第三步，计算下落的水平位移 $s=v_0\sqrt{\dfrac{2h}{g}}$。

第四步，计算投弹的精确位置 x 坐标＝目标敌人的 x 坐标－下落的水平位移 s。

(3) 飞机匀速向前飞行，飞机做匀速运动的位移为 $s=v_0t$。

(4) 判断飞机是否飞行到投弹位置，若是转到第(5)步；若否，转到第(3)步。

(5) 投出炸弹，飞机在此位置打点，标识投弹位置。

(6) 炸弹做平抛运动。

炸弹 x 坐标的位移为 $x=v_0t$，y 坐标的位移为 $y=\frac{1}{2}gt^2$。

(7) 判断炸弹是否命中目标，若是转到第(8)步；若否，转到第(9)步。

(8) 炸弹和敌人目标爆炸。

(9) 程序结束。

用流程图可以更直观地描述上述算法，如图 4-6 所示。

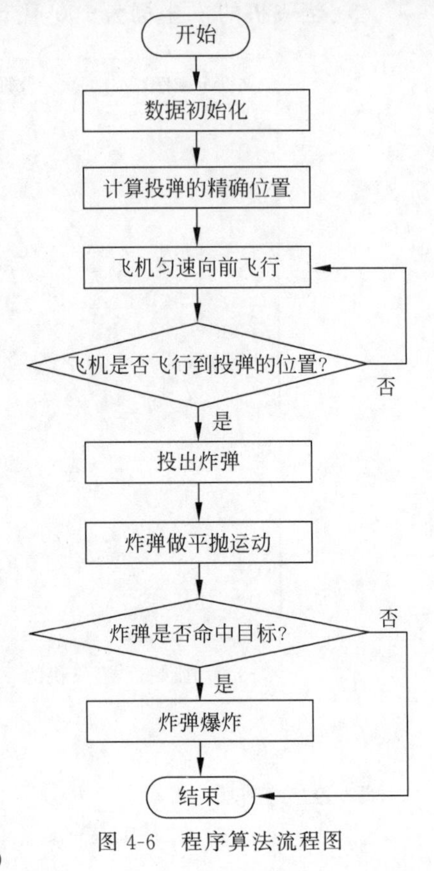

图 4-6　程序算法流程图

4. 编程实现

(1) 新建角色。

本程序主要的角色有：飞机、炸弹、目标。

(2) 数据初始化。

设置飞机的飞行速度，并根据飞机的高度和目标敌人的位置，计算投弹的位置，代码如图 4-7 所示。

计算投弹的位置，代码如图 4-8 所示。

(3) 飞机做匀速直线运动，代码如图 4-9 所示。

当飞机飞行到投弹位置处，投弹，代码如图 4-10 所示。

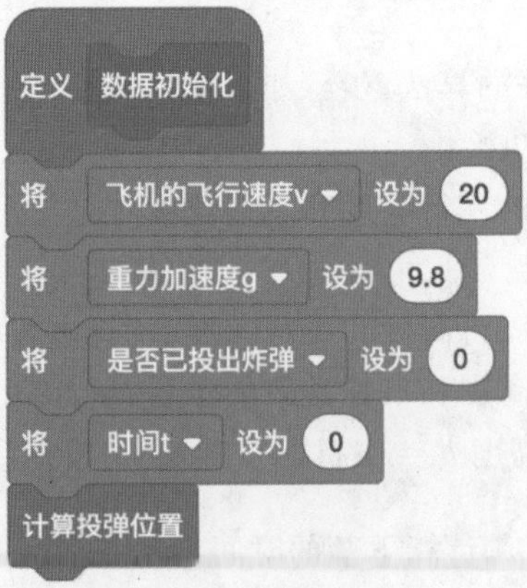

```
定义 数据初始化
将 飞机的飞行速度v 设为 20
将 重力加速度g 设为 9.8
将 是否已投出炸弹 设为 0
将 时间t 设为 0
计算投弹位置
```

图 4-7　数据初始化的代码

飞机在投弹位置处，打点，在屏幕上记录投弹位置，代码如图 4-11 所示。

(4) 炸弹做平抛运动，代码如图 4-12 所示。

(5) 炸弹命中目标，目标被炸毁，代码如图 4-13 所示。

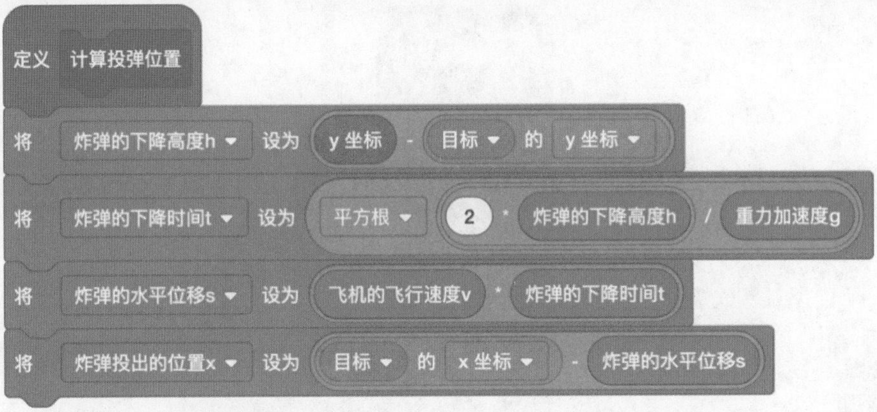

定义 计算投弹位置
将 炸弹的下降高度h 设为 y 坐标 - 目标 的 y 坐标
将 炸弹的下降时间t 设为 平方根 2 * 炸弹的下降高度h / 重力加速度g
将 炸弹的水平位移s 设为 飞机的飞行速度v * 炸弹的下降时间t
将 炸弹投出的位置x 设为 目标 的 x 坐标 - 炸弹的水平位移s

图 4-8　计算投弹位置的代码

定义 做匀速直线运动
将 x 设为 x 坐标
重复执行直到 x 坐标 > 240
将x坐标设为 x + 飞机的飞行速度v * 时间t
在投弹位置处投弹
将 时间t 增加 0.1

图 4-9　飞机做匀速直线运动的代码

定义 在投弹位置处投弹
如果 x 坐标 > 炸弹投出的位置x 与 是否已投出炸弹 = 0 那么
打点
广播 投弹
将 是否已投出炸弹 设为 1

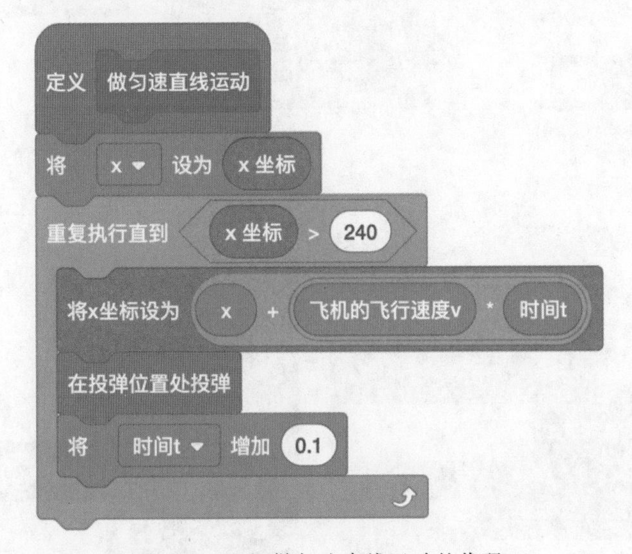

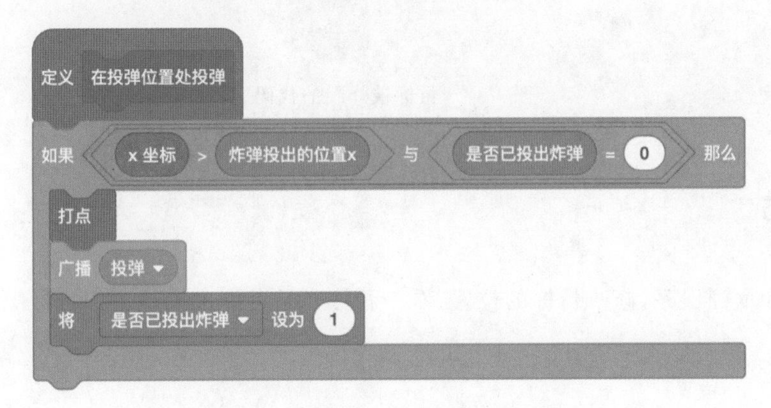

图 4-10　飞机在投弹位置处投弹的代码

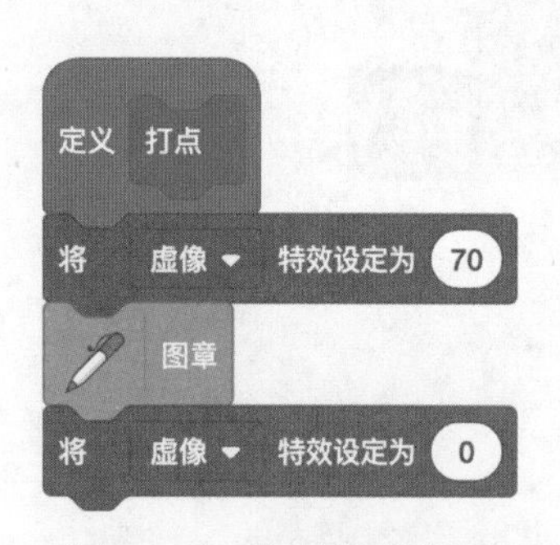

图 4-11 飞机在投弹位置打点的代码

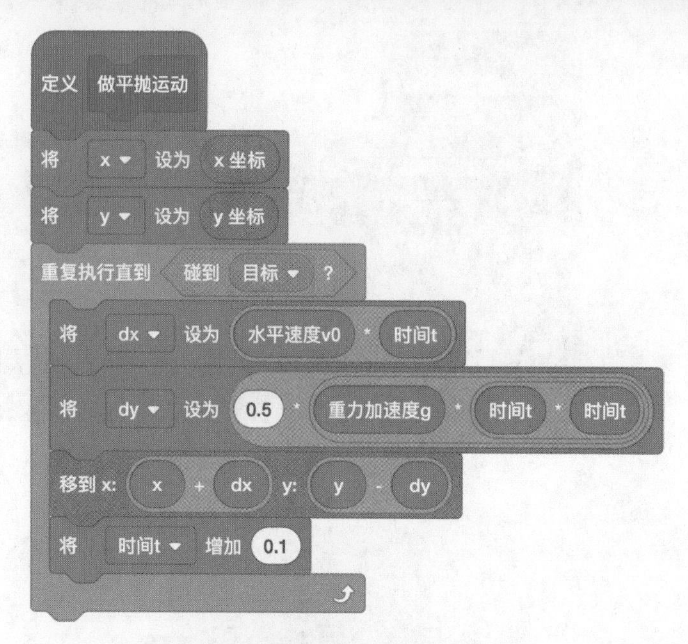

图 4-12 炸弹做平抛运动的代码

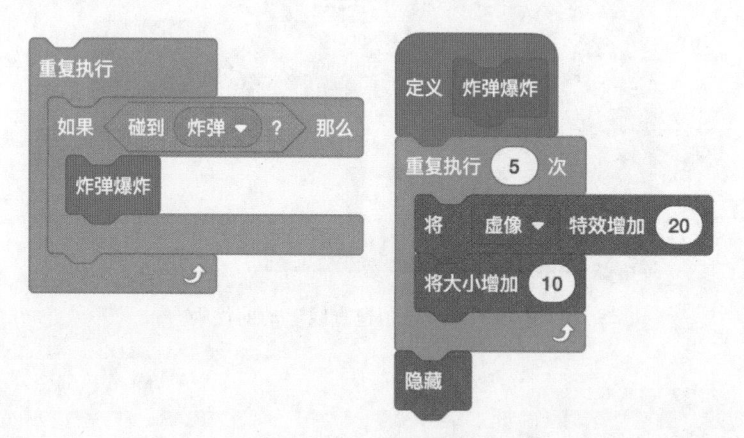

图 4-13 目标被炸毁的代码

5. 试一试

请你打开示例程序，修改目标的位置，看一看炸弹是否能准确地击中目标呢。

第5课 斜抛运动——定点投篮

1. 课程目标

在第 4 课中,我们学习了从水平方向以初速度 v_0 抛出的物体所做的运动是平抛运动。如果物体被抛出时不沿着水平方向,而是沿着斜向上方或斜向下方被抛出呢?这时物体的运动轨迹是什么样的呢?

这是另外一种抛体运动,叫作斜抛运动。斜抛运动在生活中很常见,打篮球时向篮筐投出去的篮球,儿童玩耍时向空中扔出去的石头,铅球运动员在比赛时奋力掷出去的铅球,它们做的都是斜抛运动。

本节课将带你学习斜抛运动的规律,并用 Scratch 模拟实现篮球比赛中"定点投篮"的场景。本节课的案例预期实现的效果如下。

(1) 篮球投入篮筐里,得 1 分,如图 5-1 所示。

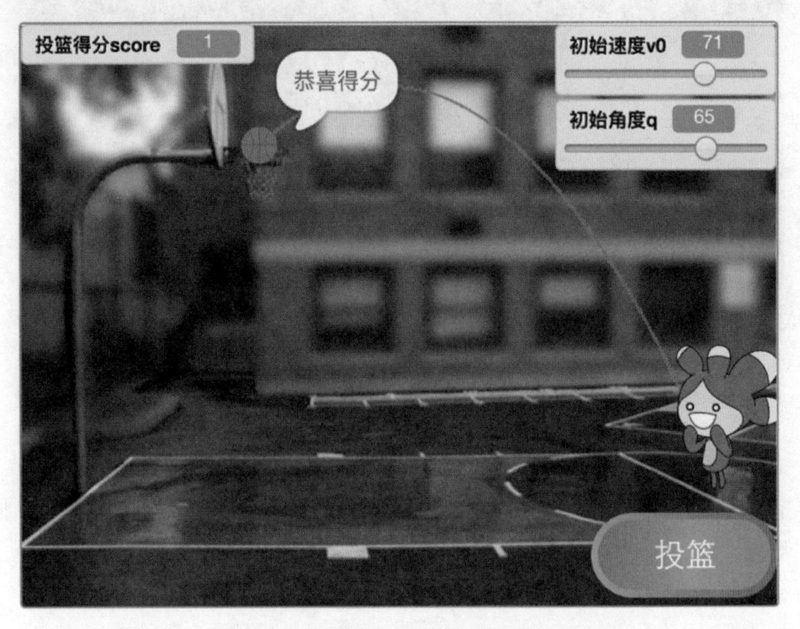

图 5-1　篮球投入篮筐里得分的效果

(2) 改变投篮角度,篮球未投入篮筐里,不得分,如图 5-2 所示。

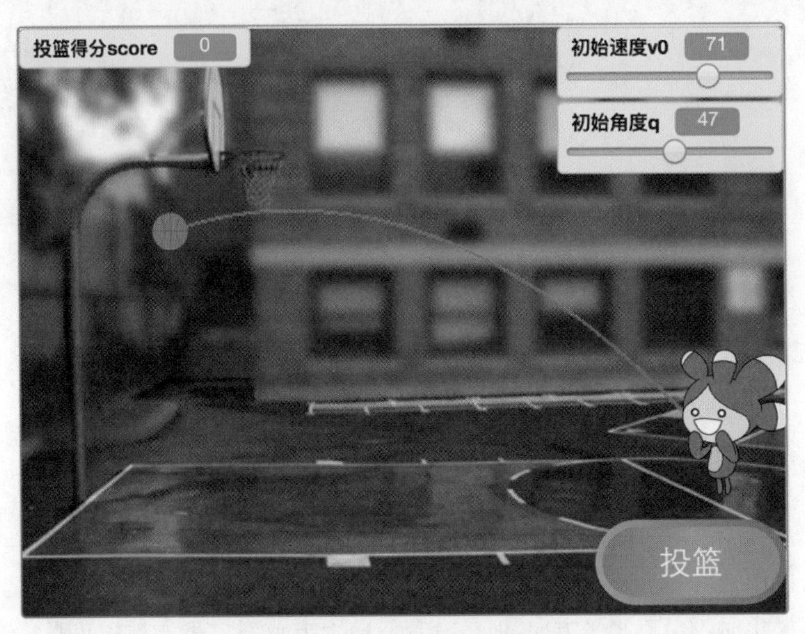

图 5-2　改变投篮角度后的效果

(3) 改变投篮力度,篮球初速度变小,篮球未投入篮筐里,不得分,如图 5-3 所示。

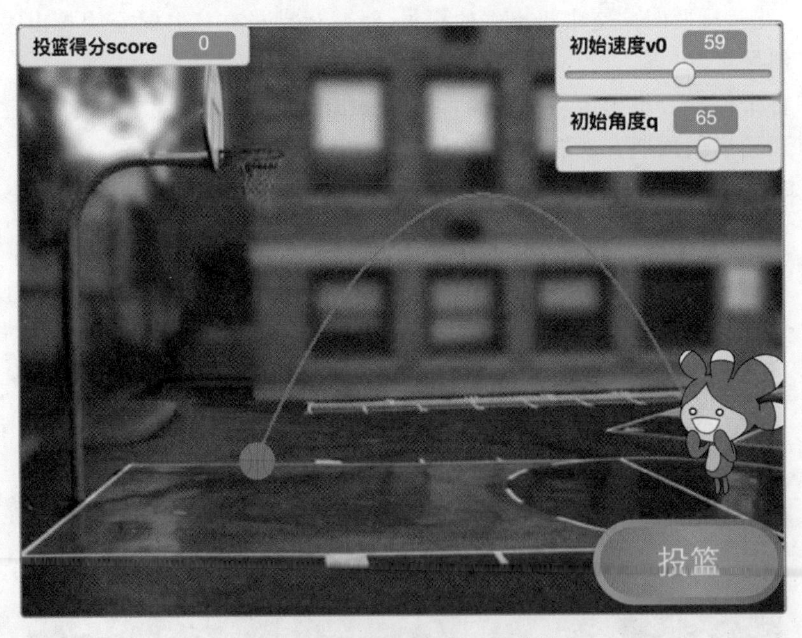

图 5-3　改变投篮力度后的效果

学完本节课的内容后,相信你会对投篮技巧有更深的理解。接下来,让我们一起学习“斜抛运动”吧。

2. 物理知识

斜抛运动

物体以一定的初速度斜向抛出去，在忽略空气阻力的情况下，物体所做的运动叫作斜抛运动。斜抛运动与平抛运动的受力情况相同，在水平方向不受力，加速度为 0，做匀速直线运动；在竖直方向只受重力，加速度为 g，做匀变速直线运动。

斜抛运动与平抛运动的区别是初速度的方向不同。假设物体的初速度 v_0 与水平方向的夹角为 θ，那么水平方向的初速度为 $v_{0x}=v_0\cos\theta$，竖直方向的初速度为 $v_{0y}=v_0\sin\theta$。斜抛运动的曲线如图 5-4 所示。

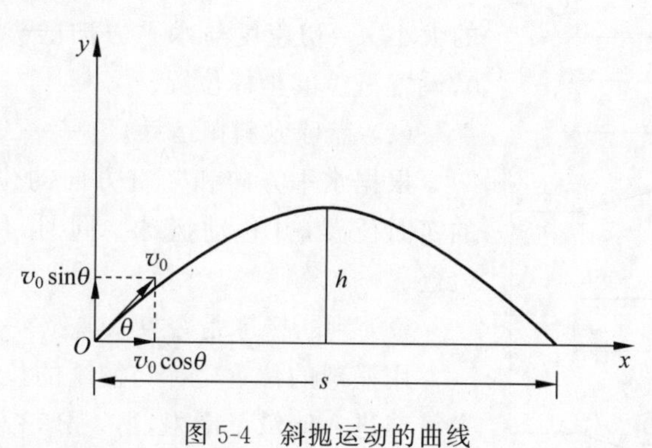

图 5-4 斜抛运动的曲线

斜抛运动的规律

(1) 在水平方向上，做匀速直线运动。

水平方向的速度与时间的关系式为

$$v_x=v_0\cos\theta$$

水平方向的位移与时间的关系式为

$$x=v_0t\cos\theta$$

(2) 在竖直方向上，先向上做匀减速直线运动，到达顶点后，再向下做匀加速直线运动。

竖直方向的速度与时间的关系式为

$$v_y=v_0\sin\theta-gt$$

竖直方向的位移与时间的关系式为

$$y=v_0t\sin\theta-\frac{1}{2}gt^2$$

明白了这些物理原理之后，接下来用 Scratch 编写“定点投篮”的程序。

3. 算法分析

在“定点投篮”程序中，当篮球被抛出后，篮球在空中做斜抛运动，把斜抛运动分解为水平方向上的匀速直线运动和竖直方向上的匀变速直线运动。在篮球运动中，主要有两个参数决定了篮球的运动轨迹，一个是初速度的大小 v_0，一个是初速度的方向，即初速度与水平方向的夹角 θ。把初速度 v_0 和夹角 θ 代入速度、位移与时间的关系式中，即可画出篮球的运动轨迹。

用变量“分数”计分。当本次投篮时，篮球准确地投入篮筐，得 1 分，否则不得分。

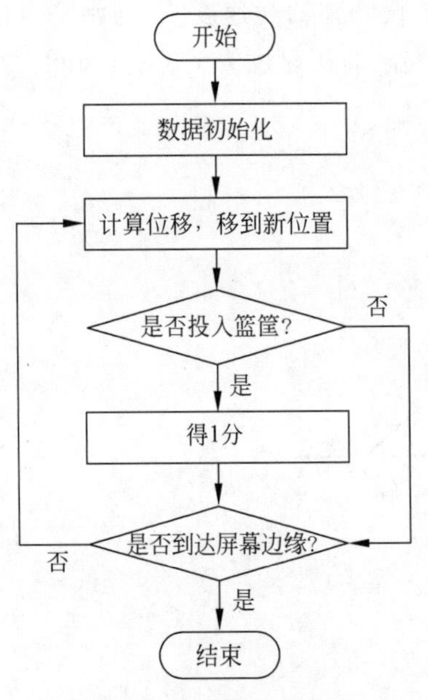

图 5-5　程序算法流程图

用自然语言描述整个程序的算法，步骤如下。

(1) 程序开始，进行数据初始化。

在程序初始时，设置篮球抛出时的初速度，即初速度的大小 v_0、初速度与水平方向的夹角 θ。把分数设置为 0，设置篮筐的坐标位置。

(2) 篮球做斜抛运动。

根据水平方向和竖直方向的位移方程，计算出篮球的实时位置，并移动篮球。同时，用画笔功能画出运动轨迹。

(3) 判断篮球是否投入篮筐。

用篮球的位置坐标与篮筐的位置坐标进行比较。如果篮球进入篮筐范围内，得 1 分，否则不得分。

(4) 判断篮球是否到达屏幕边缘，若是，则转到第(5)步；否则转到第(2)步。

(5) 程序结束。

用流程图可以更直观地描述上述算法，如图 5-5 所示。

4. 编程实现

(1) 新建角色。

本程序主要的角色有：篮球、篮球手 Tera、“投篮”按钮。

(2) 数据初始化。

当单击小绿旗开始运行程序时，给篮球的初速度、投篮得分、篮筐的位置等变量设置初始值。初始速度 v_0 和初始角度 θ 可通过变量滑杆进行修改。代码如图 5-6 所示。

单击“投篮”按钮后，需要将篮球运动过程中用到的数据变量进行重置。代码如图 5-7 所示。

图 5-6　程序初始化的代码

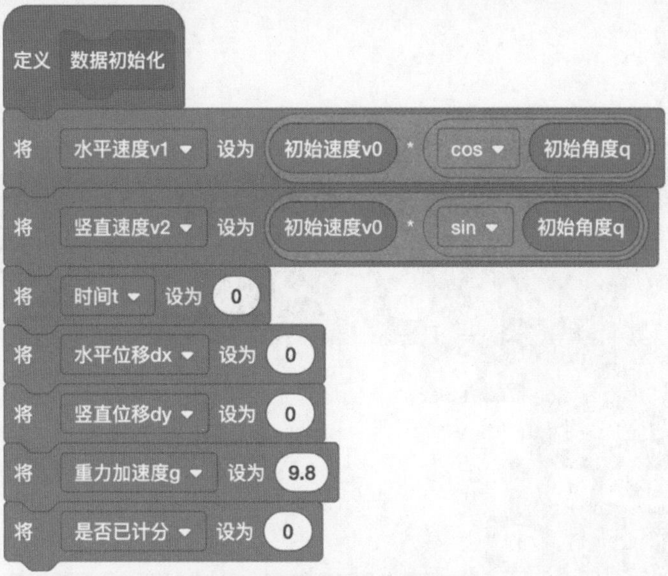

定义 数据初始化
将 水平速度v1 设为 初始速度v0 * cos 初始角度q
将 竖直速度v2 设为 初始速度v0 * sin 初始角度q
将 时间t 设为 0
将 水平位移dx 设为 0
将 竖直位移dy 设为 0
将 重力加速度g 设为 9.8
将 是否已计分 设为 0

图 5-7　数据初始化的代码

(3) 篮球在空中做斜抛运动。代码如图 5-8 所示。

定义 做斜抛运动
重复执行直到 碰到 舞台边缘 ?
将 水平位移dx 设为 水平速度v1 * 时间t
将 竖直位移dy 设为 竖直速度v2 * 时间t - 0.5 * 重力加速度g * 时间t * 时间t
移到 x: 190 - 水平位移dx y: -70 + 竖直位移dy
判断得分
将 时间t 增加 0.1

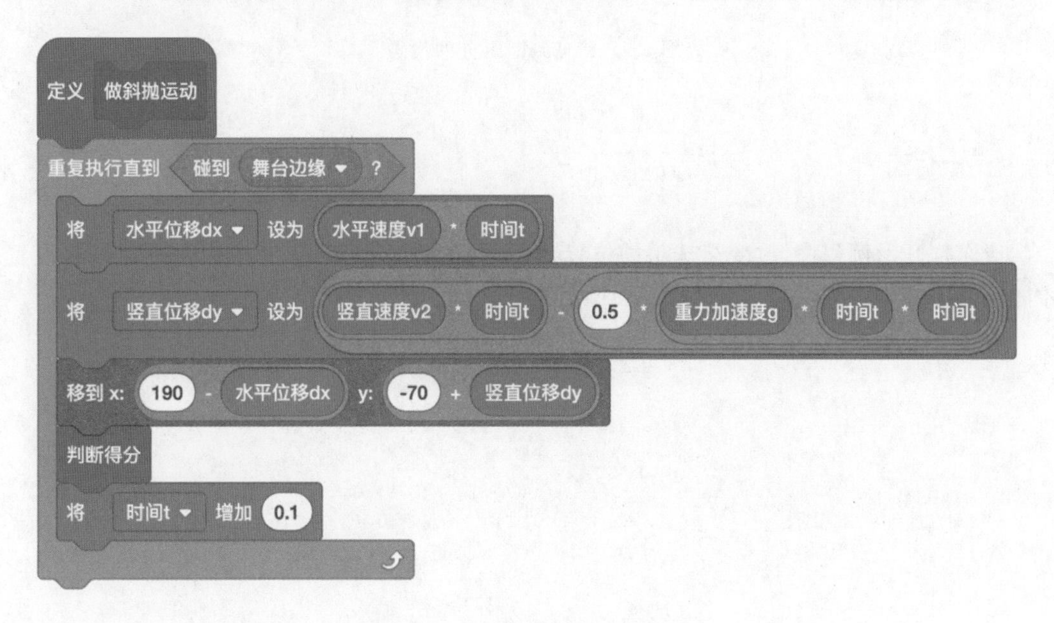

图 5-8　篮球做斜抛运动的代码

(4) 判断篮球是否投入篮筐得分。

已知篮筐中心位置的坐标(篮筐位置 x,篮筐位置 y),把篮筐的 x 坐标范围限定在(篮筐位置 $x-5$,篮筐位置 $x+5$),篮筐的 y 坐标范围限定在(篮筐位置 $y-5$,篮筐位置 $y+5$)。如果篮球进入到这个范围内,则表示投中。代码如图 5-9 所示。

这里使用"已计分"变量作为本次已计分标识,当篮球进入篮筐范围时,只计一次分,避免重复计分。

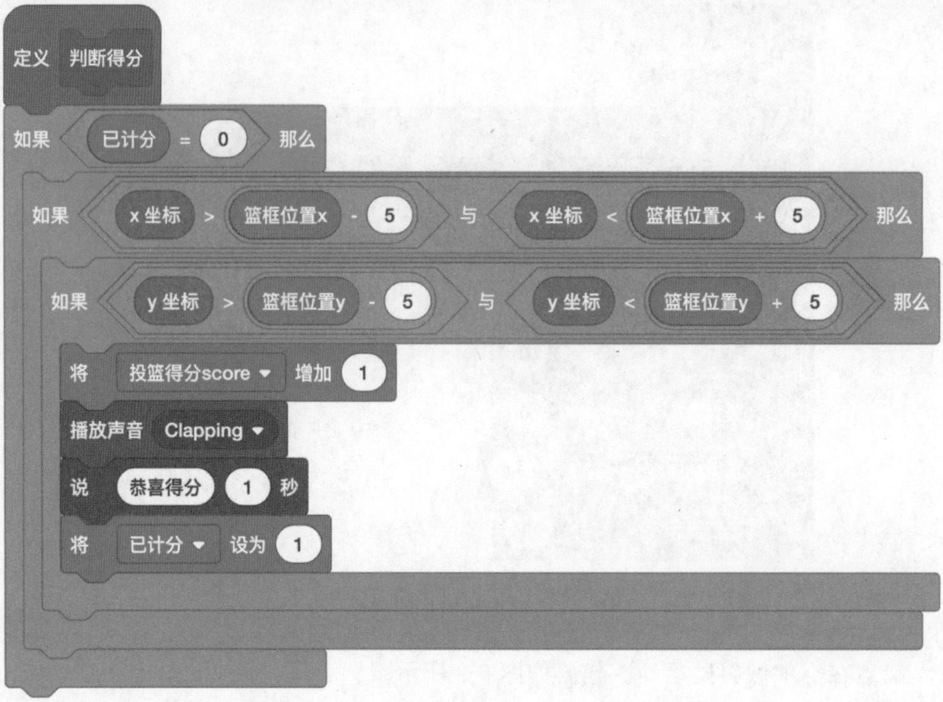

```
定义 判断得分
如果 <(已计分) = (0)> 那么
    如果 <<(x坐标) > ((篮框位置x) - (5))> 与 <(x坐标) < ((篮框位置x) + (5))>> 那么
        如果 <<(y坐标) > ((篮框位置y) - (5))> 与 <(y坐标) < ((篮框位置y) + (5))>> 那么
            将 [投篮得分score ▾] 增加 (1)
            播放声音 (Clapping ▾)
            说 (恭喜得分) (1) 秒
            将 [已计分 ▾] 设为 (1)
```

图 5-9　篮球判断得分的代码

5. 试一试

请你打开示例程序，改变篮球手的位置，从不同的位置投篮，思考初速度应该怎么设置才能使篮球手投中呢？

第6课 单摆运动——神奇的小球

1. 课程目标

本节课将带你学习单摆的运动模型，探究物体做单摆运动的规律，并用 Scratch 模拟实现“神奇的单摆小球”实验。该程序预期实现的效果如图 6-1 所示，当多个不同长度的挂绳挂着的小球绕着同一个中心点做单摆运动时，会出现图中的效果。

图 6-1　程序的实现效果

2. 物理知识

单摆

单摆是在一根长度不变、质量可忽略的细线的一端悬挂一个质点，质点在重力作用下摆动，就构成了单摆，如图 6-2 所示。在现实生活中，钟摆就是用单摆模型来设计的。

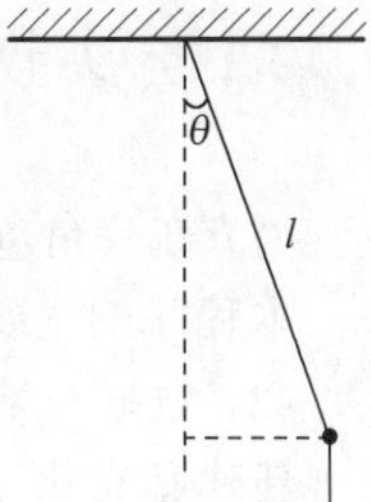

图 6-2　单摆模型

在单摆模型中，重力对单摆的力矩为

$$M=-mgl\sin\theta$$

式中，m 为质点的质量；g 为重力加速度；l 为摆长；θ 为单摆与竖直方向的夹角。

根据角动量定理，有 $M=I\beta$，其中单摆的转动惯量 $I=ml^2$，β 为角加速度。代入力矩公式可以得到角加速度为

$$\beta=-\frac{g\sin\theta}{l}$$

当 θ 比较小时，有 $\sin\theta\approx\theta$，则角加速度 $\beta=-\frac{g\theta}{l}$。

当 $\theta<10°$时，单摆的运动周期为

$$T=2\pi\sqrt{\frac{l}{g}}$$

可见，单摆的周期与质点的质量无关，只与摆长 l 和重力加速度 g 有关。当重力加速度 g 一定时，摆长 l 越长，周期越长。

明白了这个物理原理之后，接下来用 Scratch 编写“神奇的单摆小球”的程序。

3. 算法分析

在本案例程序中，用 7 个不同摆长的单摆小球展示单摆的周期与摆长之间的关系。

用自然语言描述程序的算法，步骤如下。

(1) 程序开始，进行数据初始化。

(2) 生成 7 个单摆小球的克隆体，每个克隆体的造型不同，摆长不同。

(3) 计算 t 时间内单摆的角加速度 β。

(4) 计算 t 时间内摆过的角度 θ。

(5) 让单摆小球转动 θ 角度。

(6) 转到第(3)步。

用流程图可以更直观地描述上述算法，如图 6-3 所示。

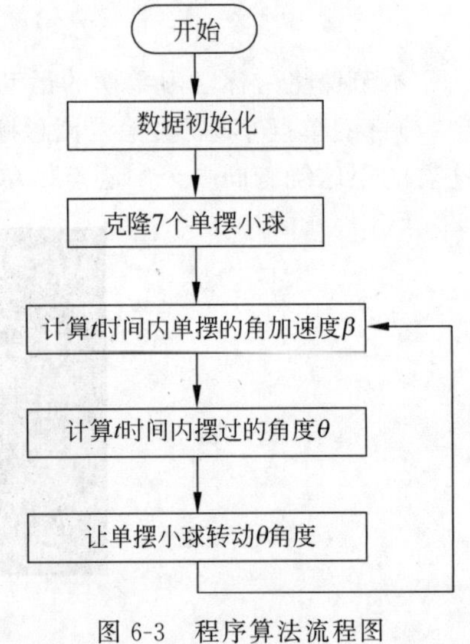

图 6-3　程序算法流程图

4. 编程实现

(1) 新建角色。

本程序的主要角色为：单摆小球。

(2) 数据初始化。

新建私有化变量“初始角度”“角度”“角加速度”“时间”“克隆体编号”“重力加速度”，并初始化，代码如图 6-4 所示。

(3) 生成 7 个单摆小球的克隆体。

本程序需要 7 个单摆小球，一种方法是创建 7 个“单摆小球”的角色，另一种方法是克隆出 7 个小球的克隆体，本书采用了第二种“克隆”的方法。

因为每个小球的参数不同，需要对每个克隆体做特殊的处理，所以需要给每个克隆体编

号。用私有化变量“克隆体编号”来记录每个克隆体的编号，代码如图 6-5 所示。

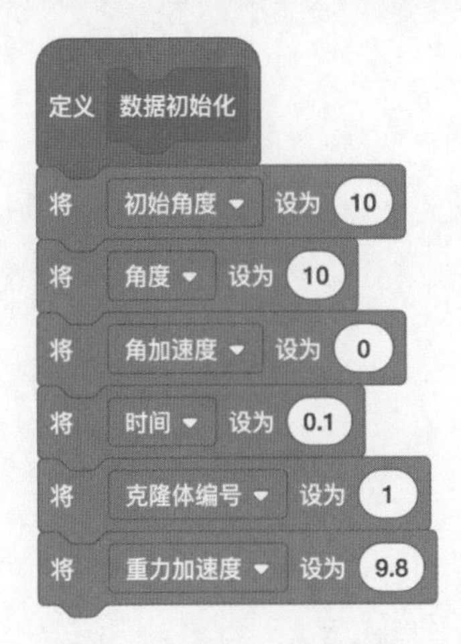

定义 数据初始化
将 初始角度 设为 10
将 角度 设为 10
将 角加速度 设为 0
将 时间 设为 0.1
将 克隆体编号 设为 1
将 重力加速度 设为 9.8

图 6-4　数据初始化的代码

重复执行 7 次
克隆 自己
将 克隆体编号 增加 1

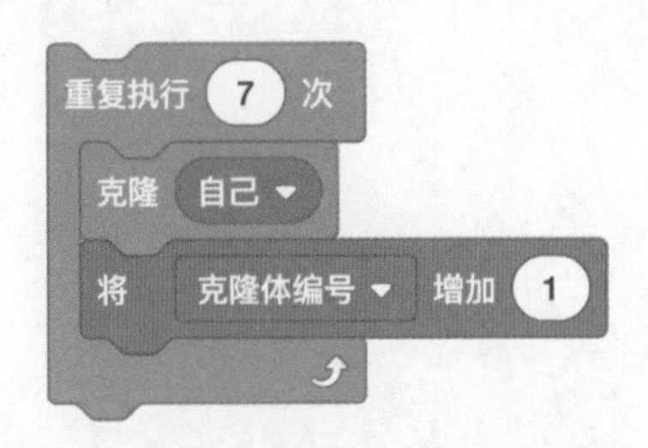

图 6-5　生成单摆克隆体的代码

（4）让每个小球做单摆运动。

把单摆的摆长存在“绳子的长度”列表里，按照克隆体的编号去列表里取对应的摆长，然后做相应的单摆运动，代码如图 6-6 所示。

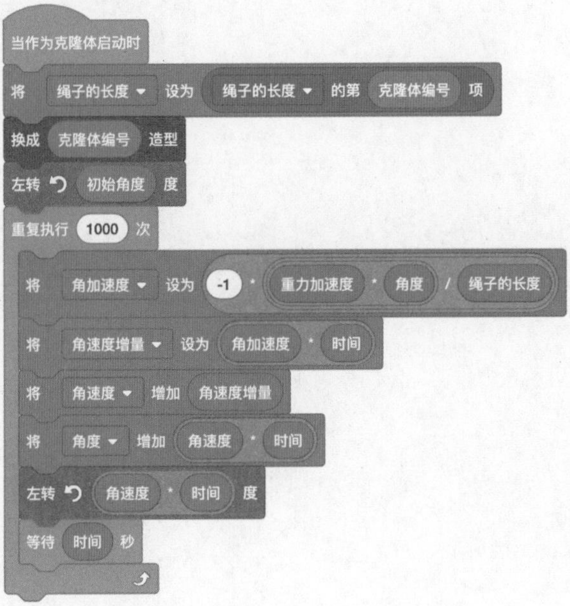

当作为克隆体启动时
将 绳子的长度 设为 绳子的长度 的第 克隆体编号 项
换成 克隆体编号 造型
左转 初始角度 度
重复执行 1000 次
将 角加速度 设为 -1 * 重力加速度 * 角度 / 绳子的长度
将 角速度增量 设为 角加速度 * 时间
将 角速度 增加 角速度增量
将 角度 增加 角速度 * 时间
左转 角速度 * 时间 度
等待 时间 秒

图 6-6　小球做单摆运动的代码

5. 试一试

请你打开示例程序，在程序中再增加一个不同摆长的小球，应该如何实现呢？

第2篇

物质

宇宙间的万物都属于物质。物质的种类丰富多样，其形态万千，性质也多种多样。本篇将带你在有趣的Scratch案例中学习物质的特性，探索物质世界的奥秘。

第7课　物质的构成——分子热运动
第8课　固体的密度——鉴别真假金块
第9课　液体的密度——盐水浮鸡蛋
第10课　气体的密度——充气气球
第11课　物态变化——冰的熔化过程

第7课
物质的构成——分子热运动

1. 课程目标

物质是什么？这个概念太大了，大到包含宇宙中的一切。我们周围所有的客观存在都是物质，包括人本身。你有没有想过，物质内部到底是什么样的呢？是静止的还是运动的呢？

如果说物质就是眼见为实，不动就是静止，那为什么一杯水放在那里不动会慢慢变少，桂花长在树枝上不动会十里飘香，把糖放进水里不动就能喝到糖水呢？相信学完本节课的内容后，你就能找到答案。

本节课将带你学习物质的内部构成，并用 Scratch 模拟出物质内部的情形，把肉眼看不见的微观世界用 Scratch 动画的形式更鲜活、更形象地展现在眼前。

2. 物理知识

在宏观世界里，我们看到的物质是以各种形状存在的、具有真实体积的客观存在。而在微观世界里，研究发现，物质是以极其微小的、肉眼根本看不到的粒子存在的，这些粒子叫作“分子”。

分子是由原子组成的，原子按照一定的键合顺序和空间结构结合，造就了分子独特的分子结构。分子结构是影响分子物理和化学性质的重要因素。

构成物质的分子有哪些特性呢？请你结合下面的这些现象，思考一下。

在一杯冷水里加入一勺糖，过了一会儿糖颗粒不见了，再放置一段时间，整杯水都有了甜甜的味道。把冷水换成热水，糖颗粒消失的速度更快，水变甜的速度也更快。

在一杯冷水里滴入一滴红色色素，色素在水里渐渐散开，整杯水慢慢地都染成了红色。把冷水换成热水，色素散开的速度更快，水染红的速度也更快。

扩散现象

人们虽然肉眼看不到分子的运动，但通过这些现象可以发现，分子是不停运动的。两种不同的物质在接触时互相进入对方的现象叫作扩散。糖溶解在水里是扩散，色素把水染红也是扩散。

分子热运动

扩散现象表明，一切物质的分子都在不停地做无规则运动，这种运动叫作分子热运动。物体温度越高，分子运动就越激烈。这也说明了，为什么在温度高的水里，糖颗粒溶解得更快，色素扩散得更快。

了解了分子热运动和扩散现象之后，接下来用 Scratch 编写“分子热运动”的程序。

3. 算法分析

在这个程序中，把分子模拟成一个红色的小点，分子在物质内的运动就是小点在屏幕上的运动。

要用程序呈现分子热运动的四个重要特性，对这四个特性的描述如表 7-1 所示。

表 7-1　分子热运动的四个特性

特　性	特 性 描 述	Scratch 实现技巧
1	很多很多的分子	克隆
2	不停地运动	重复执行
3	无规则	随机方向
4	温度越高，运动越激烈	移动变量步长（移动距离不定） 等待变量时间（移动频率不定）

本节课的案例预期实现效果如图 7-1 所示，很多很多的红色“分子”不停地做杂乱无章的运动。在相同的时间内，温度越高，分子扩散得越快。

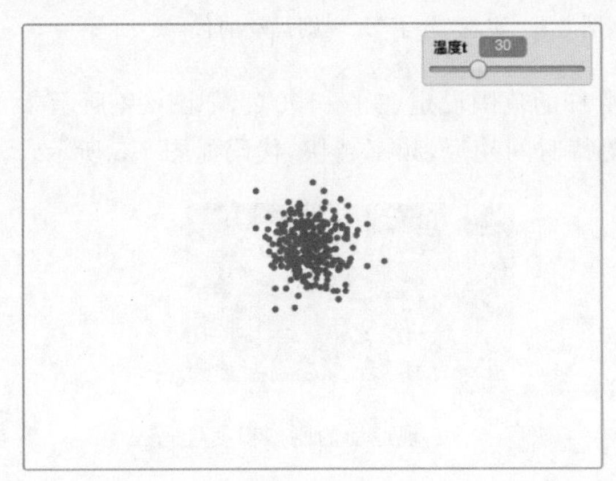

温度：30℃

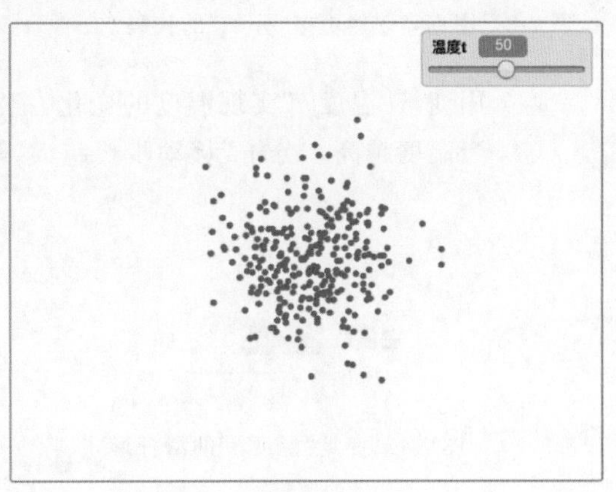

温度：50℃

图 7-1　程序的实现效果

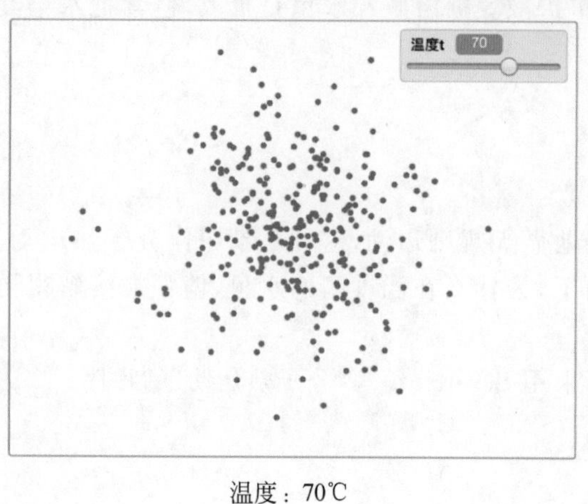

温度：70℃

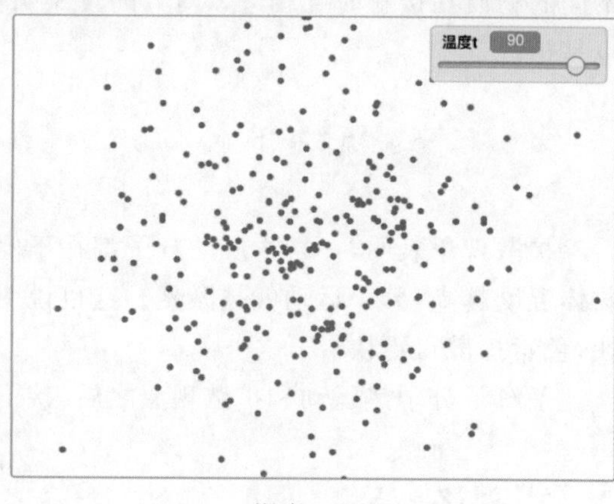

温度：90℃

图 7-1(续)

4. 编程实现

(1) 新建角色。

本程序只有一个角色，就是一个红色的小点，代表“分子”。

(2) 用克隆创建更多的“分子”，代码如图 7-2 所示。

(3) 用随机数控制“分子”运动的方向，代码如图 7-3 所示。

图 7-2 用克隆创建更多“分子”的代码

图 7-3 实现“分子”无规则运动的代码

(4) 用变量“温度 t”实现温度的变化，把滑杆的范围设定在 1～100℃，如图 7-4 所示。

(5) 当温度越高，“分子”移动步长越大，等待时间越短，频率越快，代码如图 7-5 所示。

图 7-4 变量“温度 t”的滑杆形式

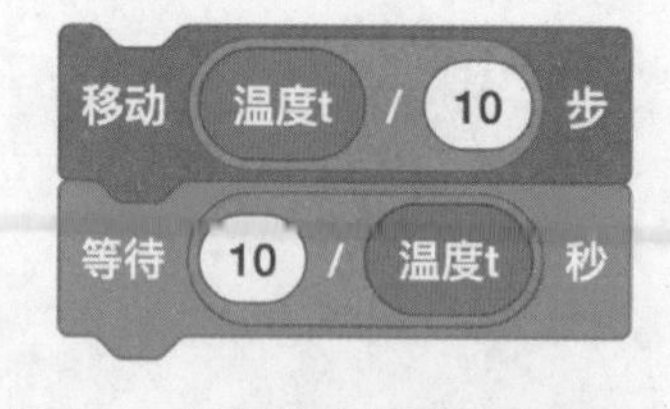

图 7-5 实现运动的剧烈程度代码

本节课案例的程序清单如图 7-6 所示。

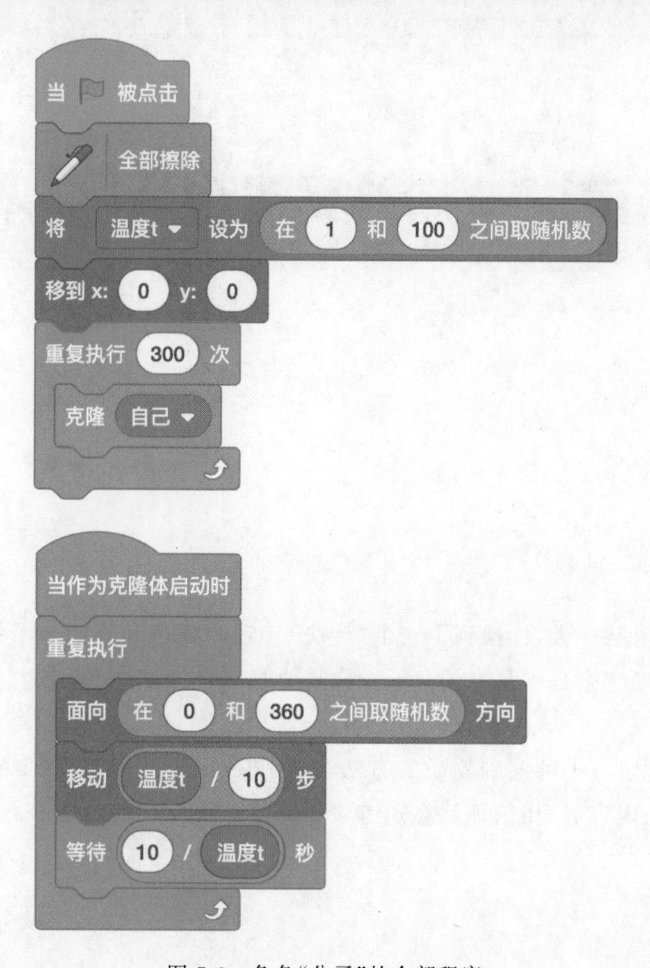

图 7-6　角色“分子”的全部程序

5. 试一试

请你修改示例程序，尝试创建 2 个角色，分别代表“A 分子”和“B 分子”，然后编程模拟“分子热运动”。

第8课
固体的密度——鉴别真假金块

1. 课程目标

设想一下，如果某一天，你捡到了一个“金块”。它的颜色和真的金子一模一样，看起来很像金子，但你不确定它是不是真的金子。你需要找一个办法来鉴别这个“金块”是不是真的金子，该怎么做呢？

本节课将带你学习一种鉴别物质的方法，并用 Scratch 模拟实现“鉴别真假金块”的实验。学完本节课的内容后，相信你就会知道该如何鉴别“金块”到底是不是真的金子了。

2. 物理知识

质量

宇宙中一切客观存在的物体都是由物质组成的。物体有大有小是因为组成物体的物质有多有少。我们把物体中含有的物质的多少叫作质量，通常用 m 表示。质量的单位有千克(kg)、克(g)、吨(t)等。

要想知道物体的质量，就要用到称量的工具——秤。人们平常买菜、买水果、称体重等都需要用到秤。

物体的质量是不随其形状的改变而改变的。比如，一个塑料瓶，正常的形状下其质量是18g 左右，把它压瘪之后，其质量仍然是 18g 左右。

密度

体积相同的木块、石块、铁块，它们的质量却不相同。铁块的质量最大，木块的质量最小，区别就在于它们的密度。铁块的密度最大，木块的密度最小，所以相同体积下，密度越大的物体质量就越大。

在物理学中，由某种物质组成的物体的质量与体积之比，叫作这种物质的密度。通常用ρ表示密度，m表示质量，V表示体积。密度的表达式为

$$\rho=\frac{m}{V}$$

密度的基本单位是千克每立方米（kg/m^3）或者克每立方厘米（g/cm^3）。

同种物质的密度是一样的，不同种物质的密度一般是不一样的。

测量物质的密度

要想知道一个物体是由什么物质组成的，只要测出物体的密度，把密度值和密度表中各个物质的密度进行比对，就知道了。但物体的密度通常是无法用工具直接测量出来的，需要采用一种间接的方式来测量。

这种方式是：测出物体的质量m和体积V，计算出物质的密度ρ。我们可以用秤来测量物体的质量，物体的体积怎么测量呢？规则的物体可以用量尺来测量长、宽、高，从而计算出体积，而不规则的物体就不可以用量尺来测量了。这时，可以采用一种巧妙的办法——量筒。

把水先倒入量筒中，记录量筒水面的刻度L_1，再把物体放入量筒中，记录此时量筒水面的刻度L_2，物体的体积就是$V=L_2-L_1$。

现在，你已经知道该如何鉴别"金块"是否是真的金子了，接下来，用Scratch模拟实现"鉴别真假金块"的实验。该程序预期实现的效果如下。

（1）用秤测量"金块"的质量，如图8-1所示。

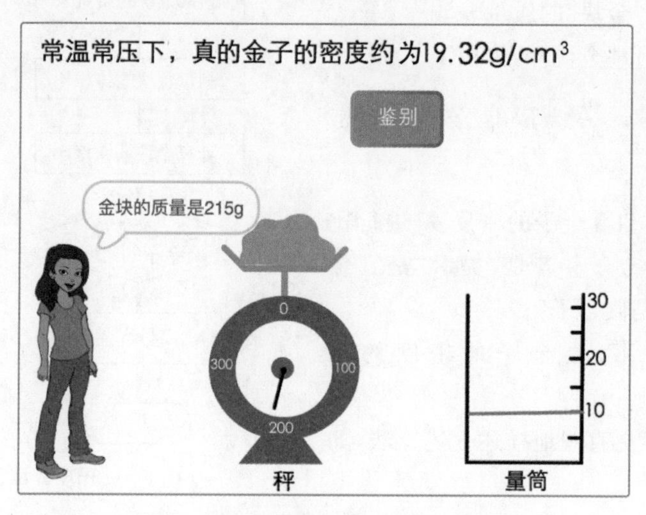

图8-1　程序中用秤测量"金块"的质量

（2）用量筒测量"金块"的体积，如图8-2所示。

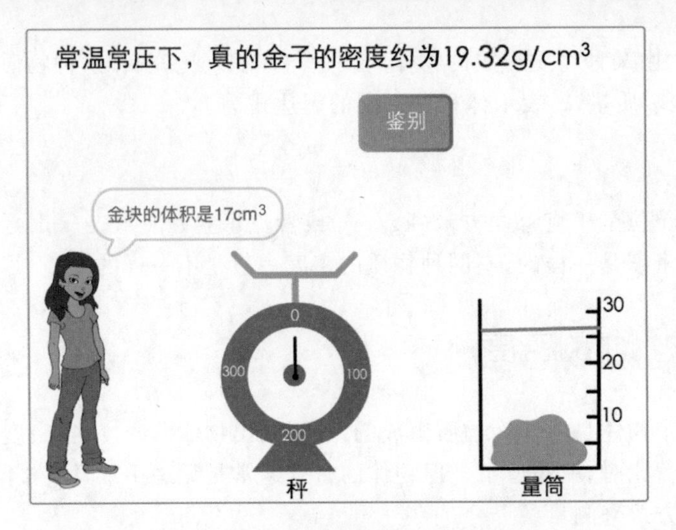

图 8-2 程序中用量筒测量“金块”的体积

3. 算法分析

在“鉴别真假金块”的程序中，演示了测量“金块”密度的实验步骤。用自然语言描述整个程序的算法，步骤如下。

(1) 程序开始，进行数据初始化。

(2) 用秤测量“金块”的质量 m。

(3) 用量筒测量“金块”的体积 V。

(4) 用公式 $\rho=\frac{m}{V}$ 计算出“金块”的密度 ρ。

(5) 把密度 ρ 和真金子的密度 $\rho_{金}$ 进行比较，判断是否为真金子。若是，提示“是真金子”；若否，提示“是假金子”。

在常温常压下，真金子的密度约为 19.32g/cm^3。

用流程图可以更直观地描述上述算法，如图 8-3 所示。

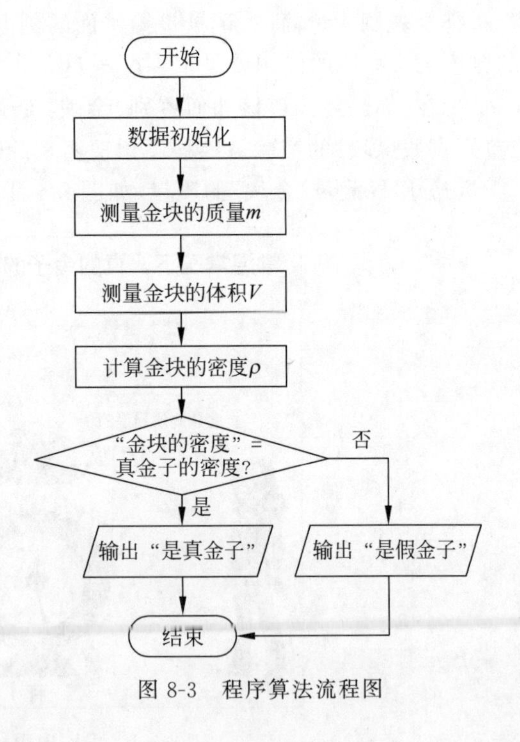

图 8-3 程序算法流程图

4. 编程实现

本程序是为了用动画演示“鉴别真假金块”的过程，并不能用程序真实地测量金块的质量和体积，所以在程序初始时，要给金块的质量和体积设置一个数值。

（1）新建角色。

本程序主要的角色有：金块、秤、量筒。

（2）数据初始化，代码如图 8-4 所示。

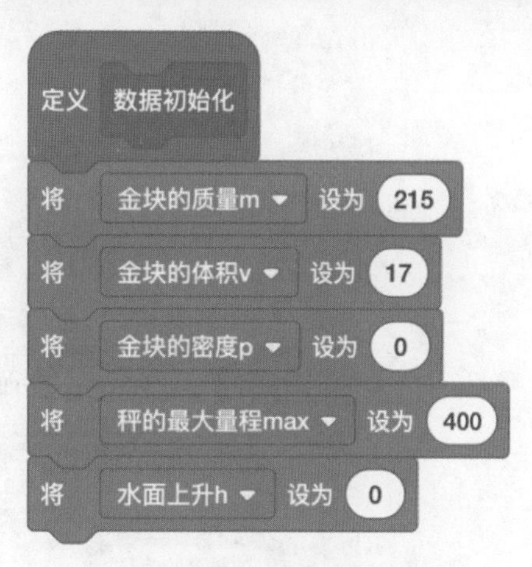

图 8-4　数据初始化的代码

（3）秤的指针指向的刻度，即为金块的质量。

本程序已知金块的质量，如何让秤指向正确的刻度值呢？

把秤的最大量程 max 设置为 400g。由于 400g 对应指针的 360°方向，所以金块的质量对应指针的方向为：金块的质量 m * 360/秤的最大量程 max，代码如图 8-5 所示。

图 8-5　模拟用秤测量金块质量的代码

（4）量筒的水面上升的高度，即为金块的体积。

已知每 5ml 的水的高度对应舞台的像素为 20，那么水面上升的像素值为金块的体积×20/5。本程序已知金块的体积，即可求得水面上升的高度，代码如图 8-6 所示。

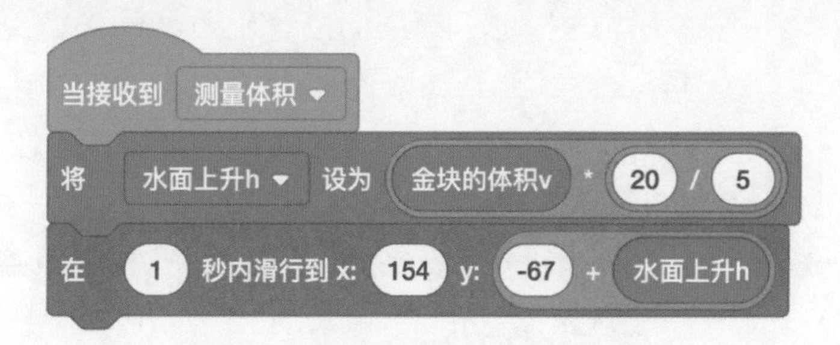

图 8-6　模拟用量筒测量金块体积的代码

（5）计算金块的密度，判断是否为真金子。

根据公式 $\rho=\frac{m}{V}$，计算出金块的密度。已知常温常压下，真金子的密度约为 19.32g/cm^3。在本程序中假设，如果金块的密度范围为 19.30～19.34g/cm^3，那么就认为金块是真金子，否则就认为金块是假金子，代码如图 8-7 所示。

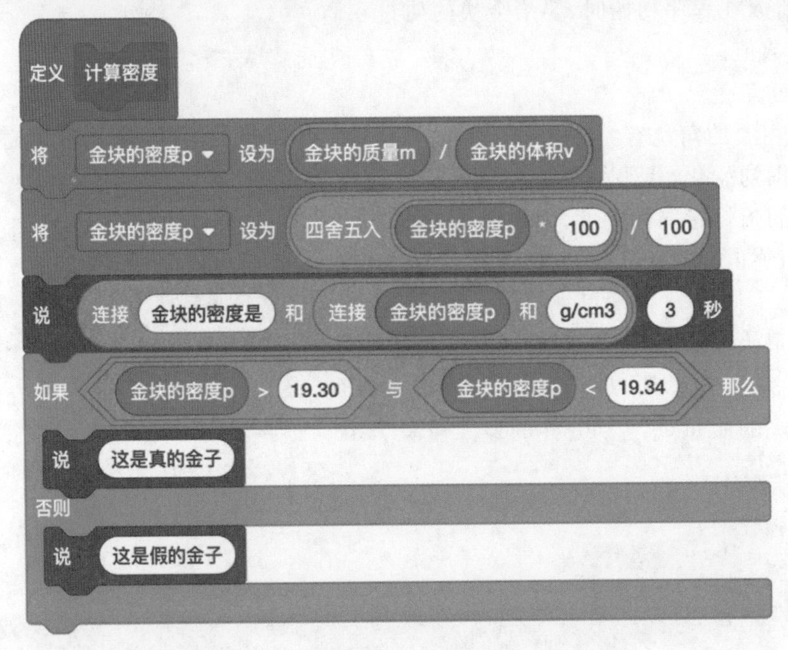

图 8-7　计算金块密度并判断真假金子的代码

5．试一试

请你打开示例程序，修改“金块”的质量和体积，用程序判断该“金块”是否是真金子。

第9课 液体的密度——盐水浮鸡蛋

1. 课程目标

我们都知道,在水中放入生鸡蛋,鸡蛋会沉下去,但怎么用物理原理解释这个现象呢?有什么办法能让鸡蛋在水中浮起来呢?

本节课将带领你学习液体的密度,解释固体在液体中沉浮的原理,并用Scratch模拟实现"盐水浮鸡蛋"的实验。相信学完本节课的内容后,你就会知道如何让鸡蛋在水中浮起来了。

2. 物理知识

液体的密度

把石头、铁块扔进水中,它们会马上沉入水底,而树叶、干木块则会漂浮在水面上。通常人们把这些现象的原因归结为石头、铁块重,树叶、干木块轻。重和轻只是人们的感官认识,而真正关系到物体在水中沉浮的本质原因是物体的密度。

常温常压下,几种物质的密度如表9-1所示。

表9-1 物质的密度表

物　质	密度/(g/cm^3)
石头(花岗岩)	2.6～2.8
铁块	7.9
树叶	0.78
干松木	0.5
水	1.0

从表9-1中可以看出,各物质的密度大小关系为:干松木＜树叶＜水＜石头＜铁块。由于干木块、树叶的密度比水的密度小,所以它们漂浮在水面上;石头、铁块的密度比水的

密度大,所以它们沉入水底。

鸡蛋在水中下沉也是同样的道理。普通生鸡蛋的密度约为 1.1g/cm^3,比水的密度稍大,在水中会沉下去。那有没有办法让鸡蛋在水中浮起来呢?

从物体的沉浮原理中,我们明白要想让鸡蛋在水中浮起来,就需要让水的密度大于鸡蛋的密度。如何能让水的密度变大呢?有一种很简单的方法是加盐。

盐溶解在水中,水变成了盐水,密度变大。继续加盐,盐水的浓度继续变大,从淡盐水变成浓盐水。当盐在水中不再溶解时,盐水的密度达到饱和,变成了饱和浓盐水。在这个过程中,盐水的密度从 1.0g/cm^3 增大到 1.33g/cm^3。当达到饱和浓盐水的密度后,密度便不再增加了。

分析鸡蛋在水、淡盐水、浓盐水中的状态可以发现,鸡蛋经历了三种沉浮的状态。

(1) 当盐水的密度为 1.0~1.1g/cm^3 时,盐水的密度小于鸡蛋的密度,鸡蛋沉在底部。用 Scratch 模拟的效果如图 9-1 所示。

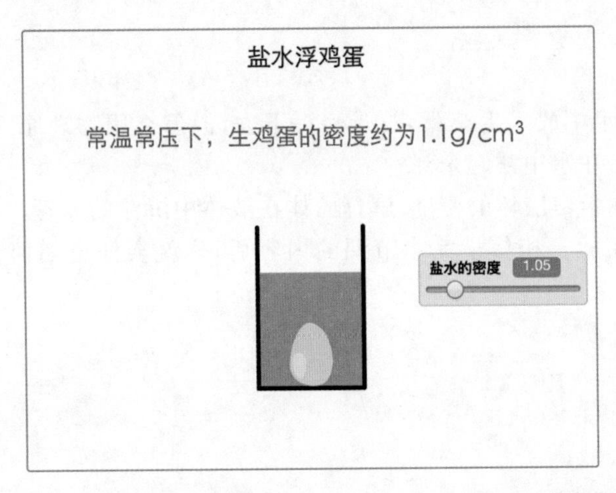

图 9-1　当盐水的密度为 1.0~1.1g/cm^3 时,鸡蛋沉在水底

(2) 当盐水的密度为 1.1~1.2g/cm^3 时,盐水的密度等于或略大于鸡蛋的密度,鸡蛋浮在水中,慢慢上浮到水面。用 Scratch 模拟的效果如图 9-2 所示。

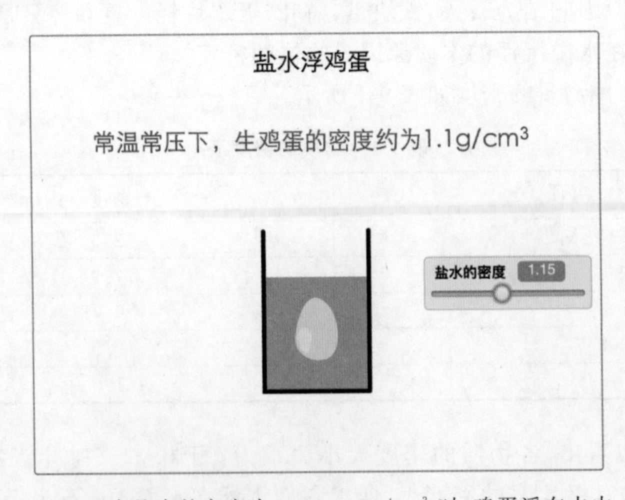

图 9-2　当盐水的密度为 1.1~1.2g/cm^3 时,鸡蛋浮在水中

(3) 当盐水的密度为 1.2～1.33g/cm^3 时,盐水的密度大于鸡蛋的密度,鸡蛋浮出水面,漂浮在水面上。用 Scratch 模拟的效果如图 9-3 所示。

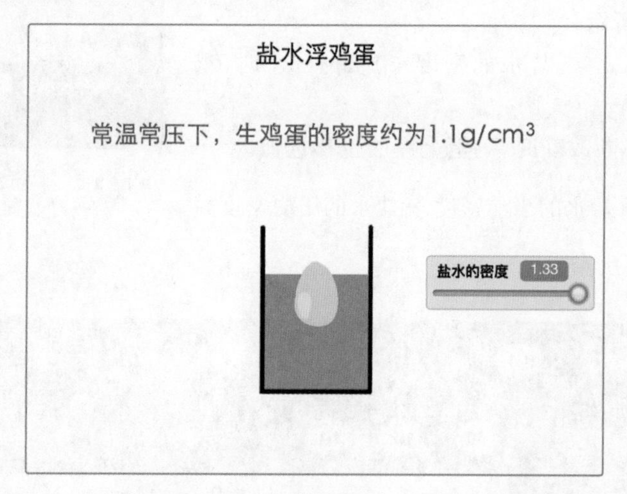

图 9-3　当盐水的密度为 1.2～1.33g/cm^3 时,鸡蛋漂浮在水面上

接下来用 Scratch 编写“盐水浮鸡蛋”的程序。

3. 算法分析

在“盐水浮鸡蛋”程序中,通过改变盐水密度的大小,模拟鸡蛋在不同浓度的盐水中的沉浮状态,从而演示固体在液体中的沉浮原理。

用自然语言描述整个程序的算法,步骤如下。

(1) 程序开始,进行数据初始化。

(2) 改变盐水的密度 ρ。

(3) 判断如果 $\rho<1.1\text{g/cm}^3$,则将鸡蛋沉入水底,否则转到第(4)步。

(4) 判断如果 $1.1\leqslant\rho<1.2\text{g/cm}^3$,则将鸡蛋浮水中,否则转到第(5)步。

(5) 鸡蛋浮在水面上。

用流程图可以更直观地描述上述算法,如图 9-4 所示。

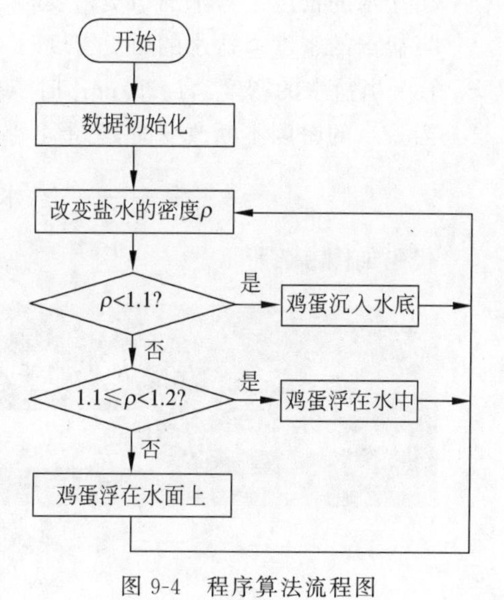

图 9-4　程序算法流程图

4. 编程实现

本程序的主要逻辑是处理不同密度的盐水下鸡蛋的沉浮状态,所以采用“选择结构”的语句来编写程序。

(1) 当盐水的密度<1.1g/cm^3 时,鸡蛋将沉入杯底。

这里巧妙地使用“碰到颜色”积木。由于只有杯底的颜色是黑色，所以鸡蛋只要碰到黑色，就是碰到了杯底，代码如图 9-5 所示。

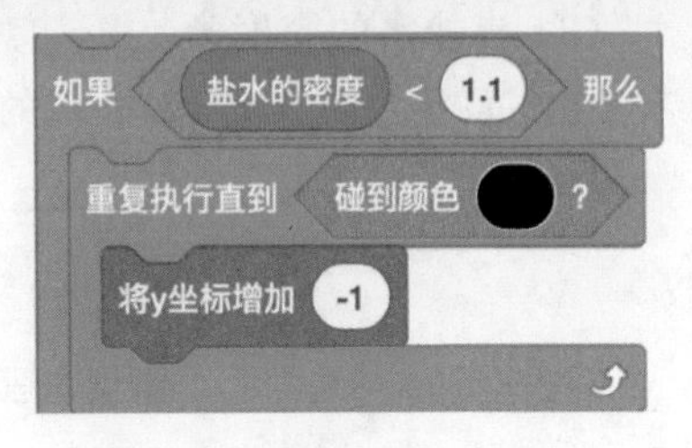

图 9-5　鸡蛋沉入杯底的代码

(2) 当 $1.1\mathrm{g/cm^3} \leqslant$ 盐水的密度 $< 1.2\mathrm{g/cm^3}$ 时，鸡蛋慢慢在水中上浮。

当盐水密度不断改变时，鸡蛋上浮的位移近似为

$$s = \frac{40}{1.2 - 1.1} \times (\text{盐水的当前密度} - \text{盐水的历史密度})$$

代码如图 9-6 所示。

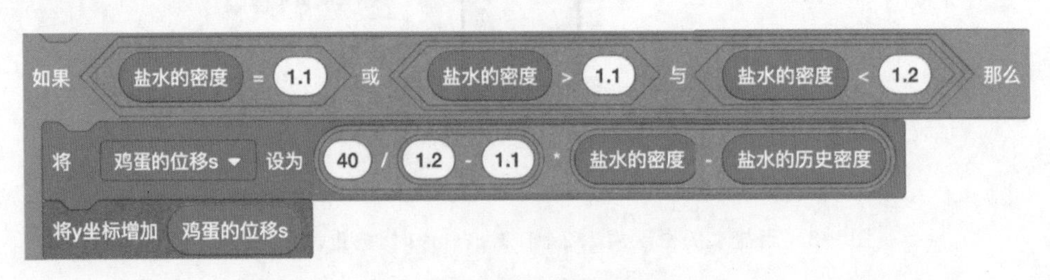

图 9-6　鸡蛋在水中上浮的代码

这里需要用到变量“盐水的历史密度”来记录历史值。

当盐水的密度>盐水的历史密度时，鸡蛋的位移 $s>0$，鸡蛋上浮。

当盐水的密度<盐水的历史密度时，鸡蛋的位移 $s<0$，鸡蛋下沉。

(3) 当盐水的密度 $\geqslant 1.2\mathrm{g/cm^3}$ 时，鸡蛋漂浮在水面上。

当盐水的密度不断改变时，鸡蛋上浮的位移近似为

$$s = \frac{10}{1.33 - 1.2} \times (\text{盐水的当前密度} - \text{盐水的历史密度})$$

代码如图 9-7 所示。

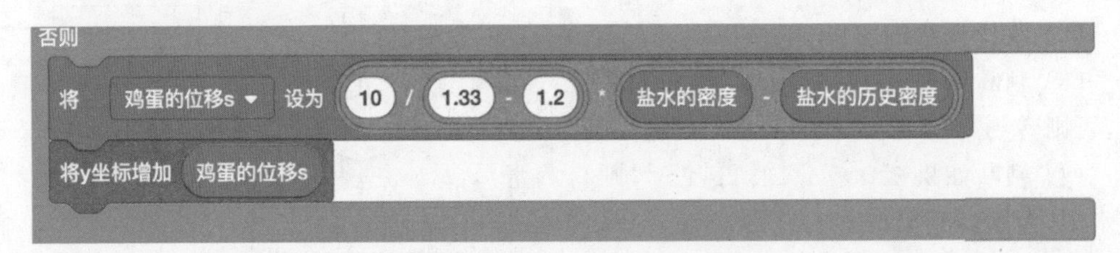

图 9-7　鸡蛋漂浮在水面上的代码

5. 试一试

编写程序，模拟把生鸡蛋放入多种不同的液体中，例如酒精、水银等，展现鸡蛋在不同液体中沉浮的效果。

第10课
气体的密度——充气气球

1. 课程目标

充入氢气的气球可以轻盈地飞上天空，用嘴吹起来的气球却只能笨重地落在地上，如何解释这两种充气气球的差别呢？

本节课将带你学习从物理学原理出发，探究充气气球的奥秘，并用 Scratch 模拟实现不同"充气气球"放飞后的状态。本节课案例预期实现的效果如下。

（1）依次给 4 个气球充气，可选择充气的气体有"1. 氢气、2. 氧气、3. 氦气、4. 二氧化碳、5. 空气"，效果如图 10-1 所示。

图 10-1　气球充气前的效果

（2）假设给 4 个气球充入的气体分别为氢气、氧气、氦气、空气，充气后的气球变大，同时气球上显示充入气体的名称，效果如图 10-2 所示。

图 10-2　气球充气后的效果

(3) 放飞气球后,1 号和 3 号气球升空,2 号和 4 号气球落地,效果如图 10-3 所示。

图 10-3　气球放飞后的效果

2. 物理知识

在第 9 课中我们学习了液体的密度,明白了鸡蛋在液体中的沉浮状态与液体的密度有关,那么气球在空气中的升与落是不是也与密度有关呢?答案是肯定的。

不同的气体，密度是不同的。程序中用到的5种气体氧气、氢气、氦气、二氧化碳、空气的密度如表10-1所示。

表10-1　常见气体的密度（0℃，标准大气压）

气　体	密度/(g/l)
氧气	1.43
氢气	0.09
氦气	0.18
二氧化碳	1.98
空气	1.29

由表10-1可知，这5种气体的密度从小到大排序依次为氢气＜氦气＜空气＜氧气＜二氧化碳。

当气球内充入氢气或氦气时，气球内气体的密度小于气球外空气的密度，所以气球会上升；当气球内充入氧气、二氧化碳或空气时，气球内气体的密度大于或等于气球外空气的密度，再加上气球自身的重力，所以气球会下落。

现在你应该明白，用打气筒打入的空气或用嘴吹入的气都无法让气球飞起来。要想使气球飞起来，必须充入氢气或氦气才行。

明白了这个物理原理之后，接下来用Scratch编写“充气气球”的程序。

3. 算法分析

在“充气气球”的程序中，通过在气球中充入不同的气体，模拟气球在空气中升与落的原理。

用自然语言描述整个程序的算法，步骤如下。

(1) 程序开始，进行数据初始化。

(2) 询问用户输入选择充气的气体，依次给气球1、2、3、4充气。

(3) 判断用户是否输入非数字1～5，若是，转到第(4)步；若否，转到第(2)步。

(4) 判断是否输错累计超过3次，若是，转到第(6)步；若否，提示错误，重新输入，转到第(2)步。

(5) 判断如果气球充入气体1(氢气)或气体3(氦气)，则气球升起来；否则，气球落下去。

(6) 程序结束。

用流程图可以更直观地描述上述算法，如图10-4所示。

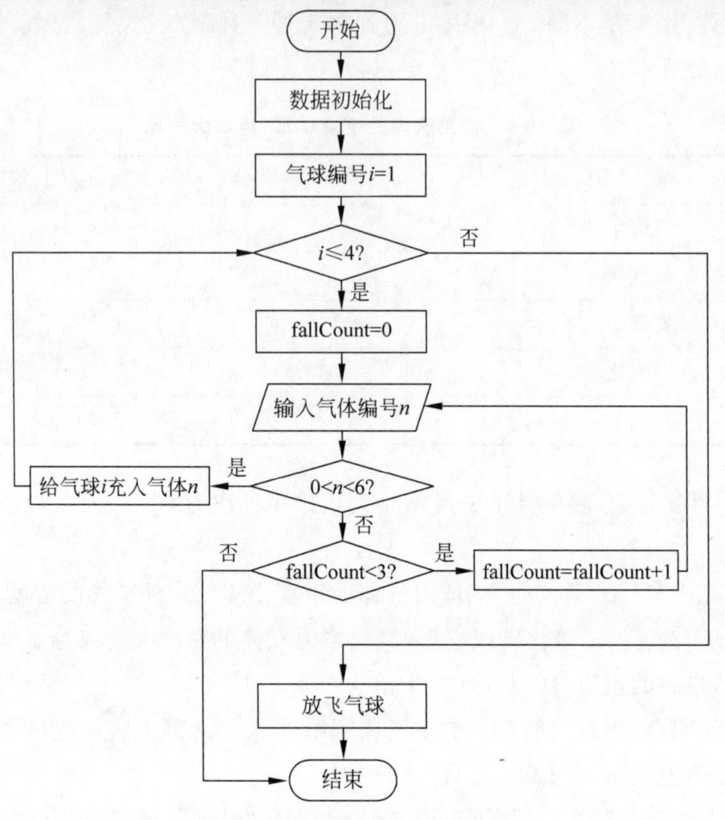

图 10-4　程序算法流程图

4. 编程实现

（1）新建角色。

本程序主要的角色有：气球 1、气球 2、气球 3、气球 4、学生 lisa。

每个气球角色都有 6 种造型，图 10-5 以气球 1 为例。当气球充入气体后，角色的造型切换到相应气体的造型上。

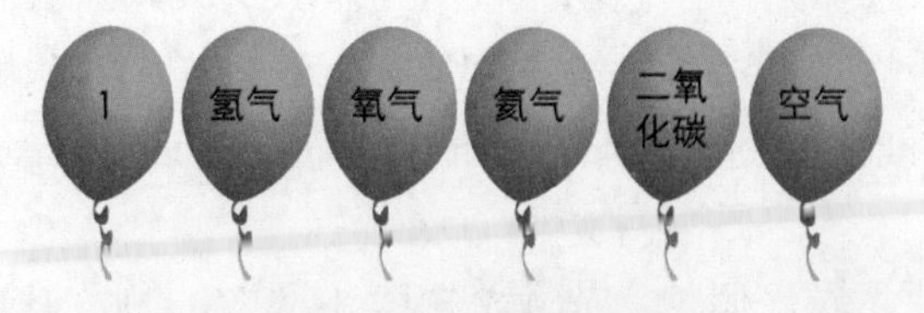

图 10-5　气球的 6 种造型

（2）数据初始化。

创建 4 个变量，“气球 1 气体”“气球 2 气体”“气球 3 气体”“气球 4 气体”，分别存放每个气球充入的气体类型。

数值 1 代表氢气、数值 2 代表氧气、数值 3 代表氮气、数值 4 代表二氧化碳、数值 5 代表空气。初始时，将每个变量赋值为 0，代码如图 10-6 所示。

(3) 依次给气球充气,代码如图 10-7 所示。

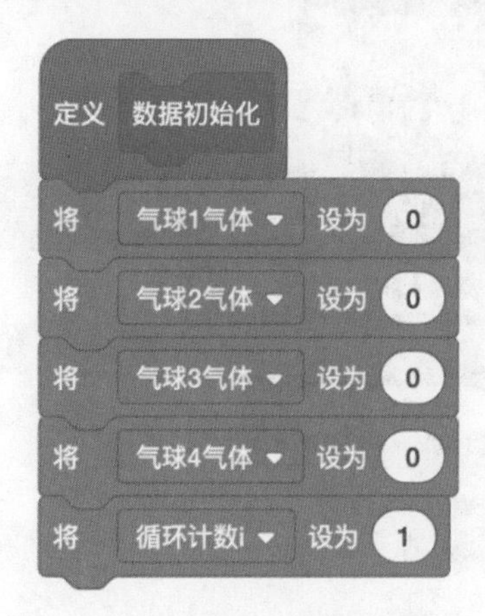

定义 数据初始化
将 气球1气体 设为 0
将 气球2气体 设为 0
将 气球3气体 设为 0
将 气球4气体 设为 0
将 循环计数i 设为 1

图 10-6　数据初始化的代码

重复执行 4 次
给气球充气 循环计数i
将 循环计数i 增加 1

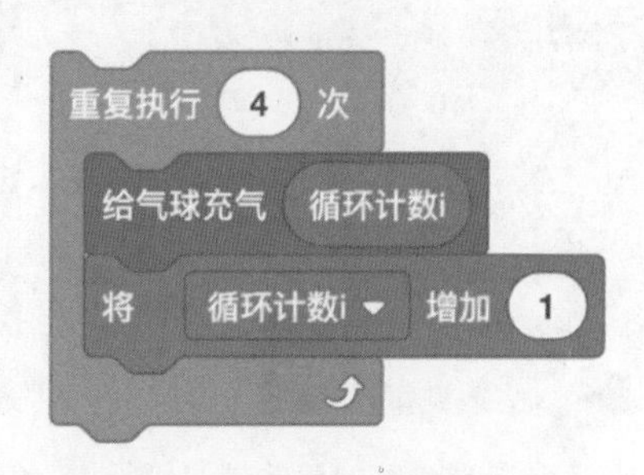

图 10-7　依次给气球充气的代码

在给单个气球充气的自定义积木中,参数 n 用来表示第 n 个气球。

每个气球都有 3 次输入的机会,如果输入的气体编号在 1 到 5 之间,则给气球充入对应数字编号的气体。以气球 1 为例,代码如图 10-8 所示。

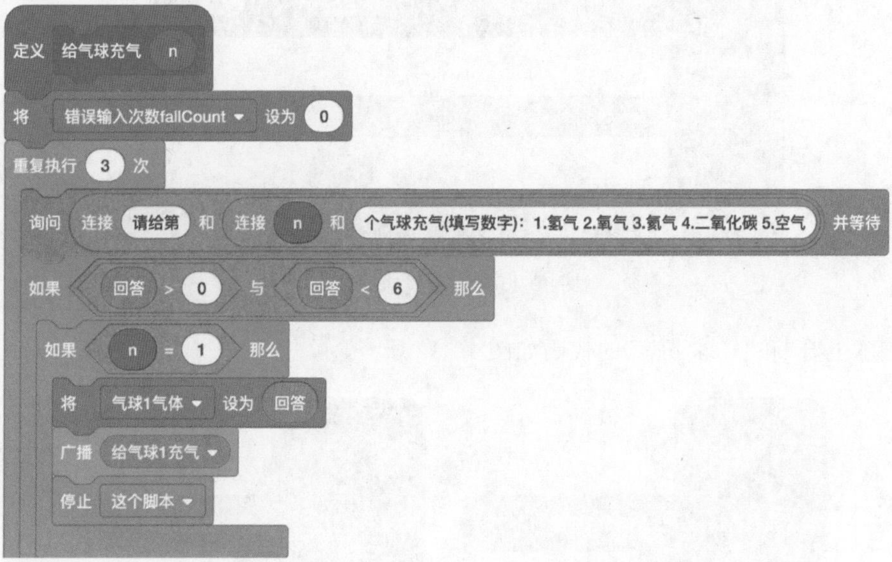

定义 给气球充气 n
将 错误输入次数fallCount 设为 0
重复执行 3 次
询问 连接 请给第 和 连接 n 和 个气球充气(填写数字): 1.氢气 2.氧气 3.氦气 4.二氧化碳 5.空气 并等待
如果 回答 > 0 与 回答 < 6 那么
如果 n = 1 那么
将 气球1气体 设为 回答
广播 给气球1充气
停止 这个脚本

图 10-8　给气球 1 充气的代码

当气球 1 接收到广播"给气球 1 充气"后,开始充气。通过变大表现充气后的效果,并切换到对应气体的造型,代码如图 10-9 所示。

下面是错误处理的程序,代码如图 10-10 所示。如果输入错误,则提示"输入错误",并进行重试。如果输错 3 次,则程序结束。

(4) 气球都完成充气后,放飞气球。

以气球 1 为例,气球 1 接收到"放飞气球"的广播后,如果气体是"氢气"或"氦气",则气球上升,否则,气球下落,代码如图 10-11 所示。

图 10-9　实现气球 1 充气后效果的代码

图 10-10　错误处理的代码

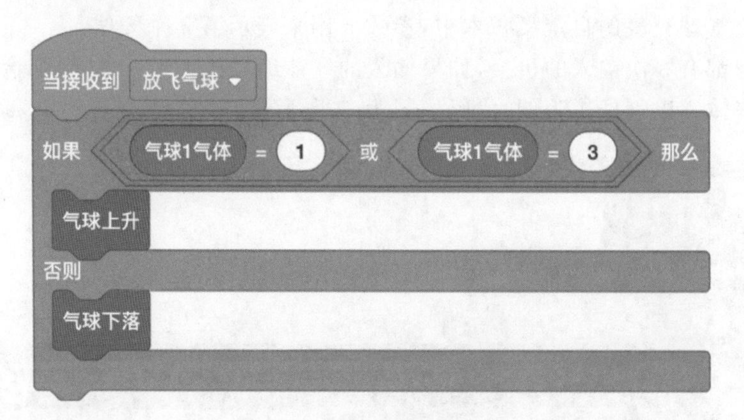

图 10-11　放飞气球的代码

"气球上升"和"气球下落"的代码如图 10-12 所。

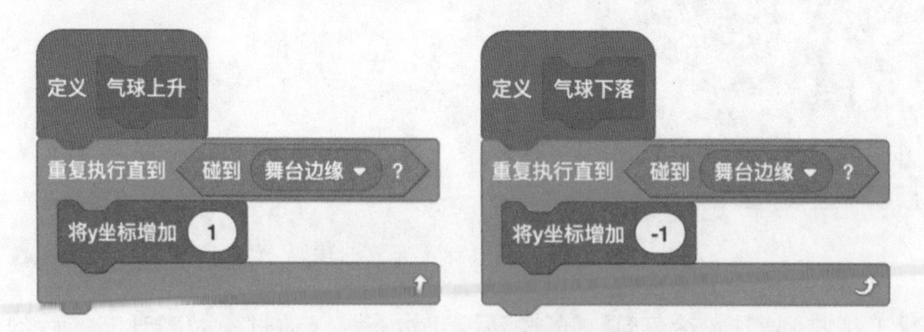

图 10-12　"气球上升"和"气球下落"的代码

5. 试一试

请你打开示例程序，再添加一个气球，尝试为其编写代码，实现 5 个气球的充气和放飞。

第11课
物态变化——冰的熔化过程

1. 课程目标

水在地球上有三种状态，固态的冰、液态的水和气态的水蒸气。夏天，从冰箱里拿出来的冰，过一会儿冰变成了水，再过一段时间，水变成水蒸气不见了。如何用物理原理解释这一现象呢？其他物质也会有这样的变化过程吗？

本节课将带你学习物态的变化，并用 Scratch 模拟实现“冰的熔化过程”。通过这个案例，相信你会对冰的熔化有更加深刻的理解。

2. 物理知识

物态变化

固态、液态、气态是物质常见的三种状态，除了水有三态，常见的铝、铁等金属在一定条件下也会变成液态和气态。物质的各种状态之间的变化叫作物态变化。

物态变化有三类，如图 11-1 所示。

第一类是固态和液态之间的变化。物质从固态变成液态的过程叫作熔化，如冰变成水的过程就是熔化。物质从液态变成固态的过程叫作凝固，如水变成冰的过程就是凝固。

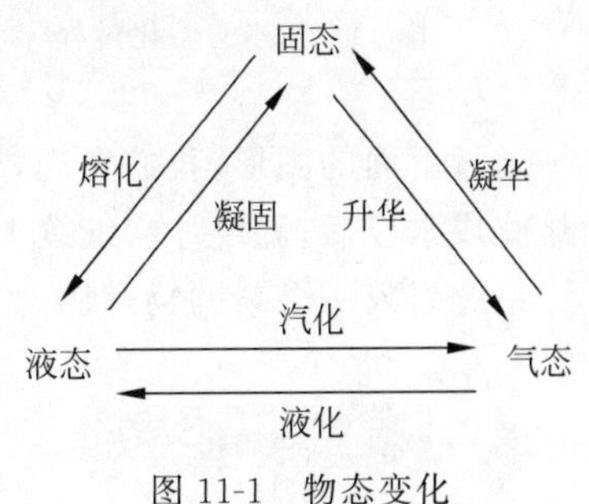

图 11-1　物态变化

第二类是液态和气态之间的变化。物质从液态变成气态的过程叫作汽化，如水变成水蒸气的过程就是汽化。物质从气态变成液态的过程叫作液化，如水蒸气变成水的过程就是液化。

第三类是固态和气态之间的变化。物质从固态变成气态的过程叫作升华，如冰变成水蒸气的过程就是升华。物质从气态变成固态的过程叫作凝华，如水蒸气变成冰的过程就是凝华。

物态变化可以是自然发生的，例如水被放在那里，就会变成水蒸气；也可以是在一定条件下发生的，例如铝和铁等金属，只有在温度很高的时候才可能变成液态和气态。所以，物质从一种状态变到另一种状态，通常都需要一个前提条件——温度的变化。温度是我们研究物态变化的重要因素。

本节课重点学习固态变成液态的熔化过程。结合生活中冰的熔化过程，思考一下，冰的熔化需要什么条件呢？

把冰和蜡烛放在酒精灯上加热，分别观察它们熔化的过程中温度的变化规律。实验观察数据记录如表11-1所示。

表11-1　冰和蜡烛熔化过程中的温度记录表

时间/min	0	1	2	3	4	5	6	7
温度/℃(冰)	−4	0	0	0	0	1	2	3
温度/℃(蜡烛)	—	20	24	29	35	41	47	52

用Scratch程序画图，展现实验过程中温度的变化，结果如下。

冰的熔化过程如图11-2所示。

蜡烛的熔化过程如图11-3所示。

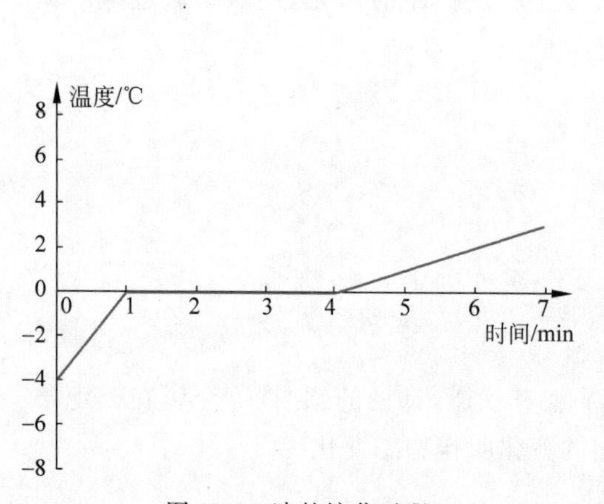

图11-2　冰的熔化过程

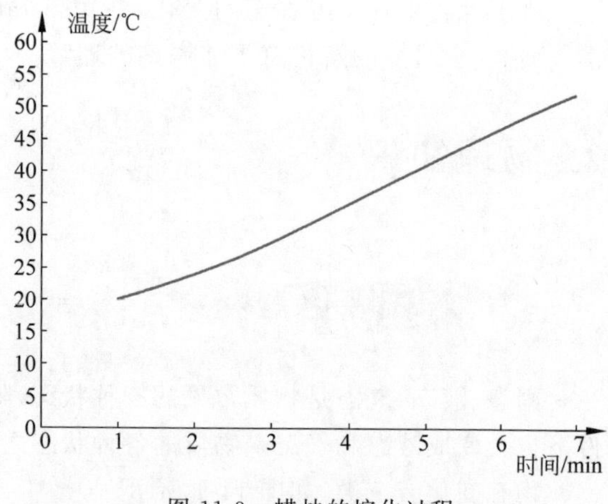

图11-3　蜡烛的熔化过程

通过上面的图形，我们发现，冰在熔化过程中有一段时间温度保持在0℃不变，直到完全熔化成水以后，温度才会继续上升；而蜡烛在熔化过程中温度一直持续上升。

由此引入一个新的物理概念——晶体和非晶体。

晶体和非晶体

晶体是指有固定熔化温度的固体。冰在熔化成水时，温度一直保持在0℃不变，这个温度就叫作熔点。例如冰、海波和各种金属等物质都有固定的熔点。

非晶体是指在熔化时不断地吸热，温度不断上升，没有固定的熔点。例如蜡烛、松香、玻璃、沥青等物质没有固定的熔点。

明白了这些物理原理这后，接下来用 Scratch 编写程序画出“冰的熔化过程”中温度的变化图。

3. 算法分析

用自然语言描述整个程序的算法，步骤如下。

(1) 程序开始，进行数据初始化。

初始化变量有“x 起始刻度”“x 终止刻度”“x 刻度单位”“y 起始刻度”“y 终止刻度”“y 刻度单位”。

用表 11-2 中的数据分别对冰和蜡烛的变量数据做初始化。

表 11-2　变量初始化的数据

变　量	冰	蜡　烛
x 起始刻度	0	0
x 终止刻度	7	7
x 刻度单位	1	1
y 起始刻度	−8	0
y 终止刻度	8	60
y 刻度单位	2	5

(2) 计算坐标原点的位置(x_0,y_0)。

将绘图的屏幕范围限制在 x 坐标为[−200,200]，y 坐标为[−140,140]。

首先，计算 x 坐标轴和 y 坐标轴上每个刻度之间的像素距离，其算法为

$$x\text{ 轴刻度间的像素距离}=\frac{200-(-200)}{x\text{ 终止刻度}-x\text{ 起始刻度}}$$

$$y\text{ 轴刻度间的像素距离}=\frac{140-(-140)}{y\text{ 终止刻度}-y\text{ 起始刻度}}$$

然后，计算坐标原点的位置，算法为

$$x_0=-200+(0-x\text{ 起始刻度})\times x\text{ 轴刻度间的像素距离}$$

$$y_0=-140+(0-y\text{ 起始刻度})\times y\text{ 轴刻度间的像素距离}$$

(3) 画坐标轴。

x 轴为从[−200,y_0]到[220,y_0]画一条带箭头的直线。

y 轴为从[x_0,−140]到[x_0,160]画一条带箭头的直线。

(4) 画坐标轴上的刻度值。

(5) 画实验结果图。

根据实验结果列表中保存的实验数据结果，画出实验数据在坐标轴上的位置，把点连成线，即为实验结果图。

4. 编程实现

（1）新建角色。

本程序主要的角色有：画笔、刻度值、坐标单位。

“画笔”角色主要是用来绘制坐标轴和实验结果图。

“刻度值”角色主要是显示刻度上的阿拉伯数字。通过“广播”“切换造型”和“图章”来显示不同的刻度数字。

“坐标单位”角色主要是显示 x 坐标和 y 坐标的坐标单位。在本案例中，x 坐标的单位是“时间/min”，y 坐标的单位是“温度/℃”。

（2）进行数据初始化，代码如图 11-4 所示。

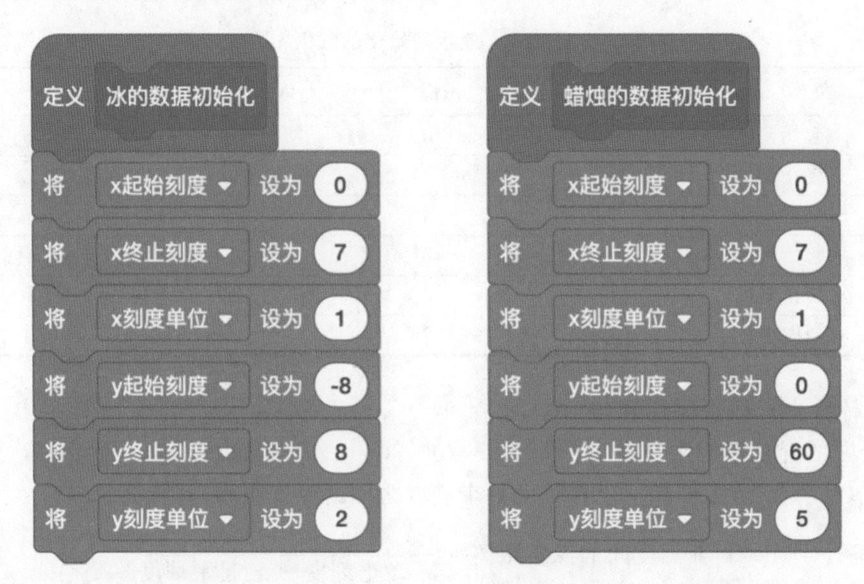

图 11-4　数据初始化的代码

（3）计算坐标原点位置，代码如图 11-5 所示。

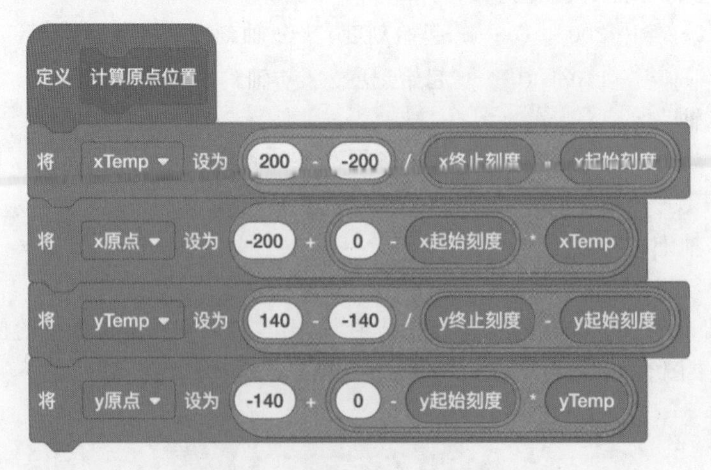

图 11-5　计算坐标原点位置的代码

(4) 画坐标轴,代码如图 11-6 所示。

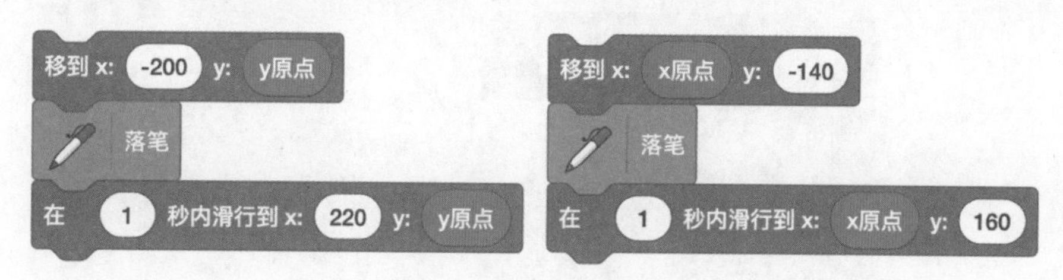

图 11-6 画坐标轴的代码

(5) 画坐标轴上的刻度值。

只要指定 x 轴和 y 轴的起始刻度、终止刻度和刻度步长,即可灵活地画出各种坐标轴上的刻度值。

刻度值是通过角色"刻度值"的"切换造型"和"图章"来实现的。

第一步,计算每个刻度间隔对应的像素单位,然后把画笔移到起点,代码如图 11-7 所示。

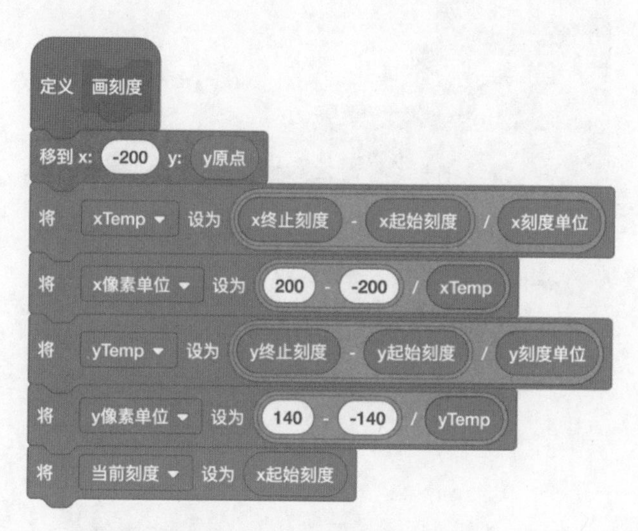

图 11-7 计算刻度数据的代码

第二步,通过循环,每隔相同的像素单位来实现刻度值位点的定位,代码如图 11-8 所示。

第三步,通过"广播""切换造型"和"图章"来实现坐标刻度值的显示,代码如图 11-9 所示。

(6) 实现画实验结果图的程序。

第一步,建立两个列表存储实验结果数据,如图 11-10 所示。

第二步,通过循环,对链表的数据进行读取,通过计算实验数值和屏幕像素值的转换后,用画笔连线,代码如图 11-11 所示。

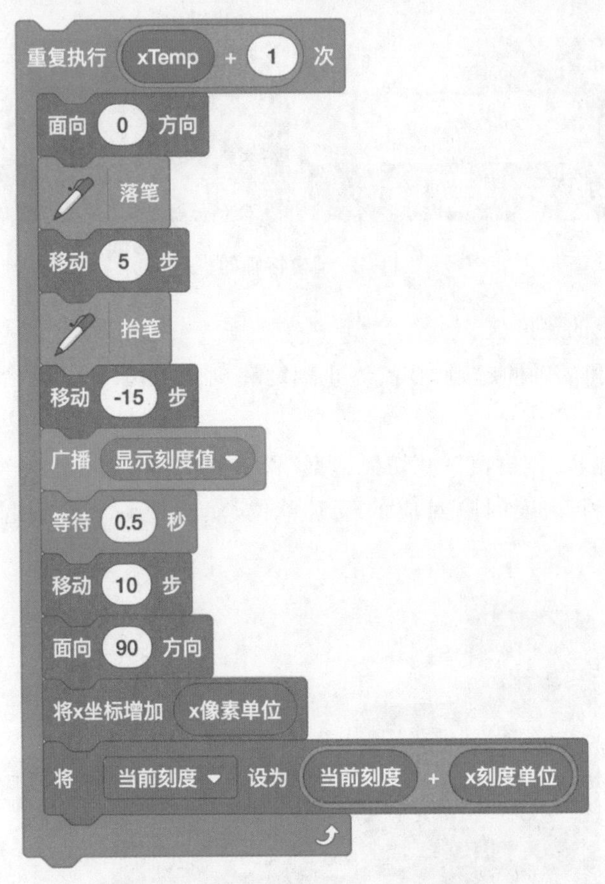

图 11-8　定位刻度值位置的代码

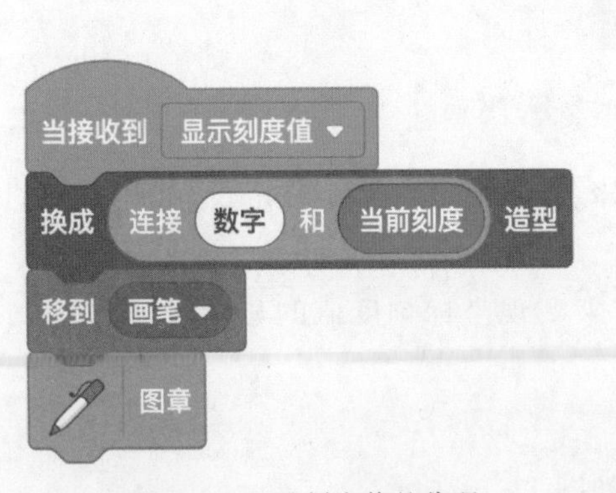

图 11-9　显示刻度值的代码

图 11-10　实验结果数据存在列表中

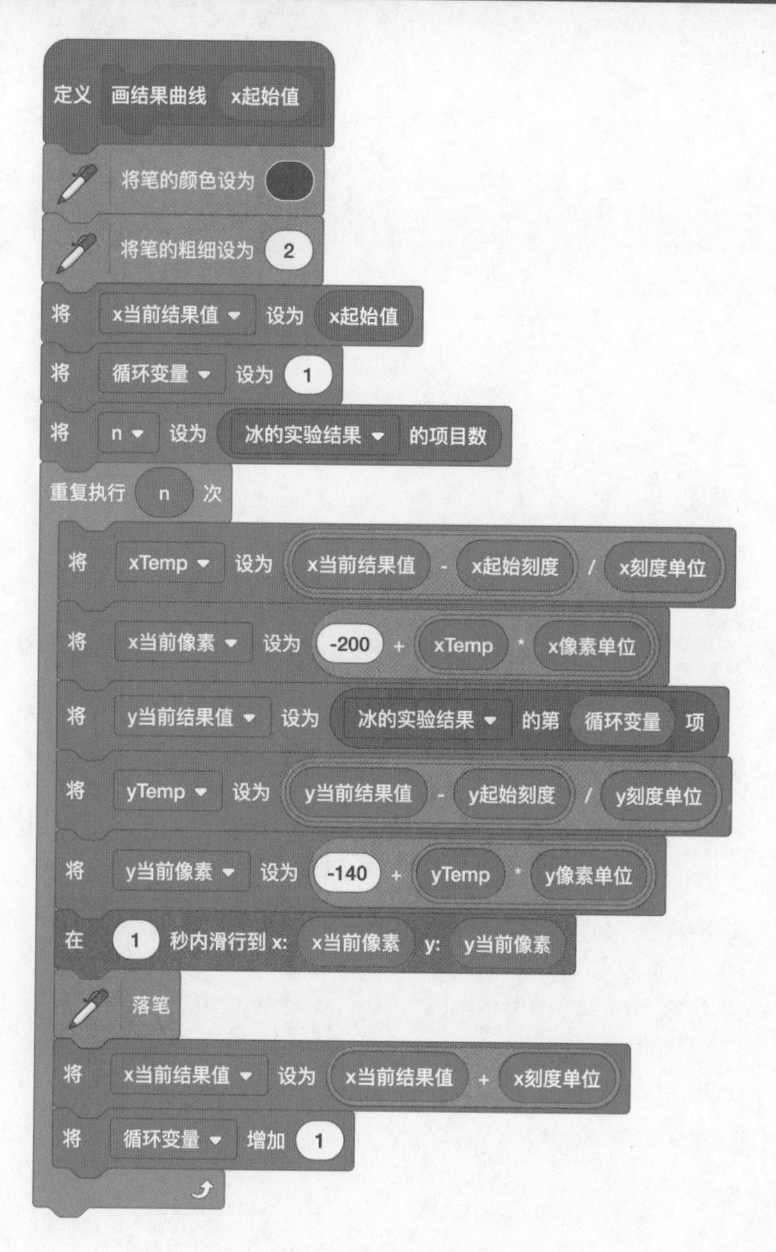

图 11-11　画结果曲线的代码

5. 试一试

在示例程序中，只实现了画“冰的熔化过程”的程序，请你把“蜡烛的熔化过程”的程序补充完整。

第3篇

声

我们的工作和生活离不开声,声音对我们来说或许再熟悉不过了,但它似乎又藏着许多的奥秘。声音是如何产生的呢?它有哪些特性呢?声音在生产和生活中有哪些应用呢?

本篇将在有趣的 Scratch 案例中探索声音的奥秘。

第12课　声音的特性——绘制声波图

第13课　超声波的妙用1——超声波测速

第14课　超声波的妙用2——倒车雷达

第12课
声音的特性——绘制声波图

1. 课程目标

声音对我们来说是非常熟悉了，日常的沟通交流、欣赏音乐、弹奏乐器、超声探测仪、危险报警器等都与声音有关。那声音到底是怎么产生的呢？我们又是如何感知到声音的呢？

本节课将带你学习声音的特性，并用 Scratch 模拟实现示波器“绘制声波图”。该程序预期的实现效果是，单击钢琴键盘上的琴键弹奏出不同的音符，同时，在示波器上画出声音的声波图如图 12-1 所示。

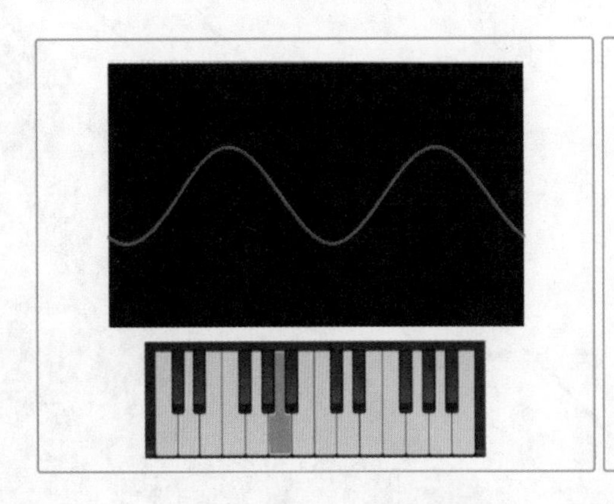
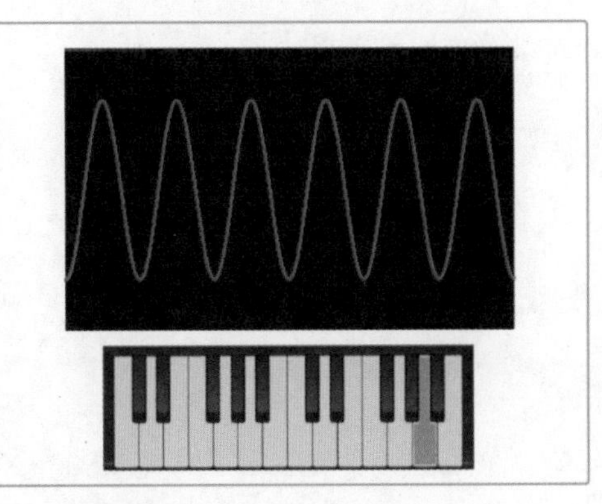

图 12-1　程序实现效果图

相信学完本节课的内容后，你一定会对声音的物理原理有更深入的理解。

2. 物理知识

通过大量观察发现，人们说话时声带在振动，音叉和鼓发声时也在振动，闹铃响时也在振动。分析表明，所有的声音都是由于物体的振动产生的。

物体振动时，带动周围的空气振动，形成疏密相间的波动并向远处传播。所以声音是一种波，我们把它叫作声波。当声源发声时，声音以声波的形式通过媒介（空气、固体或液体）

传播到人的耳朵里，人因此听到了声音。

声音有很多特性。有的声音听起来音调高，有的声音听起来音调低；有的声音听起来很响亮，有的声音听起来很微弱；有的声音听起来很刺耳，有的声音听起来很清脆。在物理学中，常常用音调、响度、音色来描述声音的这些特性。

音调

物体振动得越快，发出的音调就越高；反之，物体振动得越慢，发出的音调就越低。物理学中用物体在每秒内振动的次数来描述物体振动的快慢，这个物理量叫作频率，单位是赫兹，符号为 Hz。如果物体在 1s 内振动了 80 次，那么它的频率就是 80Hz。

频率的大小决定了音调的高低，频率高则音调高，频率低则音调低。通过下面画出的声波（见图 12-2）可以看到，音调越高，波形就越密集，声音的频率也就越高；音调越低，波形就越稀疏，声音的频率也就越低。

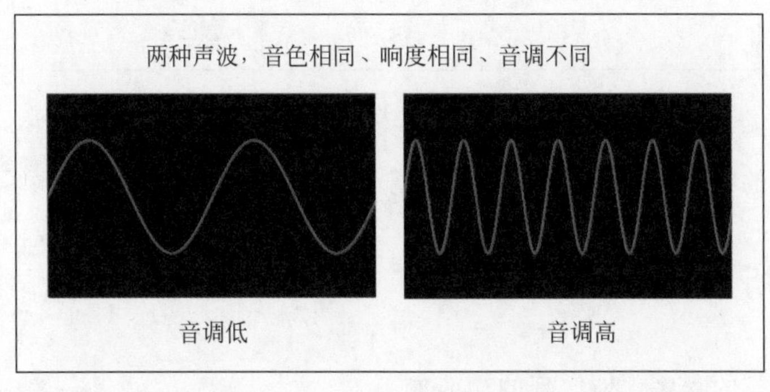

图 12-2　音调不同的两种声波

响度

物理学中，把声音的强弱叫作响度。物体振动的幅度越大，产生声音的响度就越大。这里，物体振动的幅度称为振幅。

从图 12-3 所示的声波图可以看到，物体的振幅越大，声音的响度就越大，声音听起来就越强；物体的振幅越小，声音的响度就越小，声音听起来就越弱。

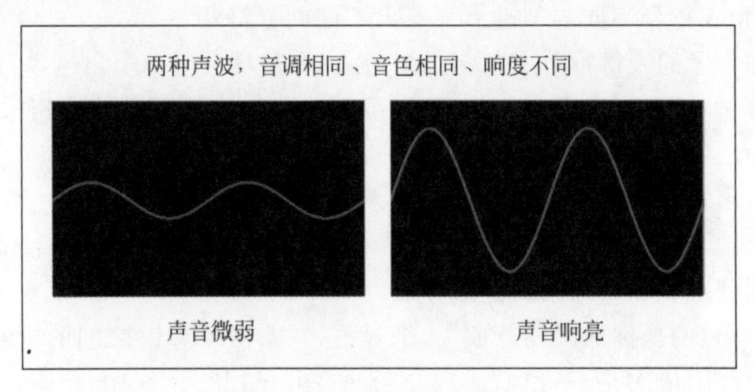

图 12-3　响度不同的两种声波

音色

不同的物体发出的声音即使音调和响度相同，声音听起来还是有很大的区别，这个特性就是音色。不同的发声体材料不同、结构不同，声音的音色也不同。

从下面的图 12-4 所示的声波图可以看到，音调相同、响度相同的不同乐器发出的声音，波的形状不同，即音色不同。

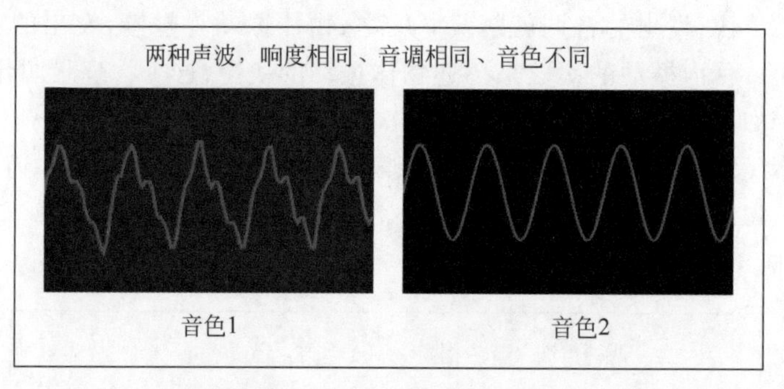

图 12-4　音色不同的两种声波

了解了声音的特性物理知识后，接下来用 Scratch 编写程序画声波图。

3. 算法分析

“绘制声波图”的程序预期实现的功能如下。

(1) 用鼠标单击钢琴键盘上的不同按键，弹奏出不同的音符。琴键从左往右，弹奏音符的音调越来越高，响度越来越大。

(2) 当弹奏钢琴时，上方示波器显示当前音符的声波图。音符的音调不同、响度不同，声波图的频率和振幅也不同。

(3) 示波器里显示的声波图不是静止的，而是有不断向前滚动的动态效果，显示出声波的连续性和传播性。

(4) 当鼠标抬起时，声音停止，示波器里的声波图也被清除。

程序要实现以上 4 个功能，有以下两大难点需要解决。

难点 1：如何在钢琴不同的琴键上弹奏出不同的音符？

我们可以把钢琴的琴键拆分成很多个角色，一个琴键对应一个角色，用角色来响应按键的事件。但这样做，需要创建很多角色，而且每个角色的代码逻辑都是相似的，这就造成冗余。有没有更简洁的实现方法呢？

答案是可以用钢琴琴键所在的坐标位置来区分不同的琴键。

钢琴的整个键盘的 x 坐标范围是在(−140,140)，每个琴键占了 20 个像素的宽度。共有 14 个琴键，刚好占 280 个像素的范围。

把(−140,140)的坐标区间划分成 14 个等份(忽略两个琴键之间的中间值)，每个琴键从左到右的坐标范围依次是(−140,−120)、(−120,−100)、(−100,−80)、(−80,−60)、

(−60,−40)、(−40,−20)、(−20,0)、(0,20)、(20,40)、(40,60)、(60,80)、(80,100)、(100,120)、(120,140)。

按照上面的方法,程序一共有 14 个条件判断分支。如果鼠标的单击位置落在(−120,−100)区间,就弹奏第 2 个钢琴按键。如果鼠标的单击位置落在(0,20)区间,就弹奏第 8 个钢琴按键。这么多的条件判断分支,如果每次都从第一个条件顺序往下查找匹配,效率会很低。如何才能快速找到匹配的分支,提高程序的执行效率呢?可以采用二分法查找。

二分法查找也称折半查找法,是一种在有序数组中查找特定元素的算法。二分法查找的算法步骤如下。

第一步,从数组的中间元素开始查找,如果该元素正好是要查找的目标元素,则程序结束,否则执行下一步。

第二步,如果目标元素大于中间元素,则在数组中大于中间元素的那一半区域查找,重复执行第一步。

第三步,在数组中小于中间元素的那一半区域查找,重复执行第一步。

接下来,用树形图介绍在本案例程序中是如何使用二分法进行查找的,如图 12-5 所示。

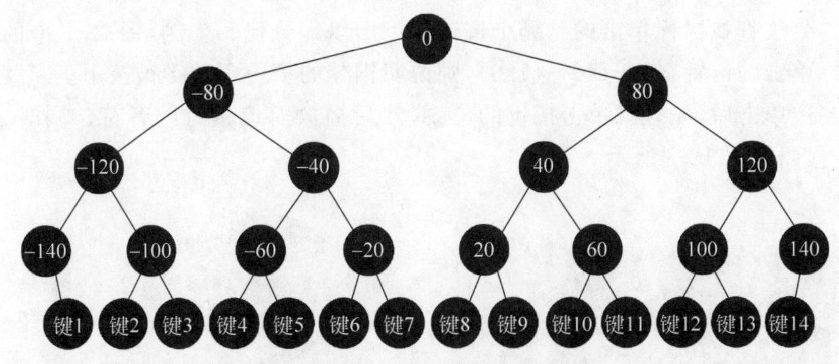

图 12-5　二分法查找树形图

要找出鼠标单击的琴键,如果不使用二分法查找算法,最多需要查找 14 次,而使用二分法查找后,最多只需要查找 4 次,程序效率大大提高了。

难点 2:如何用 Scratch 画声音波形图?

真实的声音波形是复杂的、多种多样的、千变万化的。本书为了简化模型,把钢琴的声音波形看作一个标准的正弦波。正弦波是频率成分最为单一的一种波形,它的波形就是数学上的正弦曲线。任何复杂的声音,例如音乐,都可以看成由许多频率不同、大小不等的正弦波复合而成的。

正弦曲线的表达式为 $y=A\sin(\omega x\pm\varphi)\pm k$。其中,sin 为正弦符号;$x$ 为直角坐标系 x 轴上的数值;y 为直角坐标系 y 轴上的数值;k、ω 和 φ 为常数。

ω 为角速度,控制正弦波的周期,也就是声音振动的频率。

A 为振幅,代表声音的响度。A 越大,声音越响;A 越小,声音越弱。

φ 为初相,代表 $x=0$ 时的相位,反映在坐标系上为图像的左移和右移。本案例程序为了表示声波的动态效果,就用到了 φ。

k 为 y 轴上的偏距,反映在坐标系上为图像的上移和下移。

解决了算法上的两大难点,接下来用 Scratch 编程实现。

4. 编程实现

(1) 新建角色。

本程序主要的角色有：钢琴、画笔。钢琴用来弹奏音符，画笔用来画声音波形图。

钢琴共有 15 种造型，分别表示钢琴不同按键被按下的状态。图 12-6 左侧代表钢琴未被按下的状态，右侧代表钢琴的第 4 个按键被按下的状态。

图 12-6　钢琴的 15 种造型中的其中两个造型

(2) 实现钢琴弹奏不同的音符。

采用二分法查找鼠标单击的是哪个按键。下面以部分代码为例，图 12-7 中的代码实现了如果鼠标单击的位置在(−140，−120)，则说明钢琴的第一个按键被按下。

当钢琴被单击后，先查找单击按键的位置，然后播放对应按键的音符。同时，通知画笔画声波图，代码如图 12-8 所示。

图 12-7　查找琴键的部分代码

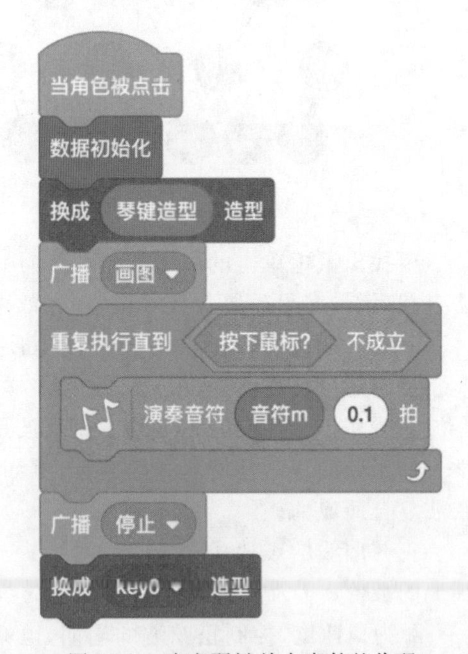

图 12-8　响应琴键单击事件的代码

(3) 实现画笔画声波图。

本案例把声波图简化为一个单一的正弦波，波形用正弦函数来表示。图 12-9 是画波形图的代码。

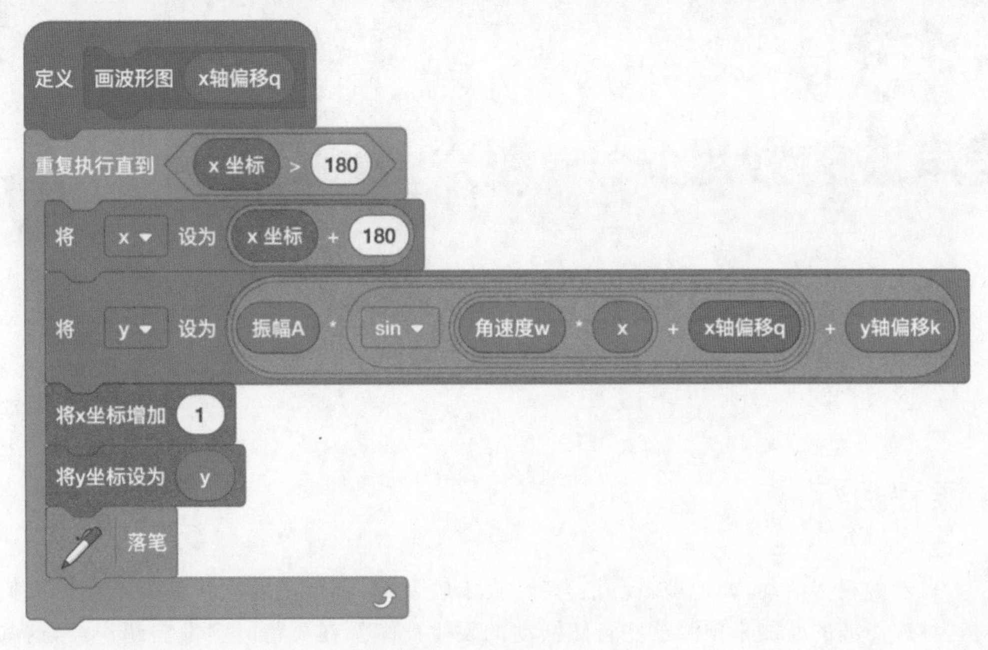

图 12-9　画声波图的代码

(4) 实现声波图不断向左移动的动态效果。

图 12-10 中的代码实现了声波以 30 像素的速度不断向左移动,体现了声波的连续性和传播性。

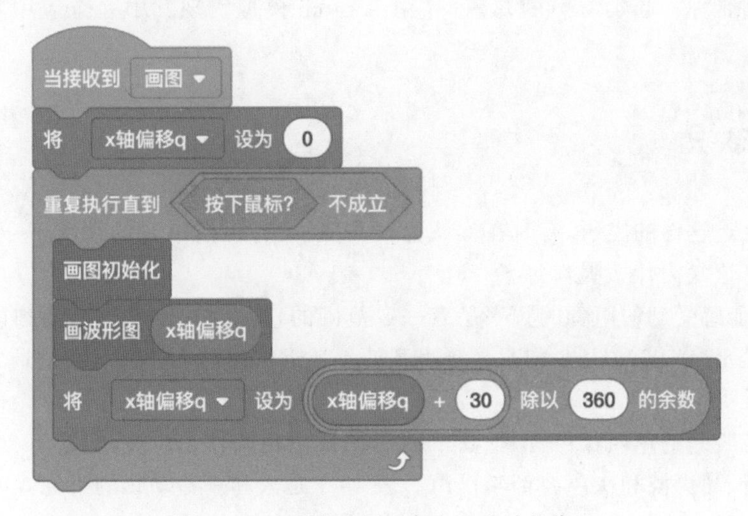

图 12-10　实现声波图不断向左移动的代码

5. 试一试

打开示例程序,思考如何改变钢琴弹奏的音调和响度,并修改程序画出不同的声波图。

第13课 超声波的妙用1——超声波测速

1. 课程目标

大自然的很多活动,如地震、台风、海啸、火山喷发等,都伴随着次声波的产生。人们通过对这种次声波的监测来预测这些自然活动的发生。蝙蝠在飞行时会发出超声波,这些声波碰到障碍物时会反射回来,蝙蝠根据回声的方向和时间,确定障碍物的位置和距离。看来,人类和蝙蝠都是利用声的高手。

声是一种特别好的信息载体,人类和动物不仅能够被动地接收声,分辨声的不同,还能够主动地利用声来达到自己的目的。还有哪些是利用声的例子呢?

本节课将带你一起学习声的知识,并用 Scratch 模拟实现其中一个应用实例——超声波测速。

2. 物理知识

你一定有过这样的经历,有时在你认为很安静、没有任何声音的情况下,小狗却突然表现得很警觉。这是为什么呢?

原来,人能感受到的声音的频率是有一定范围的,为 20～20000Hz,而狗能听到的声音的频率范围是 15～50000Hz。狗对高频声音的感知远远超出人,所以,我们通常觉得狗的听觉比人的听觉更灵敏。

人们把能听到的声叫作声音,把高于 20000Hz 的声叫作超声波,把低于 20Hz 的声叫作次声波。声音、超声波和次声波都叫作声。表 13-1 是人和一些动物的听觉频率范围。

表 13-1　人和动物的听觉频率范围

人或动物	听觉频率范围/Hz	人或动物	听觉频率范围/Hz
人	20～20000	蝙蝠	1000～120000
狗	15～50000	海豚	150～150000
猫	60～65000	大象	1～20000

蝙蝠利用超声波确定目标位置或躲避障碍物的方法叫作回声定位。人类采用这个原理,利用超声波发明了很多非常有用的装置,例如:

(1) 超声导盲仪。它帮助盲人探测前进道路上的障碍。

(2) 倒车雷达。司机倒车时,提醒司机车与障碍物的距离。

(3) “声呐”系统。探测海洋深度,绘制海洋地形图。捕鱼时,利用声呐获得水中鱼群的信息。

(4) B超,全称是B型超声波诊断仪。医生可以利用它获得病人体内脏器的图像信息。

(5) 超声探伤仪器。利用它可以检测出器具有没有裂痕以及裂痕的大小和深度。

(6) 超声波清洗机。把被清洗的物体放在清洗液里,超声波在液体中引起强烈的振动,振动使污垢从物体上脱离下来。

(7) 超声波手术。利用超声波振动去除人体内的结石。

以上这些都是超声波在生产和生活中被广泛应用的例子。

本节课将用Scratch编写程序模拟其中一个超声波妙用的例子——超声波测速。

3. 算法分析

超声波测速仪对着行驶的车辆先后两次发出超声波,如图13-1所示。

图13-1　超声波测速仪的程序效果

把第一次超声波发出到反射接收的时间设为t_1,把此时小车与检测仪的距离设为s_1,则

$$s_1 = 声速 \times \frac{t_1}{2}$$

把第二次超声波发出到反射接收的时间设为t_2,把此时小车与检测仪的距离设为s_2,则

$$s_2 = 声速 \times \frac{t_2}{2}$$

计算小车两次检测间隔内行驶的距离为

$$s = s_1 - s_2$$

如果检测仪检测的频率是t秒一次,那么小车的行驶速度为

$$v = s/t = (s_1 - s_2)/t = (声速 \times t_1 - 声速 \times t_2)/2t$$

用流程图可以更直观地描述上述算法，如图 13-2 所示。

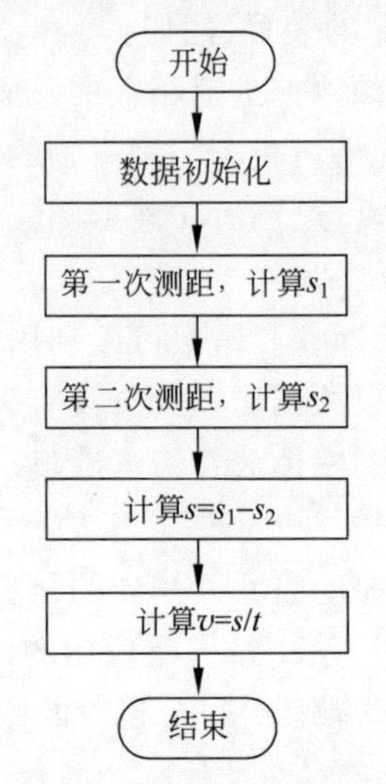

图 13-2　程序算法流程图

4. 编程实现

(1) 新建角色。

本程序主要的角色有：小车、画笔、超声波测速仪。

(2) 计算小车的平均速度，代码如图 13-3 所示。

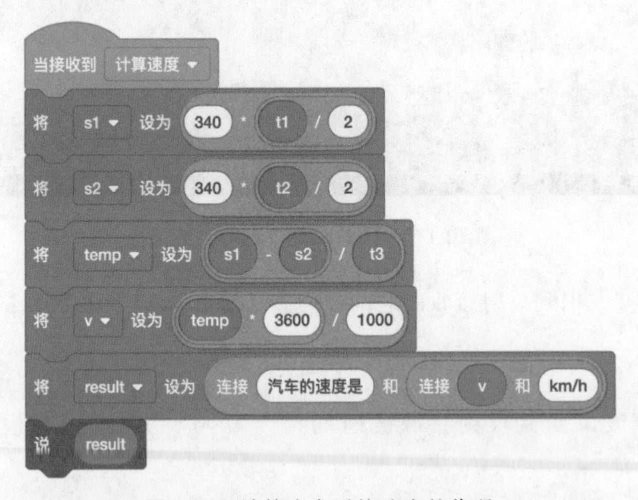

图 13-3　计算小车平均速度的代码

5. 试一试

你还能想到哪些利用声的例子呢？用 Scratch 编写程序展示出你的想法和创意吧。

第14课
超声波的妙用2——倒车雷达

1. 课程目标

在第13课中介绍了什么是超声波，以及超声波在生产和生活中的利用。本节课将带你学习超声波的另一个应用——“倒车雷达”，并用 Scratch 模拟实现“倒车雷达”。该程序预期的实现效果如图14-1所示。

图14-1 “倒车雷达”的实现效果

2. 物理知识

倒车雷达

倒车雷达是汽车在倒车时的安全辅助装置，它能以声音或视频告知司机周围障碍物的情况，帮助司机更准确地判断倒车时的状况。

倒车雷达是如何做到这些的呢？利用超声波原理。当汽车倒车时，装置在车尾保险杠上的装置发送超声波，超声波碰到障碍物后反射回来。装置接收到反射波后，计算车体与障碍物间的距离,然后提示给司机,使司机操作停车时更容易、更安全。

下面详细介绍倒车雷达的组成和工作原理。倒车雷达主要由超声波传感器、处理器、蜂鸣器或显示器等组成。

(1) 超声波传感器主要负责发射和接收超声波信号,将超声波信号输入处理器里进行处理。

(2) 处理器主要对超声波信号进行处理,计算车体与障碍物的方位和距离。

(3) 蜂鸣器或显示器的主要功能是当汽车与障碍物的距离在危险距离内时,系统会通过蜂鸣器或显示器发出警报,提醒司机。

可以发现,倒车雷达的工作原理符合“输入-处理-输出”模型。其中,输入端是超声波传感器,处理端是处理器,输出端是蜂鸣器或显示器。

接下来用 Scratch 编写“倒车雷达”的程序。

3. 算法分析

按照倒车雷达的“输入-处理-输出”的模型,把程序分为“输入模块”“处理模块”“输出模块”三大模块。

(1) 输入模块发射和接收超声波信号。

在发射超声波的同时开始计时。超声波在空气中传播,碰到障碍物后立即返回。超声波接收器收到反射波立即停止计时,此时计时器记录的时间为 t 秒。

(2) 处理模块计算车体与障碍物的距离。

超声波在空气中的传播速度为 340m/s,根据计时器记录的时间 t 秒,可以计算出汽车与障碍物的距离,即 $s=340\times t/2$。

(3) 输出模块在车距离障碍物低于安全距离时发出报警音。

当车距离障碍物 0.5~1m 时,发出缓慢的提示音;当车距离障碍物小于 0.5m 时,发出急促的提示音。

用流程图可以更直观地描述上述算法,如图 14-2 所示。

4. 编程实现

(1) 新建角色。

本程序主要的角色有:小车、画笔。

(2) 模拟超声波传感器发送和接收超声波并计时。

在发出超声波时开始计时,当接收到返回的超声波时停止计时,计时器的时间 t 即为超声波传播来回的时间,代码如图 14-3 所示。

(3) 模拟处理器计算距离 s,代码如图 14-4 所示。

(4) 模拟蜂鸣器进行报警提示。

缓慢的提示音用 Zoop 音乐,急促的提示音用 Alert 音乐,代码如图 14-5 所示。

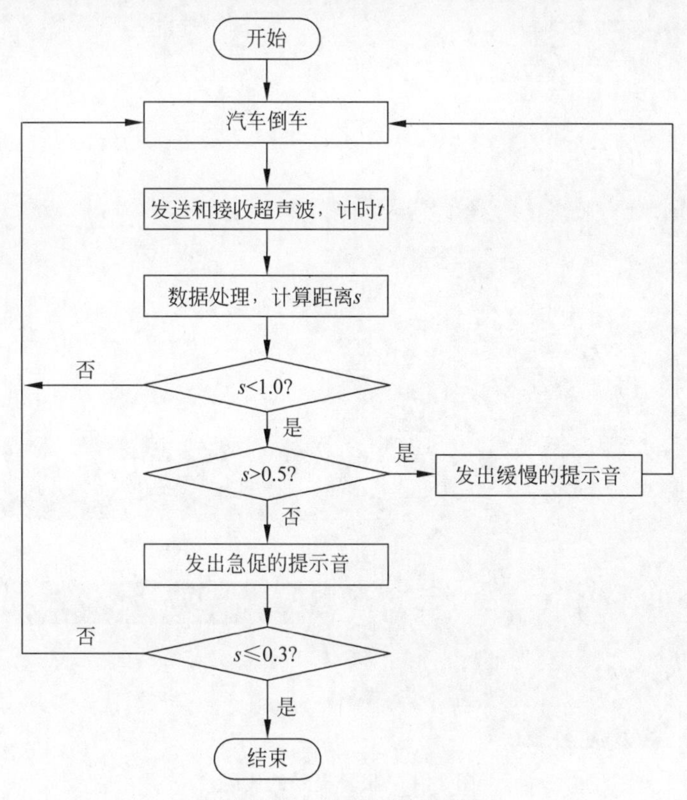

图 14-2　程序算法流程图

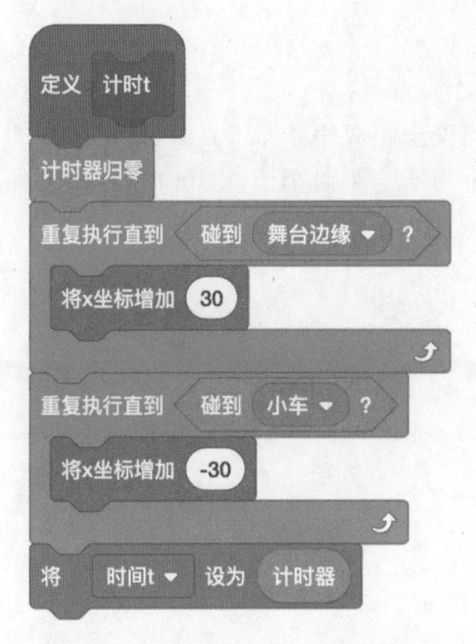

图 14-3　超声波传播计时的代码

图 14-4　处理器计算距离的代码

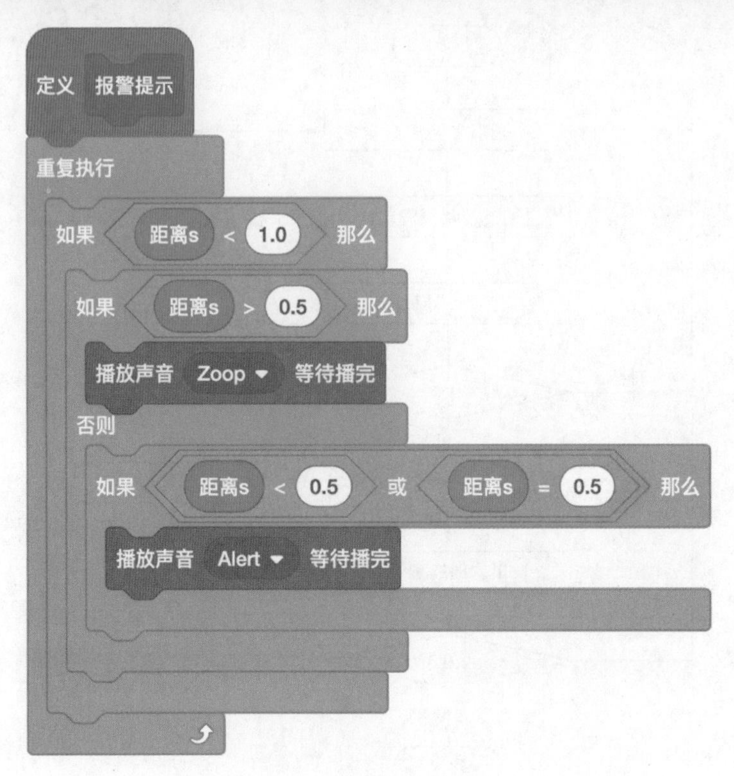

图 14-5　报警提示的代码

5. 试一试

请你打开示例程序，修改安全距离的设置，实现当安全距离小于 1.5m 时，给出缓慢的提示音；当安全距离小于 1m 时，给出较快的提示音；当安全距离小于 0.5m 时，给出急促的提示音。赶快动手试一试吧。

第4篇 光

光无处不在、不可或缺。人们每天都在享受光带来的便利，但很少思考光到底是什么？绚烂的极光、雨后的彩虹、水中断开的筷子、有趣的哈哈镜，这些神奇的光现象背后隐藏着哪些奥秘呢？

本篇把光的特性与有趣的 Scratch 案例结合，一步步揭开光的神秘面纱。

第 15 课　光的直线传播——小孔成像

第 16 课　光的反射 1——光的反射原理

第 17 课　光的反射 2——潜望镜原理

第 18 课　平面镜成像——水中的倒影

第 19 课　光的折射——抓鱼的技巧

第 20 课　光的色散——神奇的三棱镜

第 21 课　光的三原色——“红绿蓝”变变变

第15课
光的直线传播——小孔成像

1. 课程目标

通过对光的长期观察,人们发现沿着森林的树叶间隙射到地面上形成斑点阴影的光束是直的,从小窗外面射进屋里的太阳光是直的,电影放映机投向屏幕的光束也是直的。这些现象说明了什么呢?

在一个硬纸片的中心扎一个小孔,在小孔的左侧放上蜡烛,右侧放上一张白纸,点燃蜡烛,会在白纸上看到一个倒立的烛焰,这就是著名的"小孔成像"实验。这个实验是什么原理呢?

请带着上面的这些问题,一起学习光的第一大特性 光的直线传播,并用 Scratch 模拟实现"小孔成像"实验。相信学完本节课的内容后,你对上述这些现象的原理会有更深入的理解。

2. 物理知识

光的直线传播

透过树林的光束是直的,从手电筒射出的光束是直的,这些现象都说明光在空气中是沿直线传播的。同样,光在水、玻璃中也是沿着直线传播的。由此可以得出,光在同种均匀介质中是沿直线传播的。

光的传播速度

暴风雨的夜晚,电闪雷鸣,打雷和闪电同时发生,我们总是先看到闪电,后听到雷声。这说明光的传播速度比声音快。

真空中的光速是宇宙中速度最快的,它用字母 c 表示。真空中的光速约为

$$c=3\times 10^{8}\ \text{m/s}=3\times 10^{5}\ \text{km/s}$$

光在空气中的速度接近 c，光在水中的速度约为 $\frac{3}{4}c$，光在玻璃中的速度约为 $\frac{2}{3}c$。

小孔成像

小孔成像实验是对光直线传播的科学解释。通过小孔成像实验，可以得出如下几个结论。

(1) 像是倒立的。

(2) 物距孔越近，像越大且亮度越暗；物距孔越远，像越小且亮度越亮。

(3) 像距孔越近，像越小且亮度越亮；像距孔越远，像越大且亮度越暗。

用 Scratch 模拟的小孔成像实验的效果如下。

(1) 当小孔与物体、像之间等距时，像与物体的大小相同，成像如图 15-1 所示。

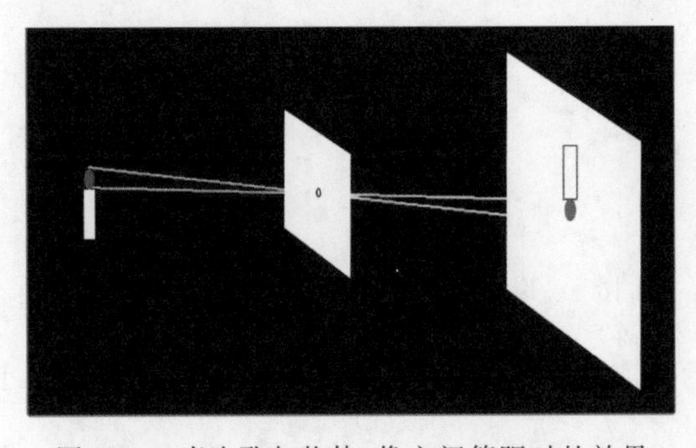

图 15-1　当小孔与物体、像之间等距时的效果

(2) 当像距孔越近时，像越小且亮度越亮，成像如图 15-2 所示。

(3) 当物距孔越近时，像越大且亮度越暗，成像如图 15-3 所示。

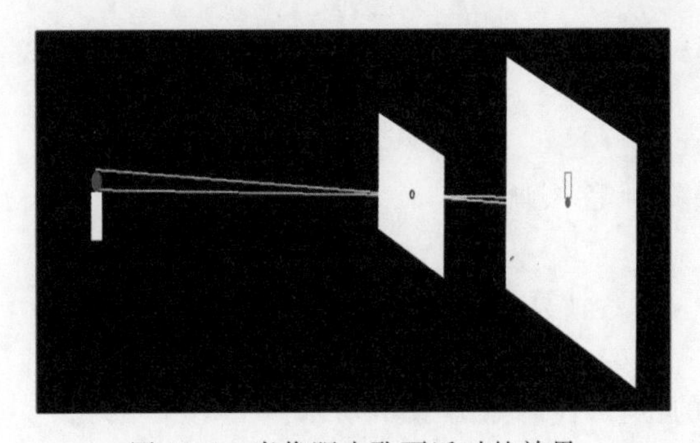

图 15-2　当像距小孔更近时的效果

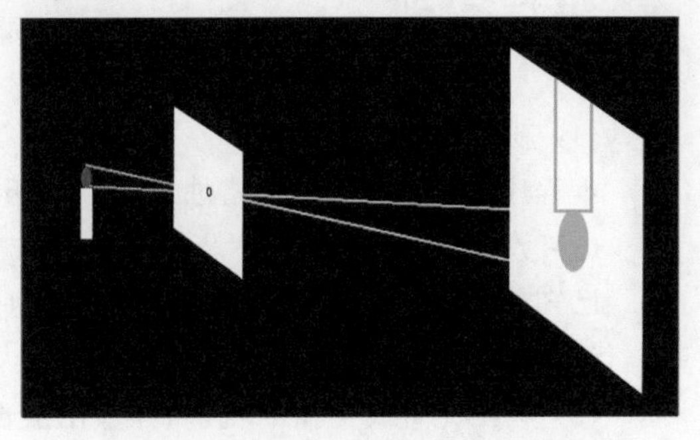

图 15-3　当物距小孔更近时的效果

3. 算法分析

要用 Scratch 程序模拟“小孔成像”实验，有如下两大难点需要解决。

难点 1：如何确定像的位置。

根据光的直线传播特性可以得出，物体、小孔、物体的像三点是在一条直线上。已知物体的位置和小孔的位置，平面上的两点确定一条直线。直线确定了，那么直线与白纸的交点即为像的位置。

假设物体在屏幕上的坐标为(x_0,y_0)，小孔在屏幕上的坐标为(x_1,y_1)。假设光传播的直线方程为$y=kx+b$，那么$k=\dfrac{y_1-y_0}{x_1-x_0}$，$b=y_1-kx_1$。

确定了光传播的直线，那么直线的轨迹以及像的位置就确定了。

难点2：如何确定像的大小。

根据光的直线传播特性，像长和物长之比等于像和物分别距小孔的距离之比，如图15-4所示。

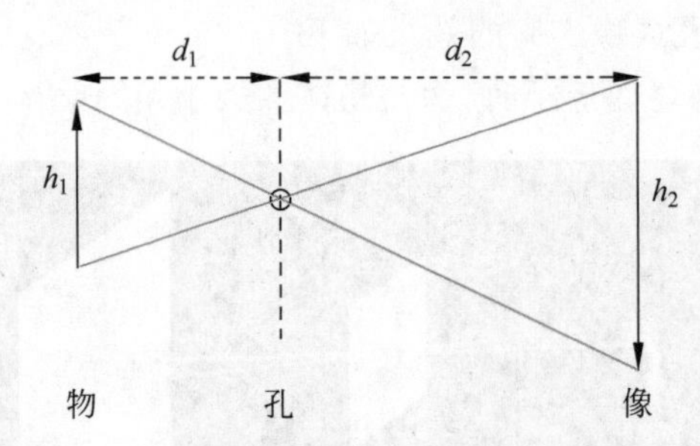

图15-4　像长和物长与像和物距小孔距离的关系

假设物体距小孔的距离为d_1，像距小孔的距离为d_2，物体的大小为h_1，像的大小为h_2。根据前面的结论可以得出，$\dfrac{d_2}{d_1}=\dfrac{h_2}{h_1}$，即$h_2=\dfrac{d_2}{d_1}h_1$。已知$d_1$、$d_2$、$h_1$，即可求出$h_2$的大小。

解决了程序设计的两大难点，接下来，用Scratch编程实现。

4. 编程实现

(1) 新建角色。

本程序的主要角色有：蜡烛、小孔、纸板、像、画笔1、画笔2。

(2) 数据初始化。

已知蜡烛的位置(x_0,y_0)，小孔的位置(x_1,y_1)，计算从蜡烛发出的两条光线的直线方程，代码如图15-5所示。

(3) 画出光直线传播的轨迹，并求出成像的位置，代码如图15-6所示。

(4) 计算出像的大小，并在白纸板上成像，代码如图15-7所示。

5. 试一试

请你打开示例程序，尝试在程序中修改白纸板的位置，观察其成像的规律。

图 15-5　计算光线的直线方程的代码

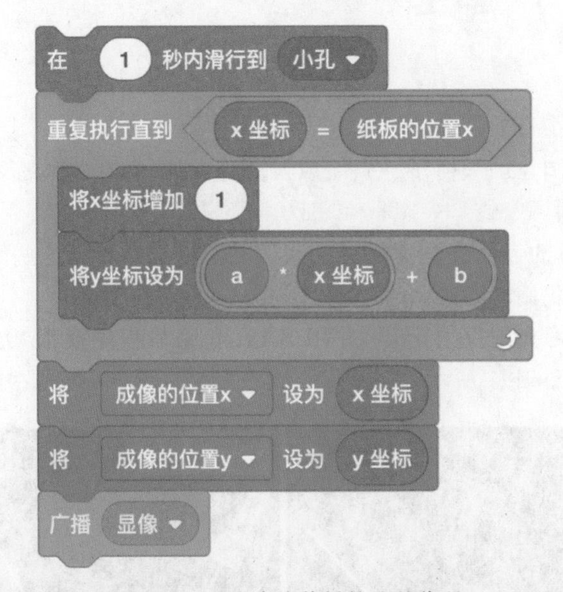

图 15-6　画光直线传播轨迹的代码

图 15-7　计算像的大小并显像的代码

第16课
光的反射1——光的反射原理

1. 课程目标

观察一下你的周围，桌子、椅子、书、墙以及其他物体，这些物体都不会发光，但我们是怎么看见它们的呢？

原来，光遇到物体的表面会发生反射。我们之所以能够看见这些不发光的物体，是因为物体反射的光进入了我们的眼睛。

本节课将带你学习光的反射定律，并用 Scratch 编写程序模拟“光的反射原理”。该程序预期的实现效果如图 16-1 所示。

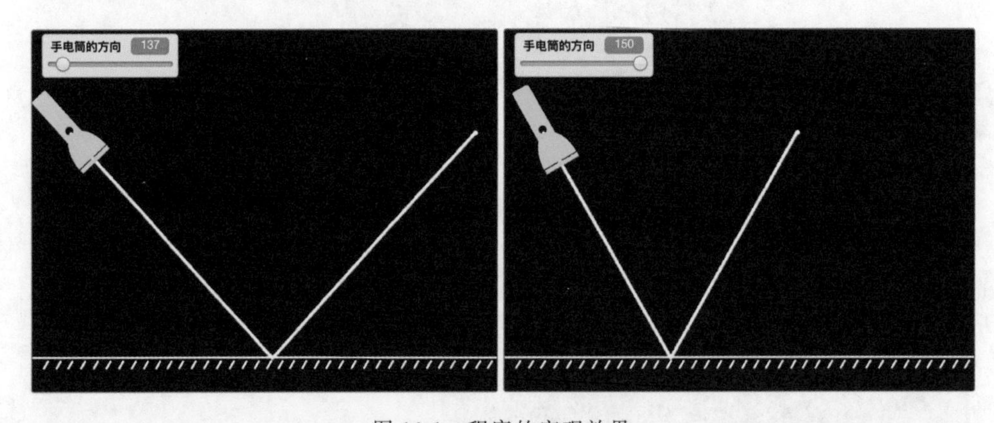

图 16-1　程序的实现效果

2. 物理知识

光的反射

光的反射是指光从一种物质传播到另一种物质时，在两种物质的分界面上改变传播方向又返回原来物质中的现象。光在水面、玻璃、物体的表面都会发生反射。

如果物体表面比较光滑，平行光线射到光滑的物体表面时，反射回来的光线也是平行的，这种反射叫作镜面反射，如图 16-2(a)所示。

如果物体表面凹凸不平，平行光线射到不光滑的物体表面时，反射回来的光线射向各个方向，这种反射叫作漫反射，如图 16-2(b)所示。

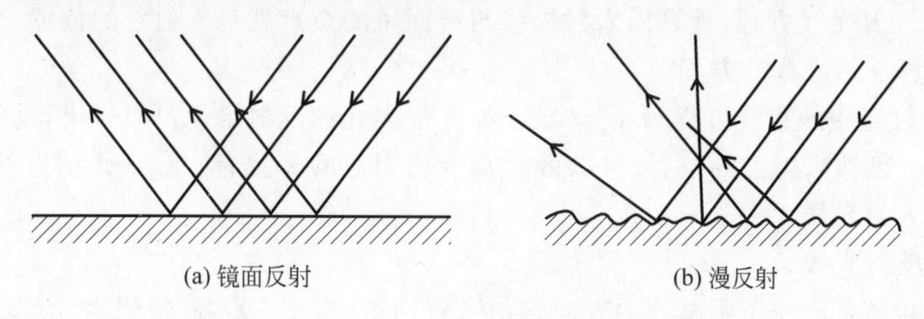

图 16-2　光的反射

光的反射定律

如图 16-3 所示，把入射光线与反射面的交点 O 叫作入射点，把经过入射点 O 并垂直于反射面的直线 ON 叫作法线，把入射光线与法线的夹角 i 叫作入射角，把反射光线与法线的夹角 r 叫作反射角。

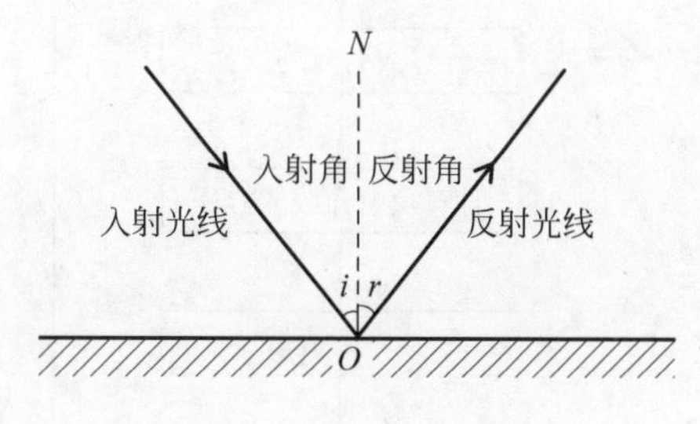

图 16-3　光的反射定律

光的反射遵循如下规律。

(1) 入射光线、法线、反射光线在同一个平面上。

(2) 反射光线、入射光线分布在法线的两侧。

(3) 反射角等于入射角。

(4) 光路是可逆的。

明白了这些物理原理后，接下来用 Scratch 编写“光的反射原理”的程序。

3. 算法分析

用自然语言描述整个程序的算法，步骤如下。

(1) 程序开始，进行数据初始化。

(2) 计算入射光线的方程。

假设入射光线的直线方程为 $y=kx+b$。已知手电筒的方向,也就知道了入射光线与水平方向的夹角 θ,可以求出 $k=-\tan\theta$。已知光线的起始位置即手电筒的位置,则可求出 b=手电筒的 y 坐标$-k$ * 手电筒的 x 坐标。

(3) 计算入射点的位置。

求出了入射光线方程,计算出入射光线与平面镜的交点就是入射点的位置。

(4) 计算反射光线的方程。

假设反射光线的直线方程为 $y=k_1x+b_1$。根据光的反射定律可以得出,反射光线的斜率 $k_1=-k$。已知入射点的位置,可以得出 b_1=入射点的 y 坐标$-k_1$ * 入射点的 x 坐标。

(5) 画入射光线。

(6) 画反射光线。

(7) 判断是否改变了手电筒的方向,若是,转到第(2)步;若否,转到第(7)步。

用流程图可以更直观地描述程序的算法,如图 16-4 所示。

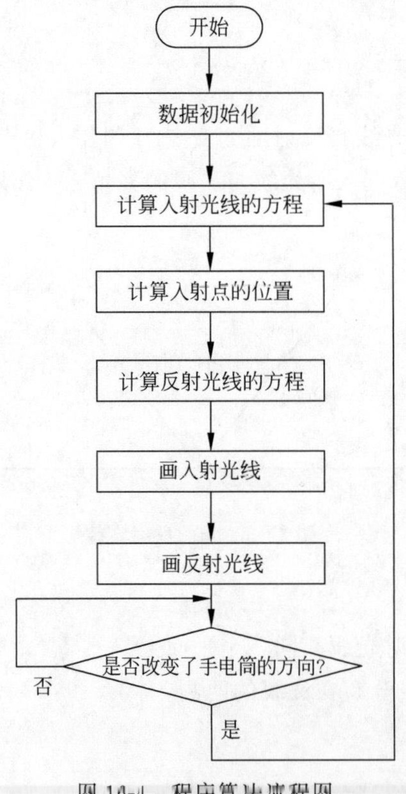

图 16-4　程序算法流程图

4. 编程实现

(1) 新建角色。

本程序的主要角色有:平面镜、手电筒、画笔。

（2）计算入射光线的方程与入射点的位置，代码如图 16-5 所示。

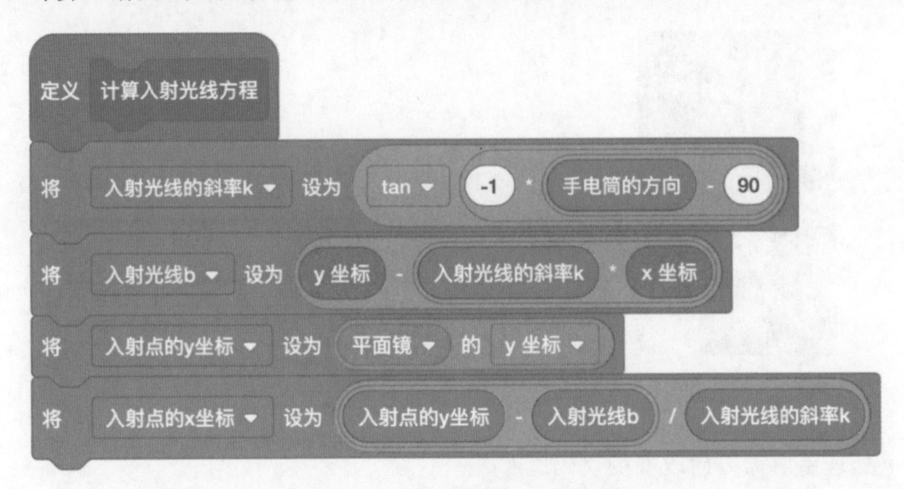

图 16-5　计算入射光线方程的代码

（3）计算反射光线的方程，代码如图 16-6 所示。

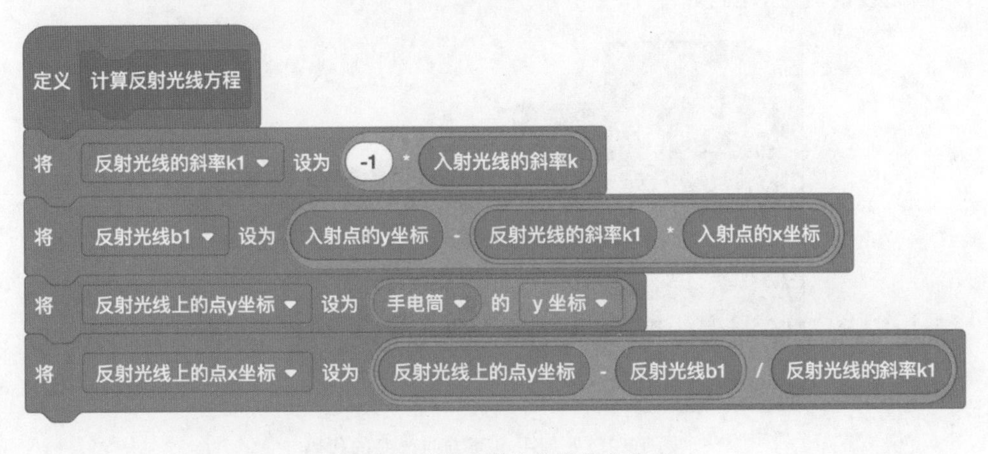

图 16-6　计算反射光线方程的代码

（4）画入射光线，代码如图 16-7 所示。

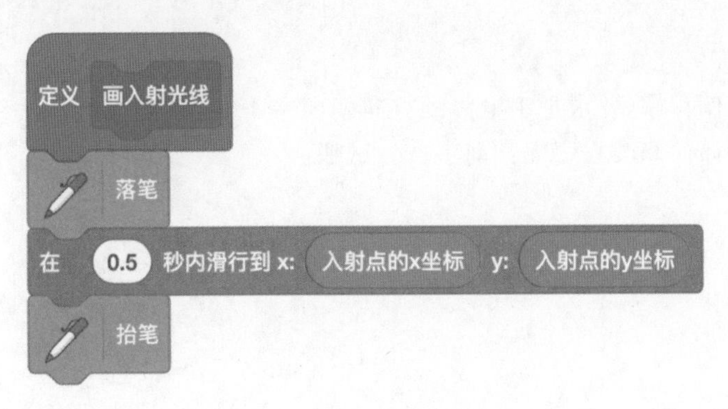

图 16-7　画入射光线的代码

（5）画反射光线，代码如图 16-8 所示。

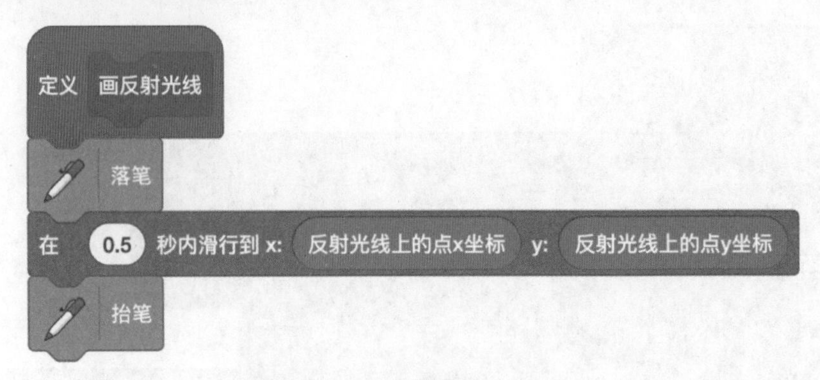

图 16-8 画反射光线的代码

（6）处理手电筒方向改变的代码。

初始时，变量“手电筒的历史方向”等于变量“手电筒的方向”。如果变量“手电筒的方向”发生改变，则变量“手电筒的历史方向”不再等于变量“手电筒的方向”的值，这时通知画笔重新画光线的轨迹，代码如图 16-9 所示。

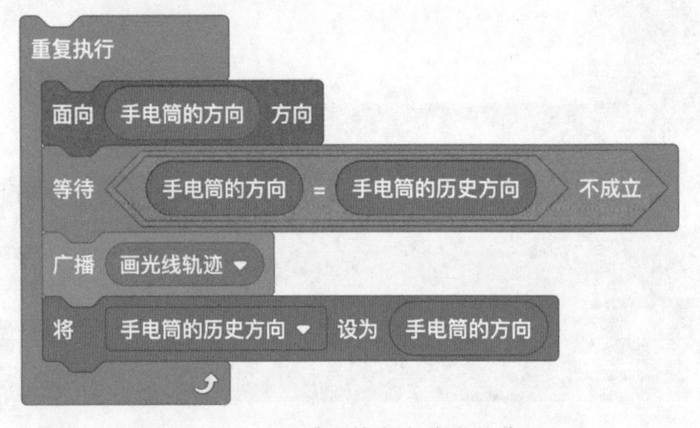

图 16-9 处理手电筒方向改变的代码

5. 试一试

请你修改示例程序，要求把手电筒的方向朝向左下，让入射光线从法线右侧入射，从法线左侧射出。该如何修改程序呢？动手试一试吧。

第17课
光的反射2——潜望镜原理

1. 课程目标

在第16课中，我们学习了光的反射原理。本节课将带你学习光的反射的一大应用——潜望镜。探究利用光的反射原理制作的潜望镜是如何工作的，并用Scratch编写程序模拟“潜望镜原理”。

2. 物理知识

潜望镜的原理

潜望镜是从海面下伸到海面上，用来窥探海面上活动的装置，如图17-1所示。它的特点是含有两个平面镜，能使海面上景或物的光经过两次反射后射入海面下的人眼中。

潜望镜的构造有两个特点：①两个平面镜是相互平行的；②两个平面镜都与水平方向成45°夹角。这样的构造使平行光射入潜望镜后，又平行地射出，从而真实还原了海面上的景或物。

现在你已经明白了潜望镜是如何工作的，接下来用Scratch编写程序模拟实现“潜望镜原理”。

3. 算法分析

要模拟潜望镜的原理，程序需要实现以下两个功能。

(1) 光平行射入，再平行射出。

已知潜望镜的平面镜与水平方向的夹角是45°。当光平行水平方向射入时，利用光的反射原理，潜望镜的两次反射，入射角和反射角都是45°，也就是说，反射光线垂直入射光线。程序中只需要把入射光线的角度旋转90°，即可得到反射光线的方向。

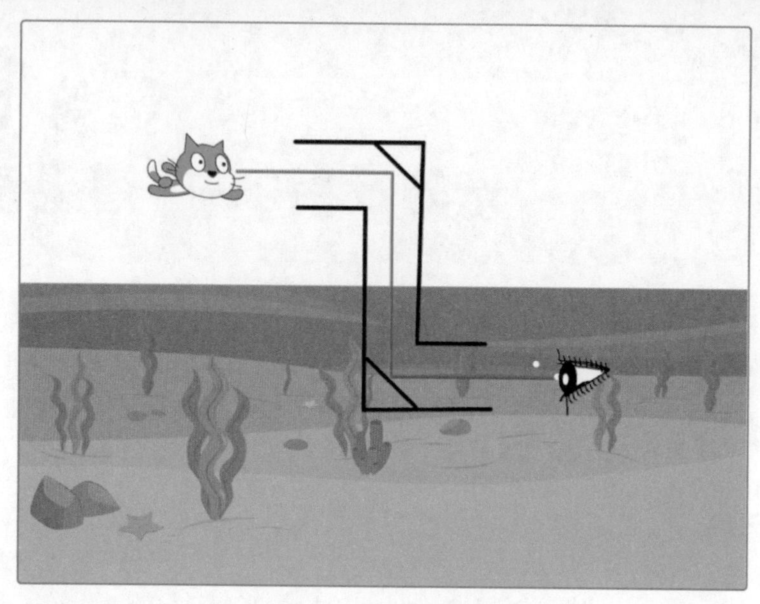

图 17-1 潜望镜的原理

(2) 从潜望镜中看到的像是正立的,不是倒立的。

程序中利用物体两端的两条光线来演示成像的特点。如果顶部的光线经过潜望镜的反射进入人眼时依然在上面,底部的光线经过潜望镜的反射进入人眼时依然在下面,那么说明成像是正立的,如图 17-2 所示。

图 17-2 从潜望镜中看到的像是正立的

4. 编程实现

(1) 新建角色。

本程序的主要角色有:潜望镜、树、画笔 1、画笔 2、人。其中,"画笔 1"用来画树的顶部的光线走过的轨迹,"画笔 2"用来画树的底部的光线走过的轨迹。

(2) 画光线走过的轨迹。

根据潜望镜的构造特点和光的反射定律,当入射光线碰到第一个平面镜时,反射光线偏转 90°。当反射光线继续碰到第二个平面镜时，反射光线又偏转 90°，最后光线从潜望镜平行射出，代码如图 17-3 所示。

图 17-3　画光线轨迹的代码

5. 试一试

请你修改示例程序，尝试把潜望镜左右调换方向，从潜望镜中观察海面右侧的情况。

第18课 平面镜成像——水中的倒影

1. 课程目标

当你照镜子时，在镜子里看到另一个自己，它和你有同样的表情，做同样的动作；当你来到湖边游玩，看到静静的湖水映出蓝天、白云、绿树的倒影，也会感叹大自然的神奇。镜子和湖水为什么会有这样的魔力呢？

本节课将带你探究镜子成像和湖水倒影的奥秘，学习平面镜成像的原理，并用 Scratch 模拟实现“水中的倒影”。该程序预期实现的效果如图 18-1 所示，当一只小鸭子来到游泳池旁边，游泳池里显现出了它的倒影。

图 18-1 鸭子在水中的倒影

2. 物理知识

平面镜成像

镜中的像和水中的像到底是如何形成的呢？原来是当太阳或其他光源的光照射到人或物体的身上时，被反射到镜面或水面上，镜面或水面又将光反射到人的眼睛里，因此，我们看到了镜中或水中的虚像。

平面镜成像有以下几个特点，如图 18-2 所示。

(1) 像的大小与物体的大小相等。

(2) 像与物体到平面镜的距离相等。

(3) 像和物体的连线与镜面垂直。

用一句话总结就是，平面镜所成的像与物体关于镜面对称。

明白了这个物理原理之后，接下来用 Scratch 编写程序模拟实现“水中的倒影”。

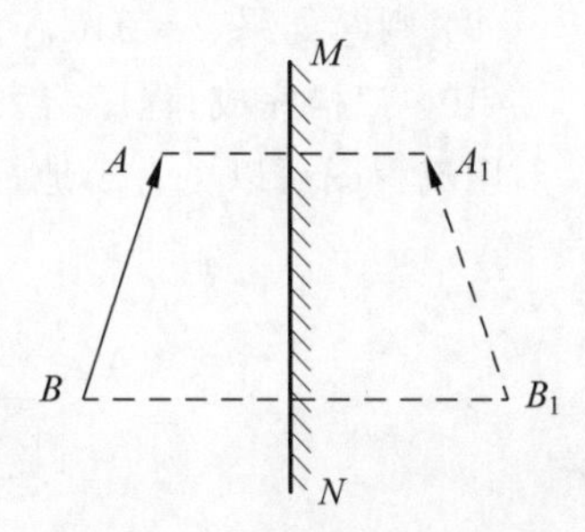

图 18-2　平面镜成像的特点

3. 算法分析

我们要在水中描绘出鸭子的倒影，就需要用到画笔，但画笔是如何在水中画出一个形状对称的鸭子呢？本节课巧妙地采用了“逐点扫描法”，逐个画出鸭子身上每个像素的对称点，所有像素的对称点就组成了鸭子的倒影。

要画出每个像素的对称点，需要知道对称点的位置和颜色。对称点的颜色比较简单，与像素点的颜色相同即可。对称点的位置如何求得呢？

根据平面镜成像的特点，像到镜面的距离与物体到镜面的距离相等。已知游泳池边水面的位置和像素点的位置，可以得出：

像素点到镜面的距离 $d=$| 像素点的 y 坐标 − 镜面的 y 坐标 |

像到镜面的距离 $d_1=$| 像的 y 坐标 − 镜面的 y 坐标 |

因为 $d=d_1$，所以有

|像素点的 y 坐标 − 镜面的 y 坐标|=| 像的 y 坐标 − 镜面的 y 坐标 |

即

像素点的 y 坐标 − 镜面的 y 坐标 = 镜面的 y 坐标 − 像的 y 坐标

求得

像的 y 坐标 = 2 * 镜面的 y 坐标 − 像素点的 y 坐标

即

像的 y 坐标 = 像素点的 y 坐标 + 2 *(镜面的 y 坐标 − 像素点的 y 坐标)

用自然语言描述整个程序的算法，步骤如下。

(1) 程序开始，设置画笔。

(2) 开始扫描屏幕上的像素点。

从屏幕左下方的点[−240，−180]开始，从左往右、从下往上逐行扫描，共 360 行，480 列。

(3) 判断如果画笔碰到鸭子,转到第(4)步；否则转到第(8)步。

(4) 判断如果画笔碰到的颜色是黄色,那么将画笔的颜色设置为黄色,转到第(7)步；否则转到第(5)步。

(5) 判断如果画笔碰到的颜色是橘色,那么将画笔的颜色设置为橘色,转到第(7)步；否则转到第(6)步。

(6) 判断如果画笔碰到的颜色是白色,那么将画笔的颜色设置为白色,转到第(7)步；否则将画笔的颜色设置为黑色,转到第(7)步。

(7) 将画笔移到像的位置,画点。

(8) 把画笔移到下一个扫描点,继续扫描。

(9) 判断如果 $x=240, y=180$,则转到第(10)步；否则转到第(3)步。

(10) 扫描完成,程序结束。

用流程图可以更直观地描述上述算法,如图 18-3 所示。

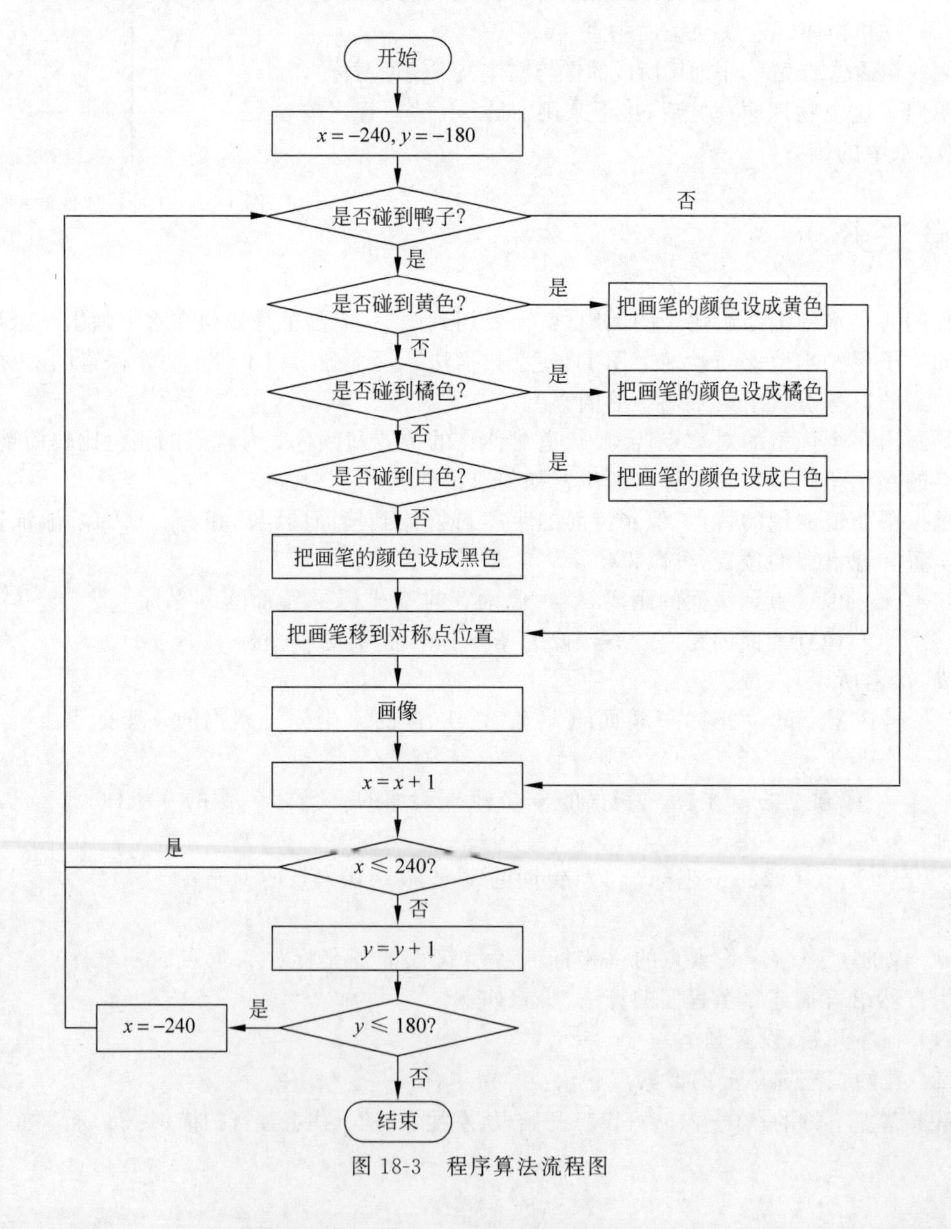

图 18-3 程序算法流程图

4. 编程实现

(1) 新建角色。

本程序主要的角色有：鸭子、画笔。

(2) 扫描屏幕上的像素点。

屏幕上一共有 480 * 360 个像素点，使用双重循环，逐行从左往右、从下往上扫描，代码如图 18-4 所示。

(3) 如果扫描到了鸭子，则画鸭子在水中的像。

第一步，参照鸭子的像素点的颜色，设置水中像的像素点的颜色。鸭子全身共 4 种颜色，使用条件判断语句，选择当前像素点对应的颜色，代码如图 18-5 所示。

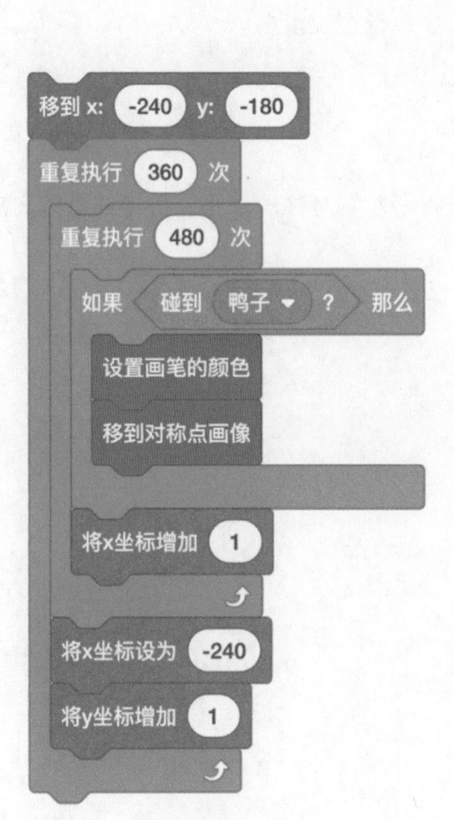

图 18-4　画笔扫描屏幕像素点的代码

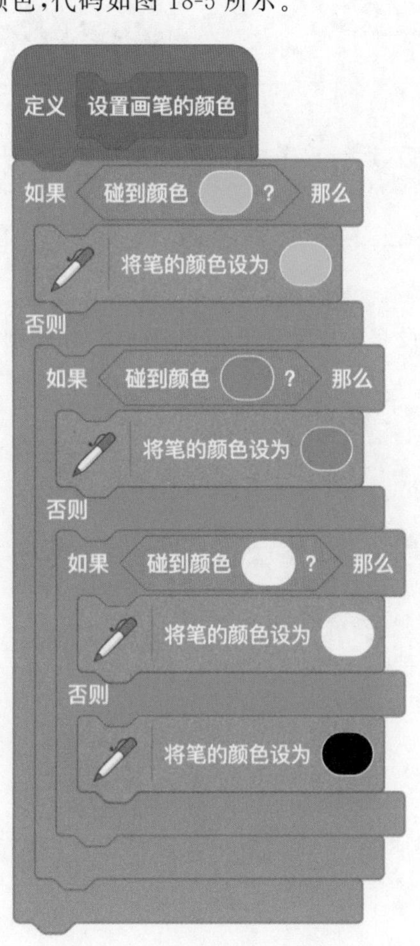

图 18-5　设置像的颜色的代码

第二步，把画笔移到对称点的位置画水中的像。根据本课“算法分析”中计算出的像的位置，像的 y 坐标＝像素点的 y 坐标＋2 *（镜面的 y 坐标－像素点的 y 坐标），已知镜面 y 坐标的值是 55，即可计算出像的 y 坐标。画完像后，记得把画笔移回到当前扫描的位置继续扫描，代码如图 18-6 所示。

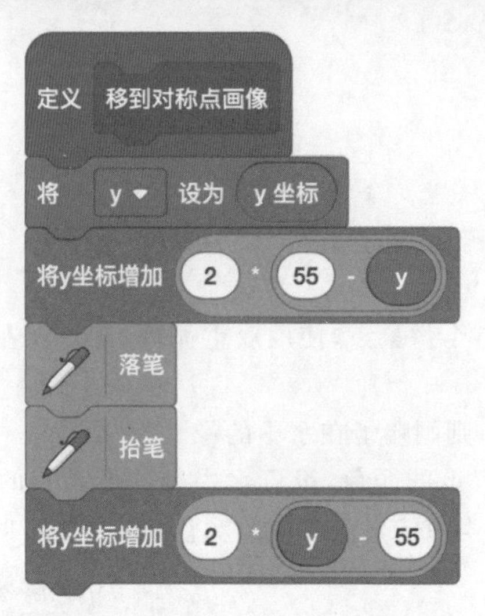

图 18-6　把画笔移到像的位置画像

最后，运行程序的时候，把加速模式打开，程序运行会快很多。

5. 试一试

假设有一块竖直摆放的平面镜，你能画出与鸭子左右对称的像吗？思考并尝试实现。

第19课 光的折射——抓鱼的技巧

1. 课程目标

你是否有过这样的经历，清楚地看见鱼在水中游，然而沿着你看见鱼的方向去抓鱼，却总是抓不到。而有经验的渔民却能百抓百中，因为他们知道，只有瞄准鱼的下方抓才能抓到鱼。这是什么原理呢？

本节课将带你学习光的折射的物理原理，并用 Scratch 编写程序模拟实现“抓鱼的技巧”。该程序预期实现的效果如下。

（1）从图 19-1 中人眼的位置看水里的鱼，看到的鱼的位置比鱼的实际位置要浅一些。

（2）如图 19-2 所示，再换一个位置看水里的鱼，此时看到的鱼的位置变得更浅了一些。

你一定很好奇，为什么从不同角度看到的鱼的位置不一样呢？接下来请带着这个问题，开始有趣的物理知识的学习吧！

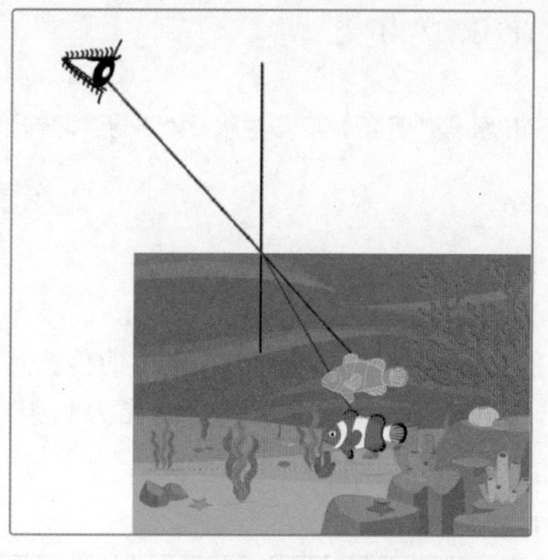

图 19-1　从某个位置看水里的鱼

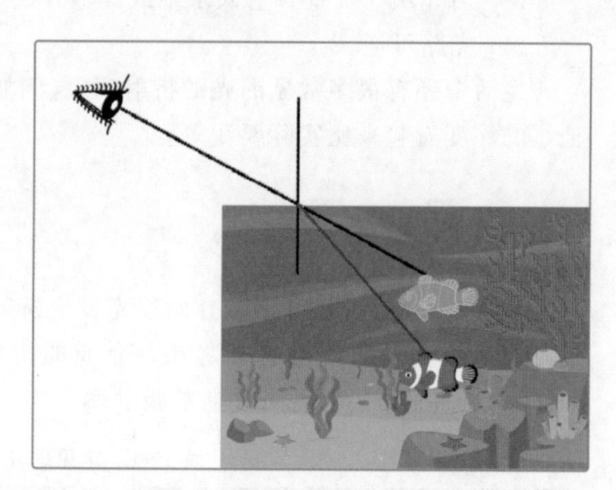

图 19-2　换一个位置看水里的鱼

2. 物理知识

光的折射

在第15课中学过光是沿直线传播的，但前面还有一个限定条件，光在同一种均匀介质中沿直线传播。如果光从一种介质进入另一种介质中，是什么情况呢？答案是会发生偏折。

如图19-3所示，让一束光从空气斜射入水中，传播方向发生了偏折，这种现象就叫作光的折射。

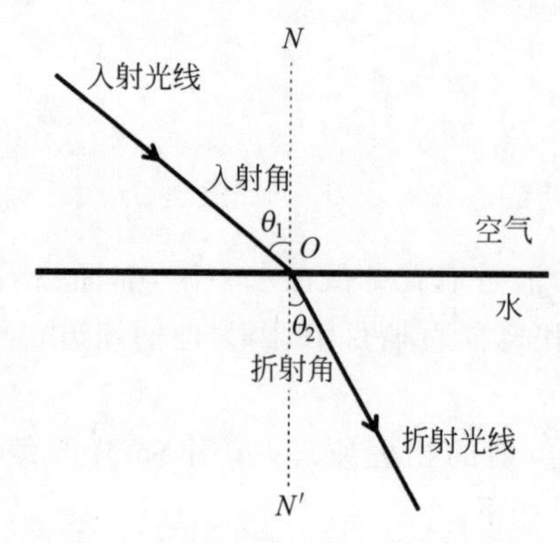

图19-3　光从空气射入水中，发生了偏折

光的折射遵循如下几条规律。

(1) 光从空气斜射入水中或其他介质中时，折射角小于入射角。

(2) 当入射角增大时，折射角也增大。

(3) 当光从空气垂直射入水中或其他介质中时，传播方向不变。

(4) 光路可逆。

生活中还有很多常见的光的折射现象，例如“海市蜃楼”现象，筷子在水中“折断”，游泳池水的深度看起来比实际要浅等。

折射率

物理学中，用折射率表示介质使光发生折射的能力。折射率是指光在真空中的传播速度与光在介质中的传播速度之比。介质的折射率越高，使入射光发生折射的能力越强。表19-1列出了常见的几种物质的折射率。

表19-1　常见的几种物质的折射率

物质	折射率	物质	折射率
空气	1.0	玻璃	1.5
水	1.33	水晶	2.0
冰	1.31	钻石	2.4

折射定律

光从介质1射入介质2发生折射时，入射角 θ_1 与折射角 θ_2 的正弦之比叫作介质2相对介质1的折射率。假设介质1的折射率为 n_1，介质2的折射率为 n_2，那么折射定律的关系式为 $\frac{\sin\theta_1}{\sin\theta_2}=\frac{n_2}{n_1}$，即 $n_1\sin\theta_1=n_2\sin\theta_2$。

如果已知入射角 θ_1、介质1的折射率 n_1、介质2的折射率 n_2，则根据折射定律，可以求出折射角 θ_2。同理，已知折射角 θ_2，也可以求出入射角 θ_1。

利用光的折射原理解释抓鱼的技巧。当来自水中鱼的光从水中射向空气中时，在水面处发生了折射，由于空气的折射率小于水的折射率，所以空气中的折射角大于水中的入射角，逆着折射光看去，鱼在水中的位置升高了，即看到的鱼的成像比实际鱼的位置要浅，所以抓鱼的时候，应该朝着看到的鱼的下方抓。

明白了物理原理，接下来，就用 Scratch 编写程序来模拟"抓鱼的技巧"。

3. 算法分析

本案例程序要实现的是已知人眼看到的水中鱼的位置，计算出鱼的真实位置。解决思路为，已知折射角为 θ_2，水的折射率为1.33，空气的折射率为1.0，根据折射定律 $n_1\sin\theta_1=n_2\sin\theta_2$，即可求出入射角 θ_1。

用自然语言描述程序的算法，其步骤如下。

(1) 已知鱼的成像的位置和人眼的位置，求出折射光线的方程。

(2) 根据折射光线的方程，求出折射角 θ_2。

(3) 已知折射角为 θ_2，水的折射率为1.33，空气的折射率为1.0，根据光的折射定律，求出入射角 θ_1。

(4) 根据入射角，求出入射光线的方程。

(5) 根据入射光线方程，求出鱼的真实位置。

用流程图可以更直观地描述上述算法，如图19-4所示。

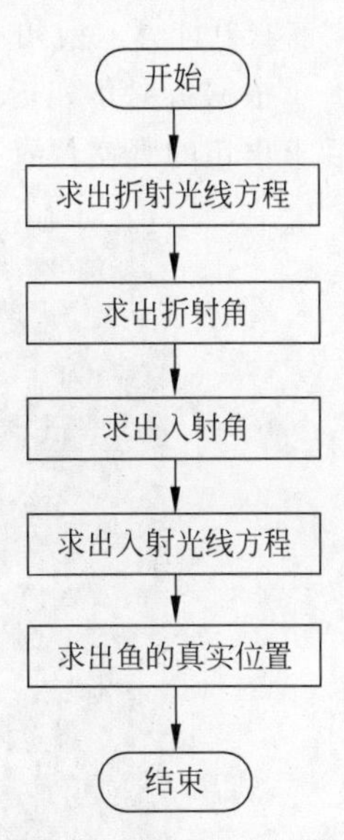

图19-4　程序算法流程图

4. 编程实现

(1) 新建角色。

本程序主要的角色有：鱼、鱼像、画笔、眼睛。

(2) 计算折射角和折射光线方程。

已知鱼像和人眼的位置，两点唯一确定一条直线。假设折射光线的方程为 $y=kx+b$，那么：

k =(鱼像的位置 y − 人眼的位置 y)/(鱼像的位置 x − 人眼的位置 x)

b = 鱼像的位置 $y - k$ * 鱼像的位置 x

求出折射光线的方程后,即可求出折射角为 $90-|\tan^{-1}k|$,代码如图 19-5 所示。

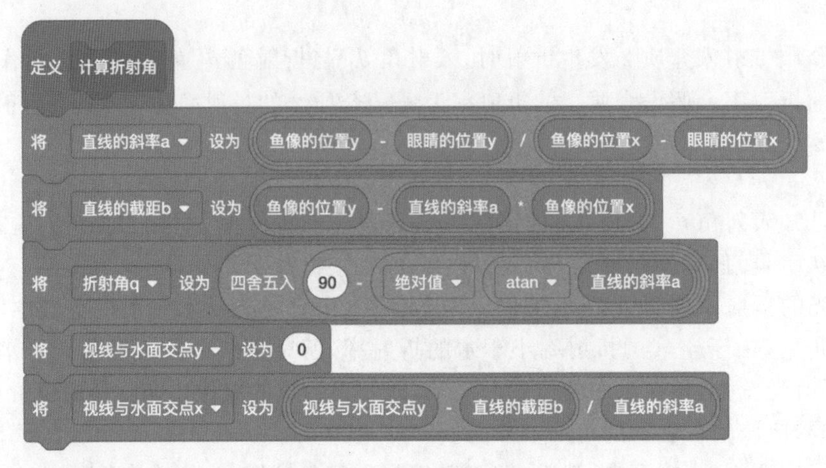

图 19-5 计算折射角的代码

(3) 计算入射角和入射光线方程,求出鱼的真实位置。

根据折射角和折射定律关系式,求出入射角。再根据入射角,求出入射光线的方程,最后求出鱼的真实位置,代码如图 19-6 所示。

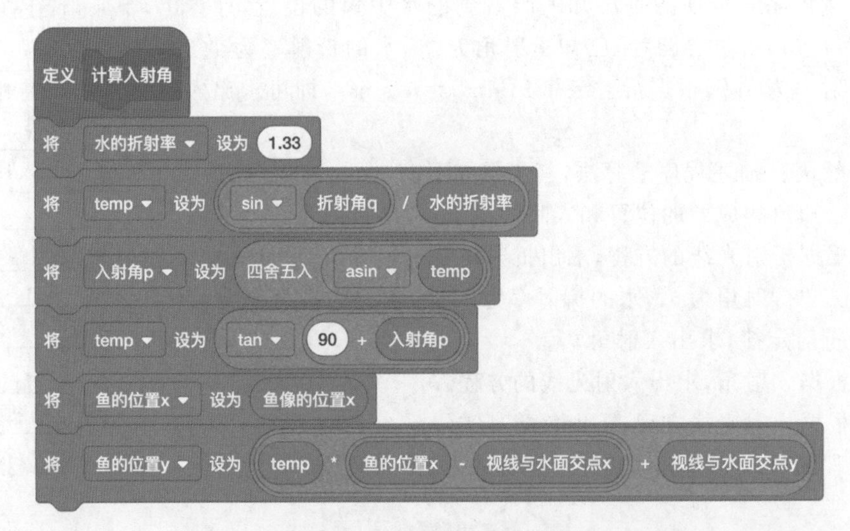

图 19-6 计算入射角,求出鱼的真实位置的代码

5. 试一试

用一束光竖直地照射一块厚厚的透明玻璃,光从空气射入玻璃后会发生偏折,请用 Scratch 模拟光的折射路径。

第20课
光的色散——神奇的三棱镜

1. 课程目标

雨过天晴，在与太阳相对的方向，常常会出现一道美丽的彩虹。彩虹是如何形成的呢？如果说彩虹与太阳光有关，可为什么太阳光看起来是白色的，彩虹却是七彩色的呢？

本节课将带你学习光的色散原理，并用 Scratch 编写程序模拟实现“神奇的三棱镜”。该程序预期实现的效果如图 20-1 所示，一束白光透过三棱镜后，被分解为红、橙、黄、绿、蓝、靛、紫七色光。

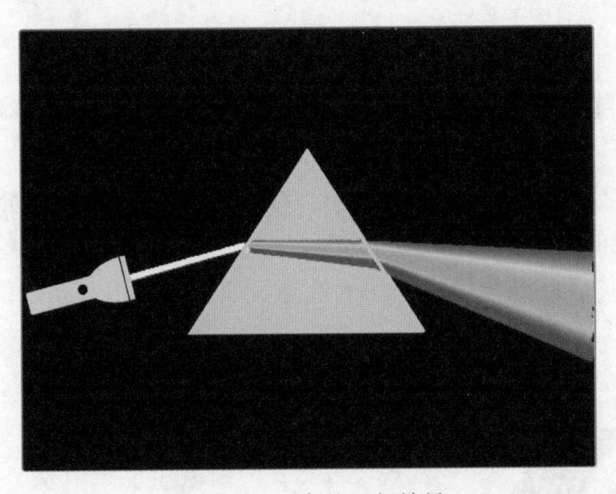

图 20-1　程序的运行效果

2. 物理知识

光的色散

17 世纪以前，人们一直认为光都是白色的。直到 1666 年，牛顿用三棱镜把白色的太阳光分解成了各种颜色的光，才揭开了光的颜色之谜。

光的色散是指复合光分解为单色光的现象。常见的白光就是一种复合光，如太阳光、手电筒的光。这种复合光是由多个单色光组成的。每种单色光都是一种光波，光的颜色是由光波的频率决定的。在可见光区域，红光的频率最小，紫光的频率最大。

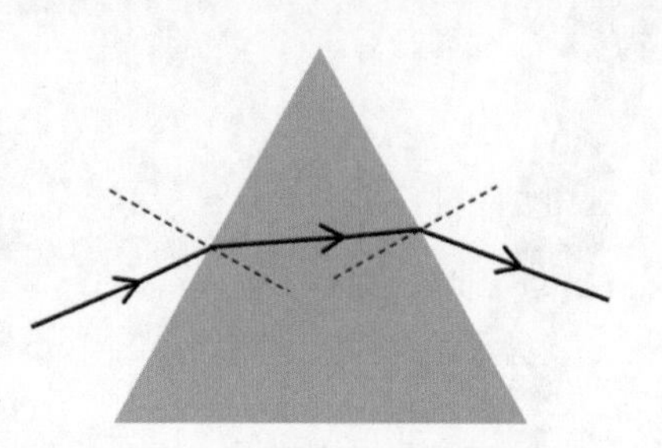
图 20-2 光通过三棱镜发生两次折射的效果

光通过三棱镜会发生两次折射。第一次，光从空气进入三棱镜时，发生一次折射，光线向法线方向偏折。第二次，光从三棱镜射出进入空气时，再发生一次折射，光线向偏离法线方向偏折，如图 20-2 所示。

对同一种介质来说，光的频率越高，介质对这种光的折射率就越大，即光线的偏折程度就越大。由于红光的频率最小，紫光的频率最大，所以三棱镜对红光的折射率最小，对紫光的折射率最大。因此，光通过三棱镜后，红光的偏折程度最小，紫光的偏折程度最大。这样，三棱镜就把不同频率的单色光分开了，因此产生了光的色散现象。

雨过天晴后，空中飘浮着很多的小水滴，阳光照射到这些小水滴时，产生了色散和反射，从而形成了美丽的彩虹。

明白了光的色散原理之后，接下来用 Scratch 编写"神奇的三棱镜"的程序。

3. 算法分析

要用 Scratch 程序模拟光的色散现象，重点要实现 3 个功能。

(1) 光通过三棱镜，发生两次折射。

(2) 不同的光发生折射的偏折程度不同。红光的偏折程度最小，紫光的偏折程度最大。

(3) 画出七彩光的传播路线图。

首先，要画光的传播路线图就必须用到画笔。如何画出很多条光线呢？克隆画笔，每个克隆体画一条光线。

接着，如何让每个克隆体画笔的颜色不同，画出七彩光线呢？给每个克隆体编号，不同编号的克隆体，设置不同颜色的画笔。从图 20-3 中可以发现，Scratch 的画笔颜色数值从 0 到 77 刚好是红、橙、黄、绿、蓝、靛、紫的顺序。可以利用 Scratch 画笔的这个特性，克隆 77 个画笔。对这 77 个画笔，从 1～77 进行编号，并把画笔的颜色设置为对应的编号。例如，第 7 号画笔对应的颜色数值为 7，第 50 号画笔对应的颜色数值为 50。这样，77 个画笔按红、橙、黄、绿、蓝、靛、紫的顺序，把我们需要用到的颜色都覆盖到了。

图 20-3 Scratch 画笔颜色的特性

接下来，如何实现不同的光线偏折程度不同呢？这里采用一种巧妙的方法就是把"编号/常量"赋值给画笔的偏转角度。例如，若常量取 10，第 77 号画笔对应的是紫色光，那么其偏转角度就是 7.7°。第 1 号画笔对应的是红色光，那么其偏转角度就是 0.1°。这样就能实现从红色到紫色，偏折程度逐渐变大的效果。

最后，如何实现两次折射的效果呢？画一个三棱镜的轮廓作为角色，通过检测画笔是否碰到三棱镜的轮廓来判断画笔是否该发生偏折。

用流程图可以更直观地描述上述算法，如图 20-4 所示。

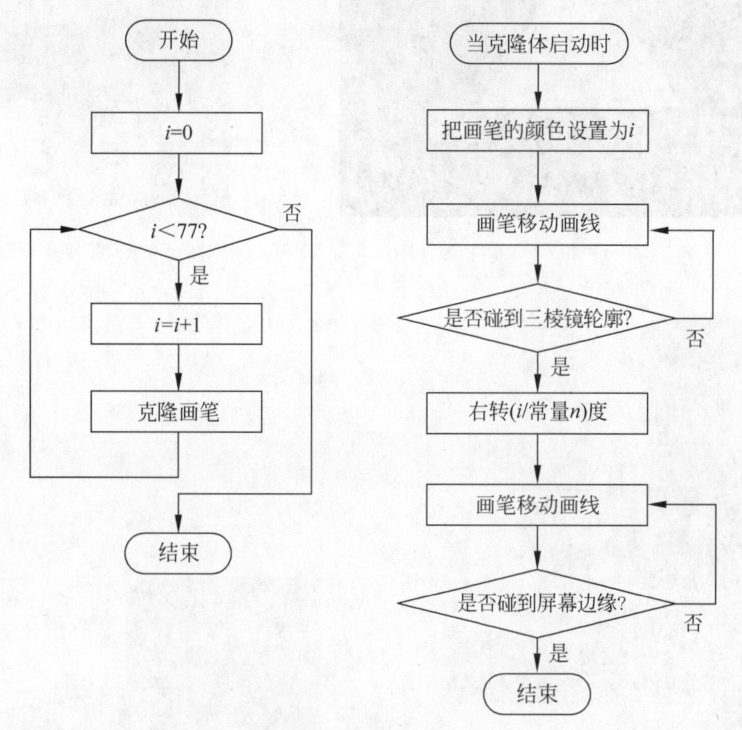

图 20-4　程序算法流程图

4. 编程实现

(1) 添加背景。

如图 20-5 所示，只有把三棱镜画到背景里，画笔才可以在三棱镜的中间画图。

(2) 新建角色。

本程序主要的角色有：手电筒、三棱镜轮廓，画笔 1、画笔 2、箭头。

其中，“画笔 1”用来画从手电筒射出来的白色光线；“画笔 2”用来画从三棱镜射入和射出的彩色光线；“三棱镜轮廓”用来给画笔判断自己是否已移动到三棱镜的边缘。

(3) 克隆画笔 2，给每个克隆体从 1 到 77 编号，代码如图 20-6 所示。

(4) 画光射入三棱镜时的效果。每个画笔设置不同的颜色，偏转不同的角度，代码如图 20-7 所示。

(5) 画光射出三棱镜时的效果，代码如图 20-8 所示。

图 20-5 设置背景

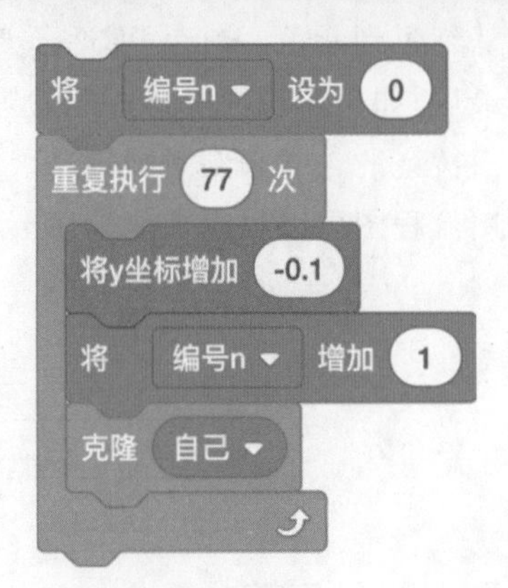

图 20-6 创建“画笔 2”的克隆体

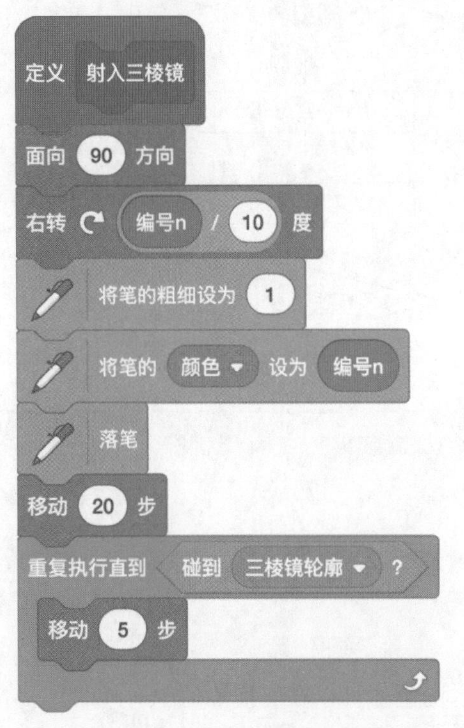

图 20-7 画射入三棱镜的光线

图 20-8 画射出三棱镜的光线

5. 试一试

打开示例程序，调节手电筒的方向，让光束从左上方射入，应该如何修改程序呢？

第21课 光的三原色——红绿蓝变变变

1. 课程目标

发现光的色散之后,牛顿猜想,既然白光可以被分解与合成,那七色光是否也可以被继续分解与合成呢?经过实验与计算,牛顿最后发现,七色光中只有红、绿、蓝三种色光无法被继续分解,而其他色光都可以由这三种色光合成。红、绿、蓝就是光的三原色。

本节课将带你学习光的三原色原理,并用 Scratch 模拟实现“红绿蓝变变变”的实验。相信学完本节课的内容后,你一定会对光的颜色有更深入的理解。

2. 物理知识

光的三原色有如下规律。

(1) 红、绿、蓝三种色光无法被继续分解,这三种颜色被称为三原色光。

(2) 其他色光均可由三原色光以不同比例合成。

(3) 等量的红光+绿光=黄光,用 Scratch 模拟实现的效果如图 21-1 所示。

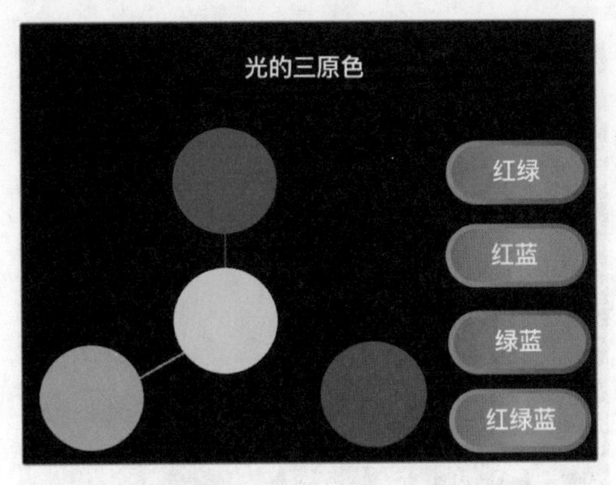

图 21-1 等量的红光加绿光合成了黄光

(4) 等量的红光+蓝光=品红光,用 Scratch 程序模拟的效果如图 21-2 所示。

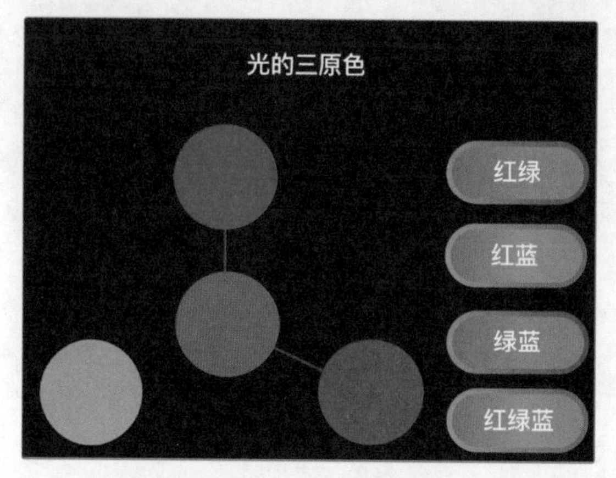

图 21-2　等量的红光加蓝光合成了品红光

(5) 等量的绿光+蓝光=青光,用 Scratch 程序模拟的效果如图 21-3 所示。

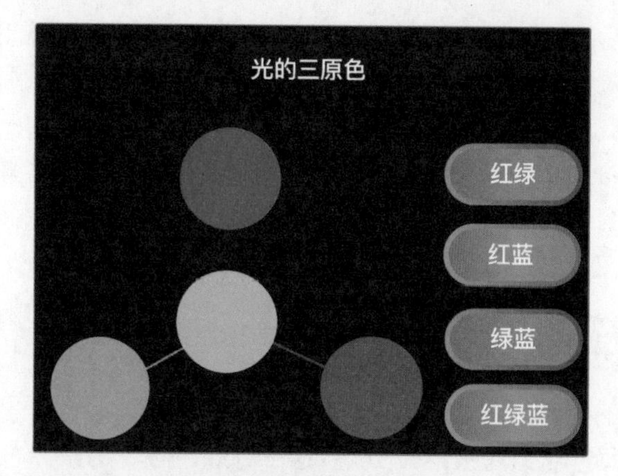

图 21-3　等量的绿光加蓝光合成了青光

(6) 等量的红光+绿光+蓝光=白光,用 Scratch 程序模拟的效果如图 21-4 所示。

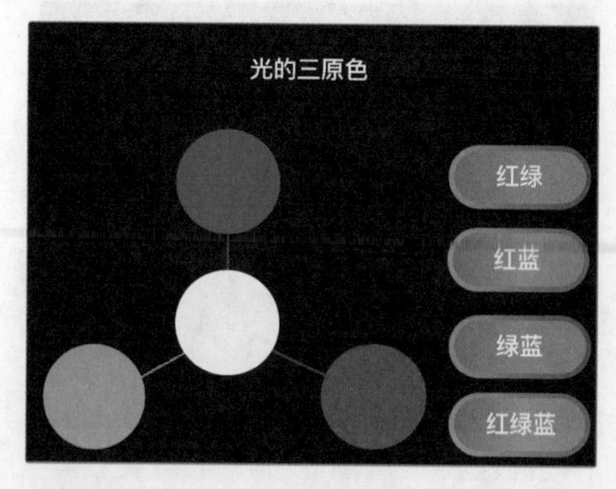

图 21-4　等量的红光、绿光加蓝光合成了白光

明白了光的三原色原理之后，接下来，用 Scratch 编写“红绿蓝变变变”的程序。

3. 算法分析

本案例程序用三种不同颜色的圆代表三种色光，红色的圆代表红光，绿色的圆代表绿光，蓝色的圆代表蓝光。

用自然语言描述程序的算法，步骤如下。

(1) 程序开始。

(2) 选择光的组合项。

(3) 判断如果选择“红绿光组合”，则结果显示“黄光”；否则，转到第(4)步。

(4) 判断如果选择“红蓝光组合”，则结果显示“品红光”；否则，转到第(5)步。

(5) 判断如果选择“绿蓝光组合”，则结果显示“青光”；否则，转到第(6)步。

(6) 结果显示“白光”，转到第(2)步。

用流程图可以更直观地描述上述算法，如图 21-5 所示。

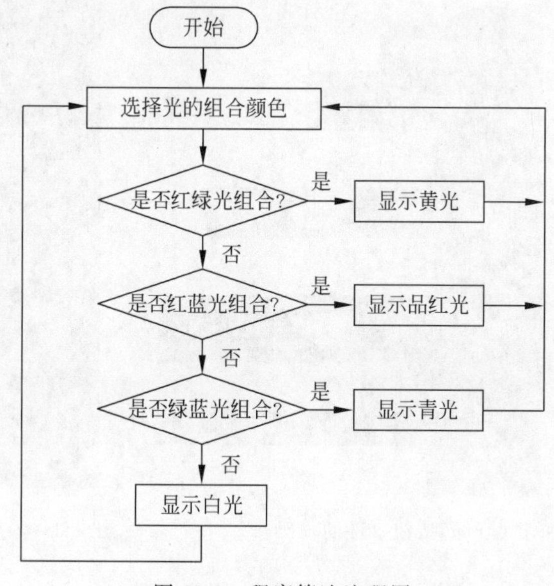

图 21-5 程序算法流程图

4. 编程实现

(1) 新建角色。

本程序主要的角色有：红光、绿光、蓝光、“红绿”按钮、“红蓝”按钮、“绿蓝”按钮、“红绿蓝”按钮、结果。

其中，单击“红绿”按钮用于选择红绿光组合；单击“红蓝”按钮用于选择红蓝光组合；单击“绿蓝”按钮用于选择绿蓝光组合；单击“红绿蓝”按钮用于选择红绿蓝光组合。角色

“结果”显示合成光的颜色。

(2) 实现单击不同按钮,选择对应的颜色进行组合。

新建变量“颜色选择”,当单击“红绿”按钮,将“颜色选择”赋值为 1；当单击“红蓝”按钮,将“颜色选择”赋值为 2；当单击“绿蓝”按钮,将“颜色选择”赋值为 3；当单击“红绿蓝”按钮,将“颜色选择”赋值为 4。

以单击“红绿”按钮后,角色“红光”的处理为例,代码如图 21-6 所示。

(3) 实现不同结果的展示。

如果“颜色选择”的值为 1,则结果为黄光；如果“颜色选择”的值为 2,则结果为品红光；如果“颜色选择”的值为 3,则结果为青光；如果“颜色选择”的值为 4,则结果为白光,代码如图 21-7 所示。

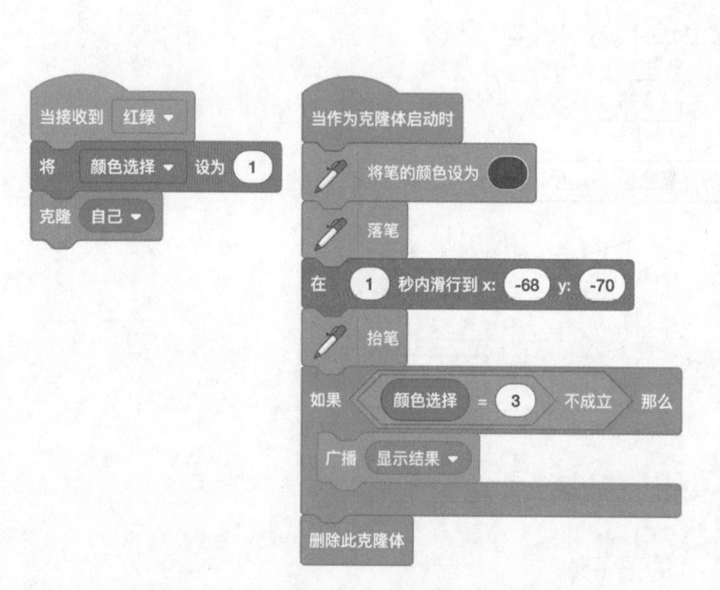

图 21-6　处理单击“红绿”按钮事件的代码

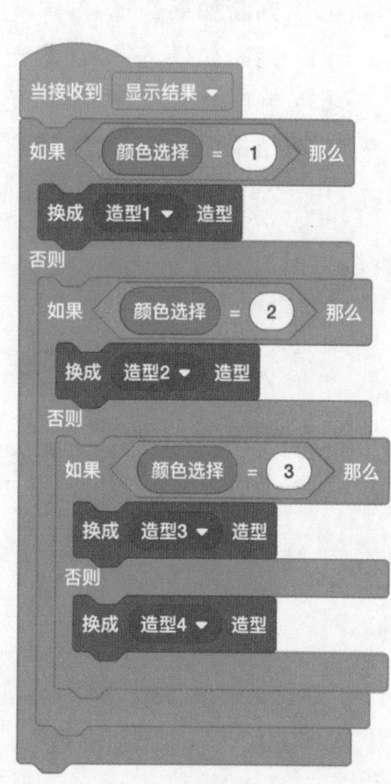

图 21-7　实现不同结果展示的代码

5. 试一试

你还能想到哪些光的神奇现象呢？用 Scratch 展示出你的想法和创意吧。

第5篇

力

生活中，我们经常要用力。用力把门推开，这是推力；用手拉车子，这是拉力；用磁铁吸引铁钉，这是吸引力。这里面都蕴含了非常丰富的力学知识。

本篇将带你走进力学的世界，通过有趣的Scratch案例揭开力的神秘面纱。

第22课　杠杆原理——智能调节平衡的杠杆

第23课　二力平衡——被拉扯的小车

第24课　压强——压力的作用效果

第25课　液体的压强——喷射的水柱

第26课　水中的浮力1——浮力的原理

第27课　水中的浮力2——鸡蛋的浮沉

第28课　大气压强——托里拆利实验

第29课　摩擦力——无动力小车冲冲冲

第22课
杠杆原理——智能调节平衡的杠杆

1. 课程目标

本节课将带你学习杠杆原理的物理知识，并用 Scratch 模拟实现智能“调节平衡的杠杆”的实验。在编程过程中加深对杠杆原理的理解，同时练习使用循环结构、选择结构的程序设计方法。

本节课的案例预期实现的效果如下。

(1) 杠杆两侧分别挂着重物。初始时，两侧重物的大小相等，杠杆平衡，如图 22-1 所示。

(2) 拖动变量的滑杆，改变某侧重物的大小，此时杠杆平衡被打破。程序利用杠杆原理，自动调节另一侧重物到杠杆支点的距离，杠杆达到新的平衡。

(3) 如果左侧重物变小、变轻，那么根据杠杆原理，缩短右侧重物到支点的距离，把右侧重物往左移动到相应的位置，如图 22-2 所示。

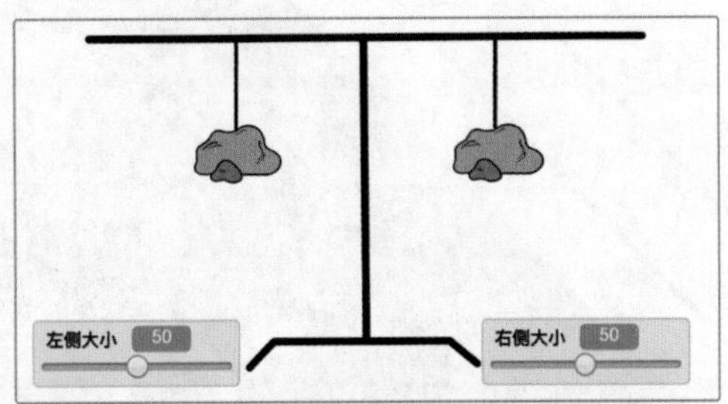

图 22-1 杠杆两侧重物相等的情况

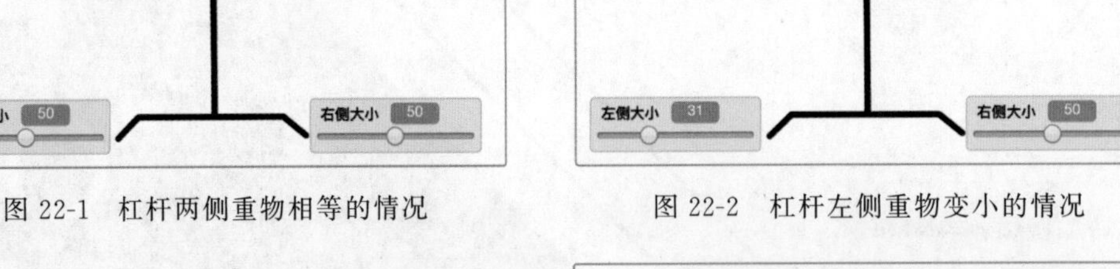

图 22-2 杠杆左侧重物变小的情况

(4) 如果左侧重物变大、变重，那么根据杠杆原理，增加右侧重物到支点的距离，把右侧重物往右移动到相应的位置，如图 22-3 所示。

(5) 如果改变右侧重物的大小，程序会有什么结果呢？

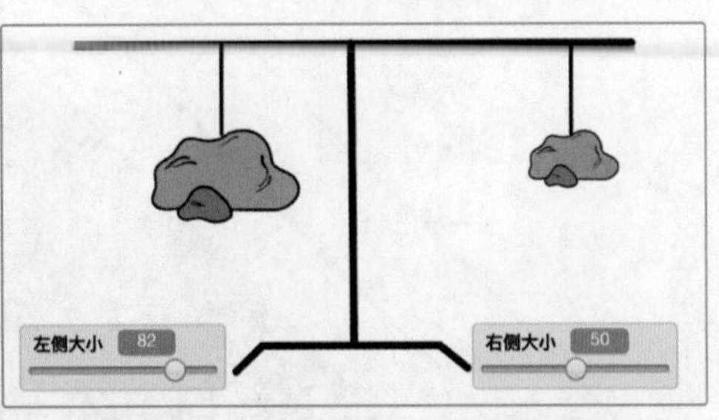

图 22-3 杠杆左侧重物变大的情况

在了解了本节课的课程目标后，你一定

很好奇，这到底是什么原理呢？重物到底要移动到哪个确定的位置上才能使杠杆平衡呢？接下来，带着这些问题，开始有趣的物理知识学习吧！

2. 物理知识

战国时期的《墨子·经说下》中说到“衡，加重于其一旁，必垂，权重相若也。相衡，则本短标长。两加焉重相若，则标必下，标得权也”。这句话的意思是说“在平衡的杠杆中，增加任意一端的重量，这端必然下垂。如果要保持平衡，那么两端重物到支点的距离不相等，一长一短。如果在两端增加相同的重量，那么离支点远的一端必然下垂”。

上面这段话说的就是杠杆的工作机制。物理学中把在力的作用下可绕固定支点转动的硬棒叫作杠杆。在生活中，剪刀、撬棒、钓鱼竿、跷跷板都是杠杆。

墨子道出了杠杆在实际应用中的不证自明的公理。

(1) 在杠杆的两端离支点距离相等的地方挂上相等重量的重物，杠杆平衡，如图 22-4 所示。

(2) 在杠杆的两端离支点距离相等的地方挂上不相等重量的重物，重的一端会下垂，如图 22-5 所示。

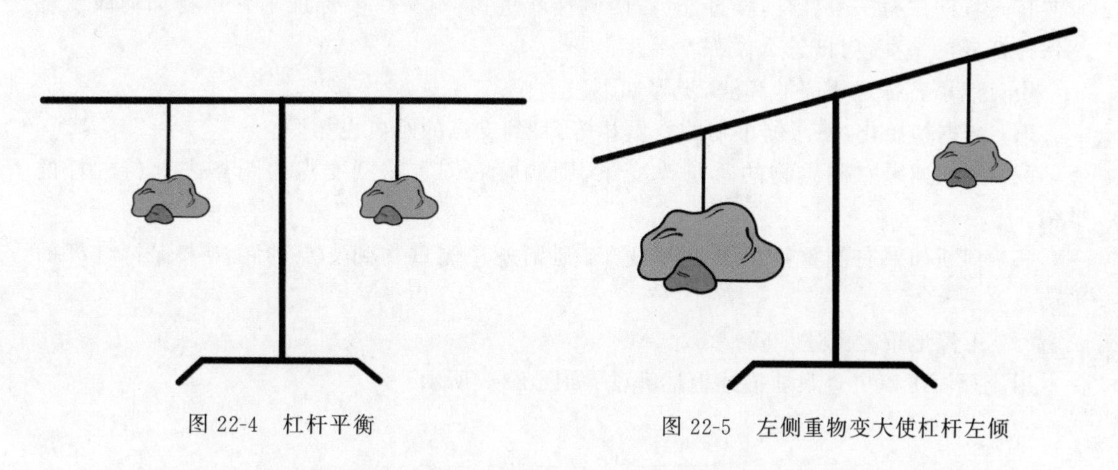

图 22-4　杠杆平衡　　图 22-5　左侧重物变大使杠杆左倾

(3) 在杠杆的两端离支点距离不相等的地方挂上相等重量的重物，距离远的一端会下垂，如图 22-6 所示。

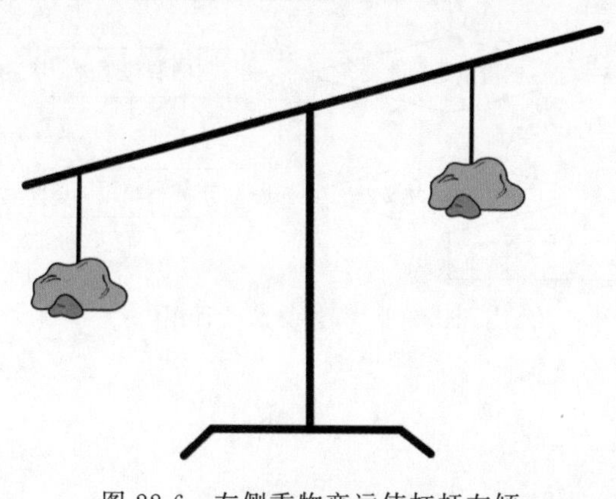

图 22-6　左侧重物变远使杠杆左倾

杠杆原理

古希腊科学家阿基米德在这些经验知识的基础上提出了杠杆原理，也就是杠杆的平衡条件，即二物平衡时，它们离支点的距离与重量成反比。

如图 22-7 所示，把杠杆的支点用字母 O 表示，杠杆一端的作用力用 F_1 表示，从支点到 F_1 的作用线的距离用 L_1 表示。另一端的作用力用 F_2 表示，从支点到 F_2 作用线的距离用 L_2 表示。

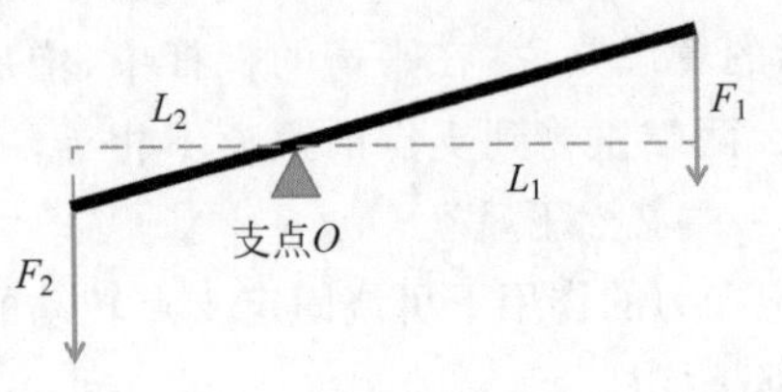

图 22-7　杠杆的五要素

杠杆原理的数学表达式为

$$F_1L_1=F_2L_2$$

明白了物理原理，我们就来学习用 Scratch 编写“杠杆原理”的程序。

3. 算法分析

首先程序中有一个杠杆，杠杆左、右两侧挂着重物“石头”，要保证不管重物如何改变都能保持杠杆的平衡，应该怎么做呢？

用自然语言描述程序的算法，步骤如下。

(1) 数据初始化，使两侧重物的重量相等，且到支点的距离也相等。

(2) 判断如果左侧重物的重量改变了，则调整右侧重物到支点的距离来保持杠杆的平衡。

(3) 判断如果右侧重物的重量改变了，则调整左侧重物到支点的距离来保持杠杆的平衡。

(4) 不停地重复上述步骤。

用流程图可以更直观地描述上述算法，如图 22-8 所示。

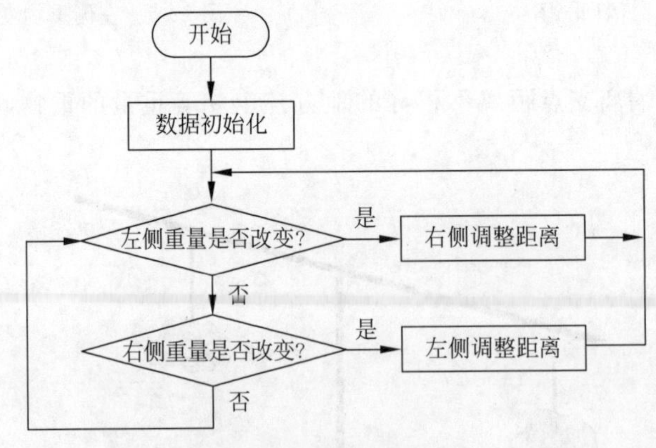

图 22-8　程序算法流程图

4. 编程实现

（1）新建角色。

本程序主要的角色有：杠杆、左侧重物、右侧重物、左侧挂线、右侧挂线。

（2）数据初始化。

如何做到可以随意改变重物的大小呢？引入变量。新建两个变量“左侧大小”“右侧大小”，把变量赋值给重物的外观大小，同时把变量调整为“滑杆”的形式，这样改变变量值就可以平滑地改变重物的大小了，代码如图 22-9 所示。

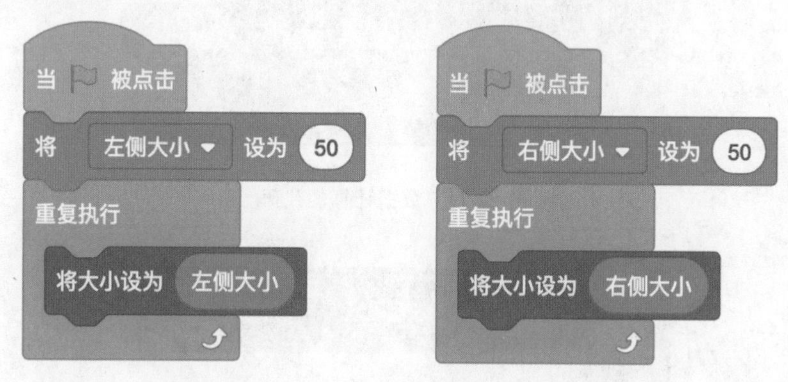

图 22-9 改变左、右两侧重物大小的代码

重物到支点的距离 L_1 和 L_2 的大小是多少呢？其实距离 L_1 和 L_2 就是重物 x 坐标的绝对值，代码如图 22-10 所示。

图 22-10 重物到支点距离的计算方法

（3）判断杠杆的平衡。

首先，根据杠杆原理的公式，计算出左侧 F_1L_1 和右侧 F_2L_2 的值。

因为变量“左侧大小”和变量“右侧大小”的值范围是 0～100，乘以 0.1，把“左侧重量”和“右侧重量”值的范围缩小在 0～10，这样不至于使结果值太大，代码如图 22-11 所示。

用临时变量 temp1 和 temp2 存储左侧和右侧重物重量的历史值，用当前值和历史值进行比较来判断当前值是否改变了。如果改变了，杠杆就会失去平衡，就需要进行相应的调整来保持平衡，代码如图 22-12 所示。

（4）重新调整来达到新的平衡。

如果右侧的重物重量改变了，就需要调整左侧的重物。根据公式 $L_1=F_2*L_2/F_1$ 计算新的 L_1 的大小，然后用广播“左调整”通知左侧重物移动到新的位置，代码如图 22-13 所示。

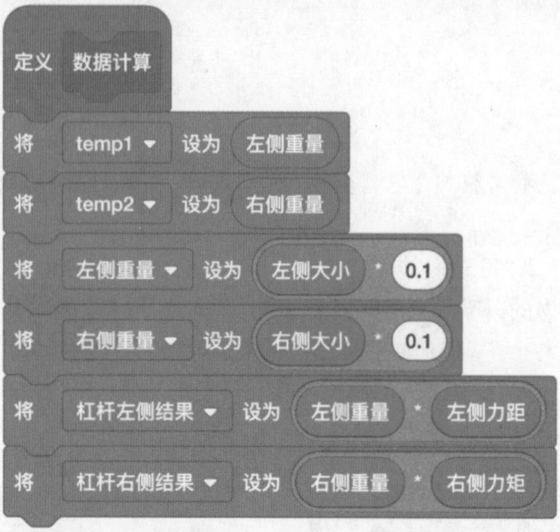

```
定义 数据计算
将 temp1 ▼ 设为 左侧重量
将 temp2 ▼ 设为 右侧重量
将 左侧重量 ▼ 设为 左侧大小 * 0.1
将 右侧重量 ▼ 设为 右侧大小 * 0.1
将 杠杆左侧结果 ▼ 设为 左侧重量 * 左侧力距
将 杠杆右侧结果 ▼ 设为 右侧重量 * 右侧力矩
```

图 22-11　数据计算的代码

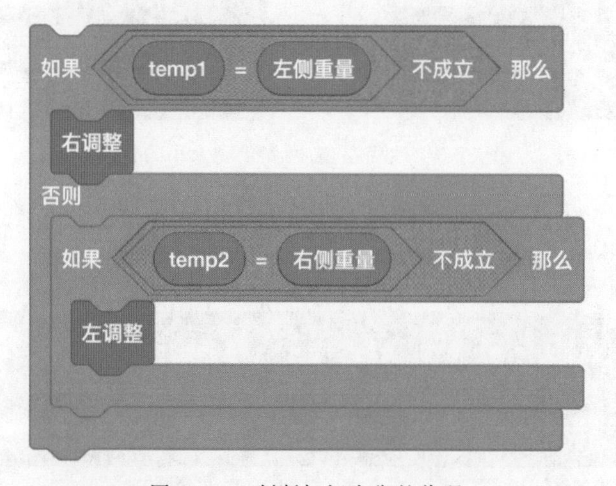

图 22-12　判断杠杆失衡的代码

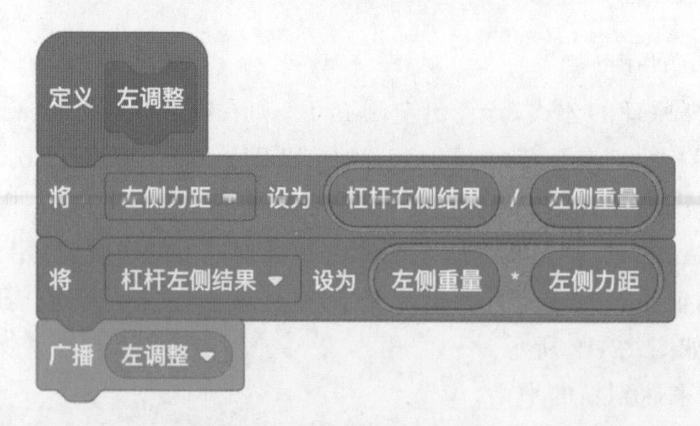

图 22-13　杠杆左侧进行调整的代码

当左侧重物接收到“左调整”的广播后，就滑动到新的位置，代码如图 22-14 所示。

同时，左侧挂线也会跟着移动到新的位置，代码如图 22-15 所示。同理，如果左侧的重物重量改变了，用同样方法调整右侧的重物。

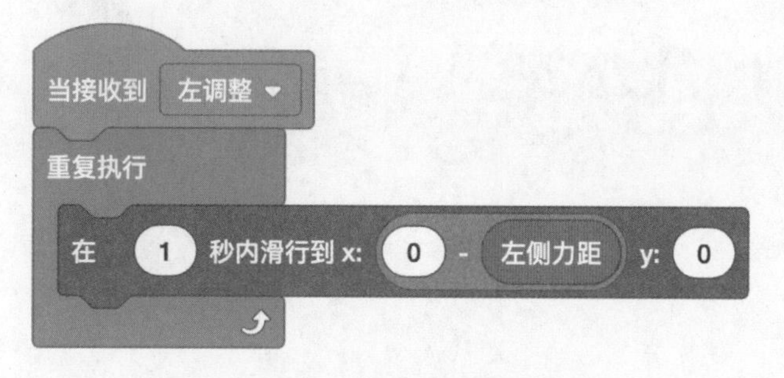

图 22-14　左侧重物移动到新位置的代码

图 22-15　挂线跟随重物移动到新位置的代码

5. 试一试

打开示例程序，尝试改变重物到支点的距离 L，思考如何才能使杠杆自动达到新的平衡，并用程序实现出来。

第23课 二力平衡——被拉扯的小车

1. 课程目标

在我们周围，所有的物体都受到力的作用，没有物体是不受力的。放在地上的球受到竖直向下的重力和地面对它竖直向上的支持力。既然球受力了，为什么它静止不动呢？球受到的重力和支持力是什么关系呢？

本节课将带你学习二力平衡的条件，并用 Scratch 模拟实现“被拉扯的小车”的实验。相信学完本节课的内容后，你一定会对物体的受力和物体的状态之间的关系有更深入的理解。

2. 物理知识

地面上的球、天花板上挂着的吊灯、匀速下降的降落伞、路面上匀速行驶的汽车，虽然它们都受到力的作用，却保持静止或匀速直线运动状态。这是因为它们受到的几个力相互平衡，才使物体处于平衡状态。

如图 23-1 所示，放在地面上的球，受到竖直向下的重力和地面对它竖直向上的支持力，这两个力大小相等、方向相反，而且在一条直线上，所以这两个力达到平衡，使球处于静止状态。

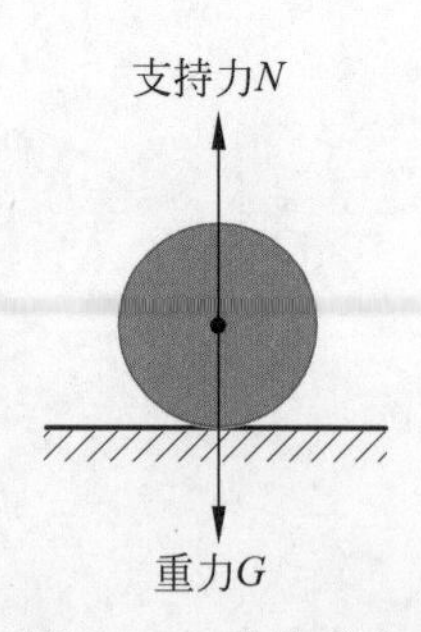

图 23-1　球的受力

那么如何使作用在同一个物体上的二力平衡呢？这两个力需要满足以下几个条件。

(1) 大小相等。

(2) 方向相反。

(3) 作用在同一条直线上。

在本节课“被拉扯的小车”实验中，小车平放在桌面上，两侧各挂着一个重物，下面分析小车的受力情况。

在竖直方向上，小车受到竖直向下的重力和桌面对它竖直向上的支持力。这两个力大小相等、方向相反，并且在一条直线上，所以二力平衡。

在水平方向上，小车受到左侧重物的拉力 F_1 和右侧重物的拉力 F_2。左侧重物的拉力 F_1 来自于左侧重物的重力 G_1，右侧重物的拉力 F_2 来自于右侧重物的重力 G_2，即

$$F_1=G_1,\quad F_2=G_2$$

（1）当左、右两侧的重物重量相等时，有 $G_1=G_2$，$F_1=F_2$。

小车左右两侧的拉力大小相等、方向相反，且在一条直线上，所以水平方向上二力平衡，小车保持静止。用 Scratch 程序模拟的效果如图 23-2 所示。

（2）当右侧重物的重量大于左侧重物的重量时，有 $G_2>G_1$，$F_2>F_1$。

小车在水平方向上的二力不再平衡，受到的合力为 $F=F_2-F_1=G_2-G_1$，合力方向向右。此时小车向右侧滑动，且 F 越大，小车滑动得越快。用 Scratch 程序模拟的效果如图 23-3 所示。

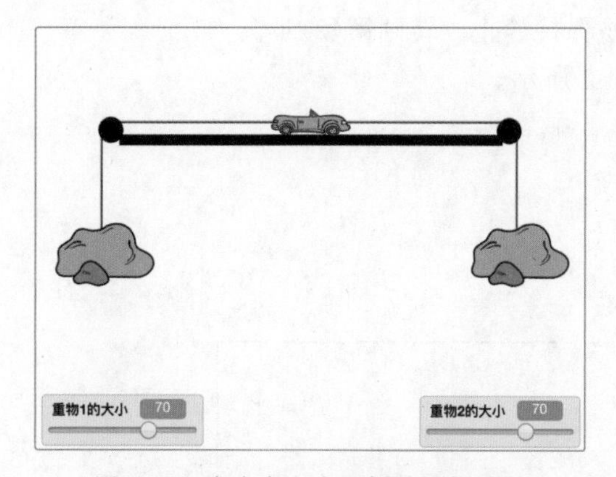

图 23-2　当小车左右两侧的重物重量相等时，小车静止

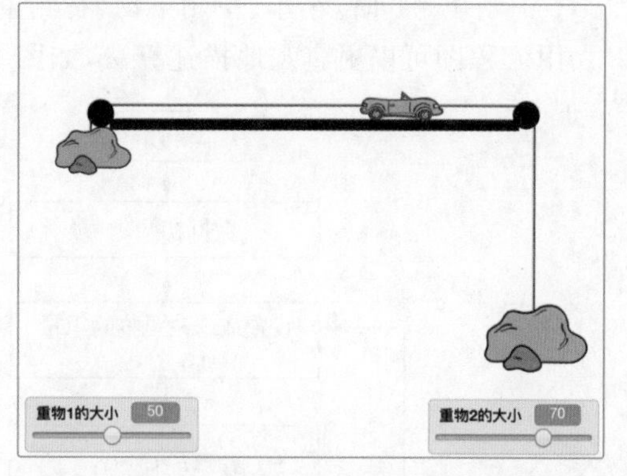

图 23-3　当小车右侧重物的重量大于左侧重物的重量时，小车向右滑动

（3）当左侧重物的重量大于右侧重物的重量时，有 $G_1>G_2$，$F_1>F_2$。

小车在水平方向上受到的合力为 $F=F_1-F_2=G_1-G_2$，合力方向向左。此时小车向左侧滑动，且 F 越大，小车滑动得越快。用 Scratch 程序模拟的效果如图 23-4 所示。

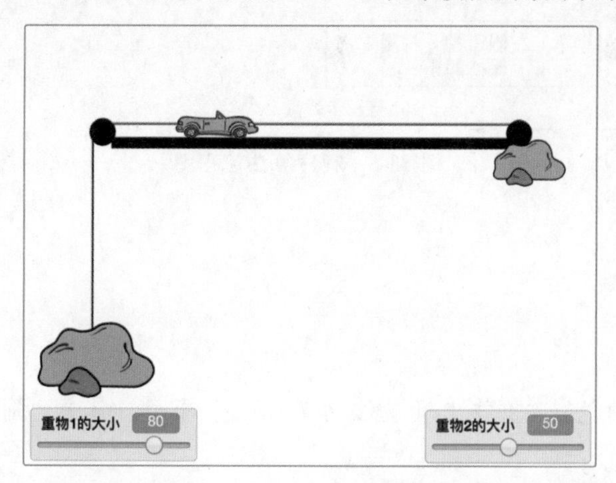

图 23-4　当小车左侧重物的重量大于右侧重物的重量时，小车向左滑动

学习了二力平衡的物理原理之后，接下来用 Scratch 编写“被拉扯的小车”的程序。

3. 算法分析

用自然语言描述整个程序的算法，步骤如下。

(1) 程序开始，进行数据初始化。

(2) 设置左侧重物的重量 G_1 和右侧重物的重量 G_2。

(3) 计算汽车所受的合力 $F=G_2-G_1$。

(4) 判断如果 $F>0$，则小车向右滑动，左侧重物上升，右侧重物下降，直到左侧重物上升到最高点，转到第(2)步；否则，转到第(5)步。

(5) 判断如果 $F<0$，则小车向左滑动，左侧重物下降，右侧重物上升，直到右侧重物上升到最高点，转到第(2)步；否则，转到第(6)步。

(6) 当 $F=0$ 时，小车、左侧重物、右侧重物保持静止。转到第(2)步。

用流程图可以更直观地描述算法，如图 23-5 所示。

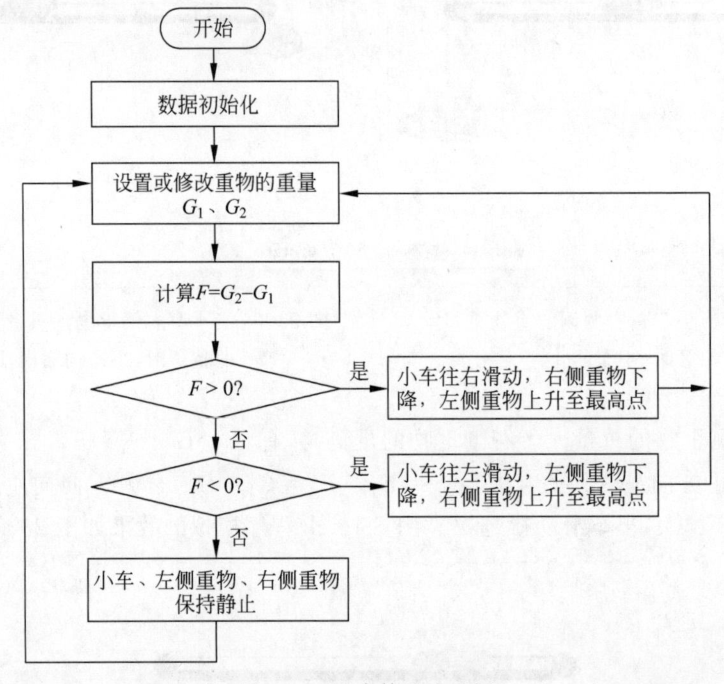

图 23-5　程序算法流程图

4. 编程实现

(1) 新建角色。

本程序的主要角色有：重物 1、重物 2、小车、画笔、桌子。其中，“画笔”是用来画小车和重物之间的挂线的。

(2) 设置和修改重物的重量。

创建变量“重物 1 的大小”“重物 2 的大小”,把这两个变量赋值给重物的大小。这样修改变量的值就可以改变重物的大小,代码如图 23-6 所示。

图 23-6　改变重物 1 大小的代码

(3) 如果 $F>0$,改变小车、重物 1、重物 2 的运动状态。

程序中,用变量“重物 1 的状态”记录重物 1 是否上升到最高点。如果“重物 1 的状态”=1,代表重物 1 还未到最高点,小车继续滑动。F 越大,小车滑动得越快。如果“重物 1 的状态”=0,代表重物 1 已达到最高点,小车停止滑动。

图 23-7 是当 $F>0$ 时小车的处理逻辑代码。

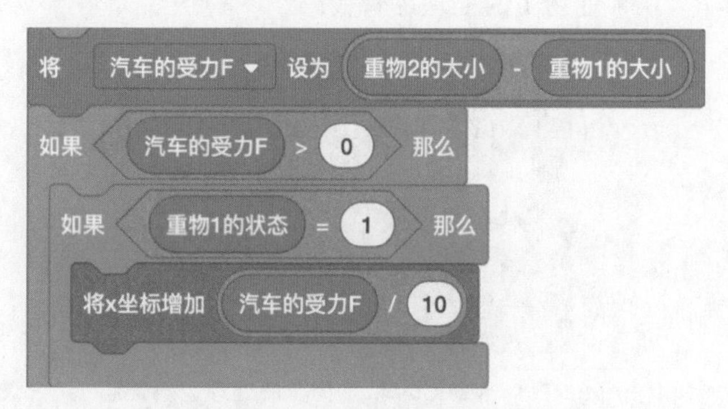

图 23-7　当 $F>0$ 时,小车的处理逻辑代码

图 23-8 是当 $F>0$ 时重物 1 的处理逻辑代码。

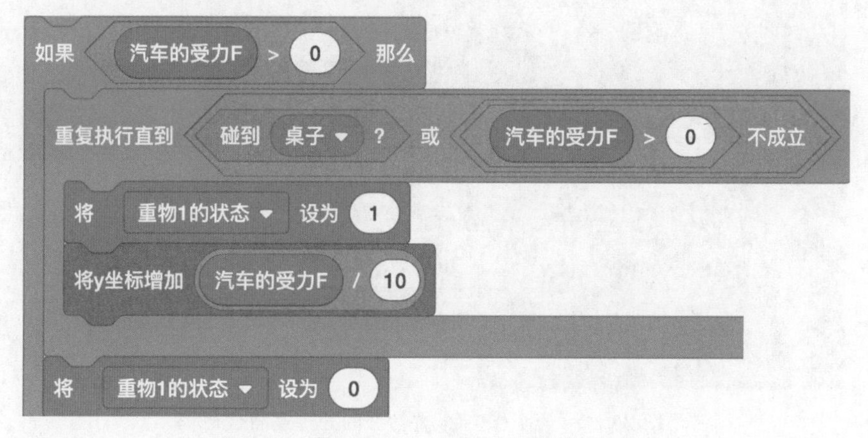

图 23-8　当 $F>0$ 时,重物 1 的处理逻辑代码

图 23-9 是当 $F>0$ 时重物 2 的处理逻辑代码。

(4) 如果 $F<0$,改变小车、重物 1、重物 2 的运动状态。

程序中,用变量“重物 2 的状态”记录重物 2 是否上升到最高点。如果“重物 2 的状态”=1,代表重物 2 还未到最高点,小车继续滑动。F 的绝对值越大,小车滑动得越快。如果“重物 2 的状态”=0,代表重物 2 已达到最高点,小车停止滑动。

图 23-10 是当 $F<0$ 时小车的处理逻辑代码。

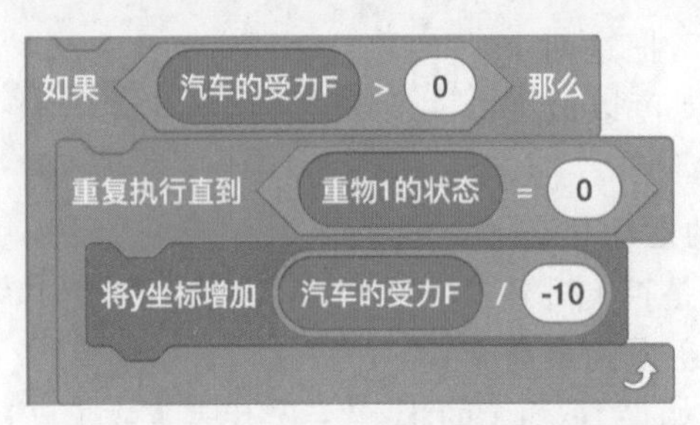

图 23-9　当 $F>0$ 时，重物 2 的处理逻辑代码

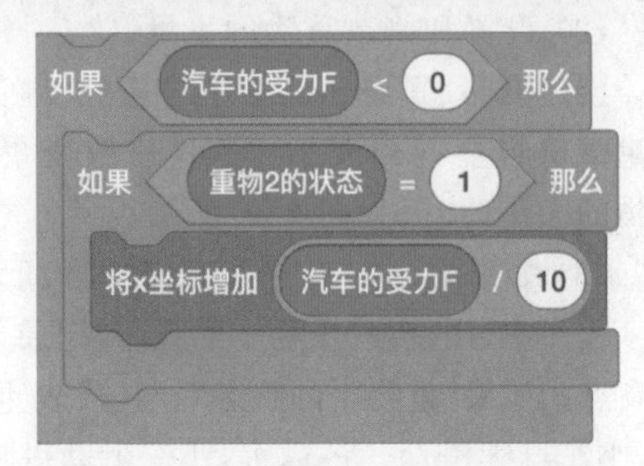

图 23-10　当 $F<0$ 时，小车的处理逻辑代码

图 23-11 是当 $F<0$ 时重物 1 的处理逻辑代码。

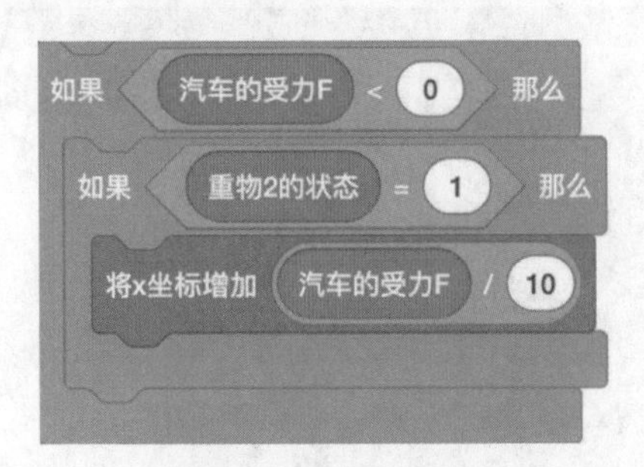

图 23-11　当 $F<0$ 时，重物 1 的处理逻辑代码

图 23-12 是当 $F<0$ 时重物 2 的处理逻辑代码。

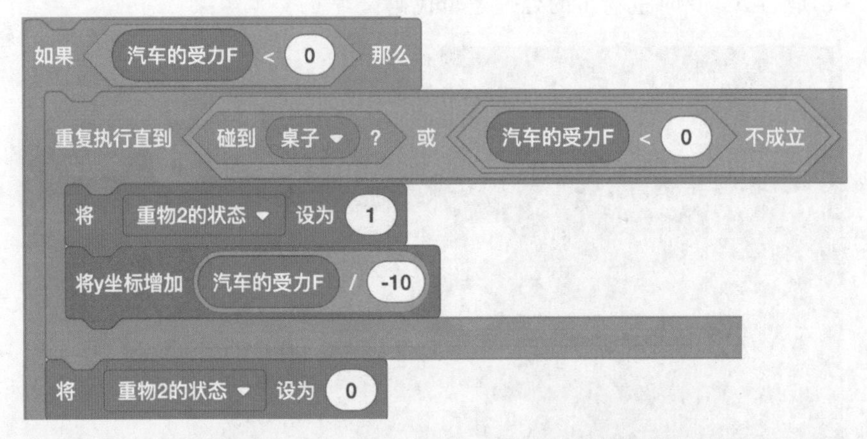

图 23-12　当 $F<0$ 时，重物 2 的处理逻辑代码

5. 试一试

你还能想到哪些二力平衡的有趣实验呢？用 Scratch 展示出你的想法和创意吧。

第24课 压强——压力的作用效果

1. 课程目标

小汽车在泥泞的路上行驶时，轮子很容易陷进泥坑里，而推土机却不会；菜刀用钝后，把刀刃磨一磨，菜刀又变得很锋利。这是什么原理呢？

本节课将带你学习压强的物理原理，并用 Scratch 模拟实现“压力的作用效果”的实验。本节课案例预期实现的效果如图 24-1 所示，把重量相同、形状不同的四个木块放在海绵上，它们会陷进海绵里，但陷入的深度不同。

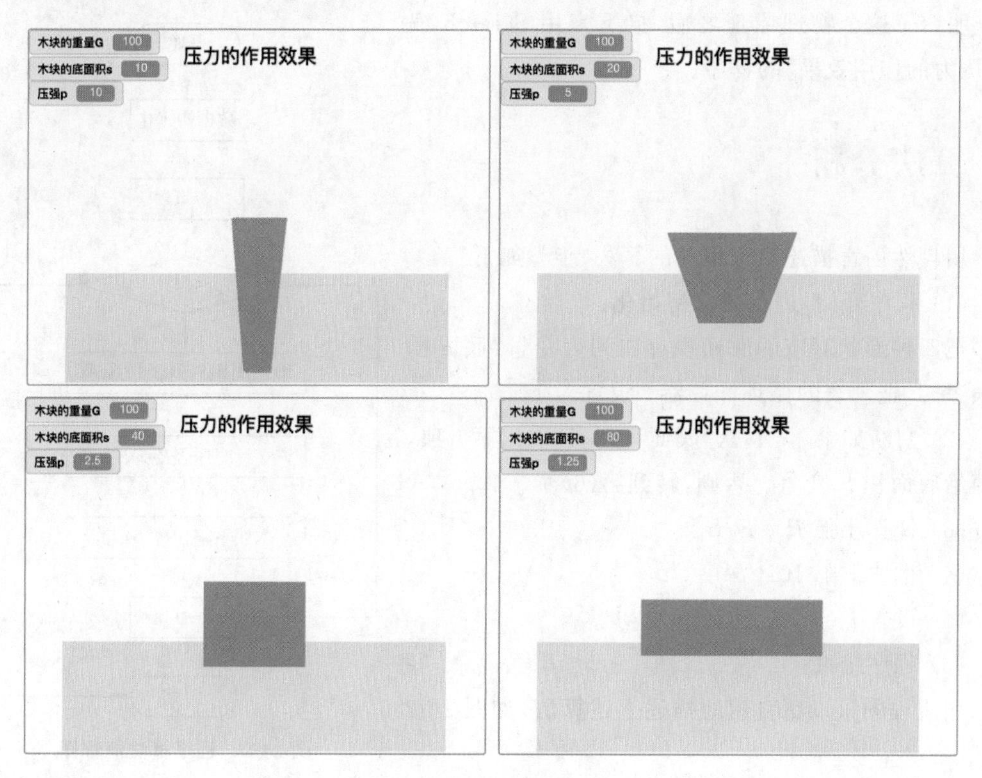

图 24-1　程序的实现效果

2. 物理知识

压强

在泥泞的路上行驶的小汽车和推土机，它们对地面都有压力，其压力大小等于自身重力的大小。由于推土机的重量比小汽车重，所以推土机对地面的压力应该大于小汽车，但小汽车的轮子容易陷进泥坑里而推土机却不会。这说明，压力的作用效果不仅与压力的大小有关，还与受力面积有关。要比较压力的作用效果，应该在相同的受力面积下比较。

物理学中，把物体所受压力的大小与受力面积之比叫作压强。用 F 表示压力，S 表示受力面积，则压强 $P=F/S$，压强的单位是帕斯卡，简称帕，符号是 Pa。压强越大，压力产生的作用效果越明显。

把铁轨铺在枕木上，是通过增加受力面积来减小火车对轨道的压强，把钝的菜刀磨得更锋利，是通过减小受力面积来增加菜刀切菜时的压强。你还能找出更多生活中利用压强的原理减小或增大压强的例子吗？

在本节课的案例中，把重量相同、形状不同的四个木块放在海绵上，它们都会陷进一部分到海绵里。底面积越小的木块，它对海绵的压强越大，陷进海绵的深度就越深。

明白了这个物理原理之后，接下来用 Scratch 编写“压力的作用效果”的程序。

3. 算法分析

用自然语言描述整个程序的算法，步骤如下。

(1) 程序开始，进行数据初始化。

把四种形状对应的底面积存在列表变量“底面积列表”里。把列表的循环计数器 i 设置为 1。

(2) 判断如果 $i \leqslant 4$，从“底面积列表”取出第 i 项，赋值给底面积 S 变量。否则，转到第(6)步。

(3) 计算压强 $P=F/S$。

(4) 木块下陷 $10P$ 深度。

(5) 设置 $i=i+1$，转到第(2)步。

(6) 程序结束。

用流程图可以更直观地描述上述算法，如图 24-2 所示。

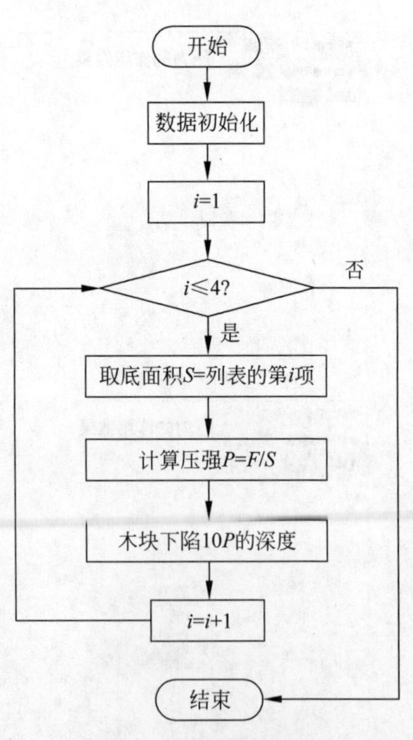

图 24-2　程序算法流程图

4. 编程实现

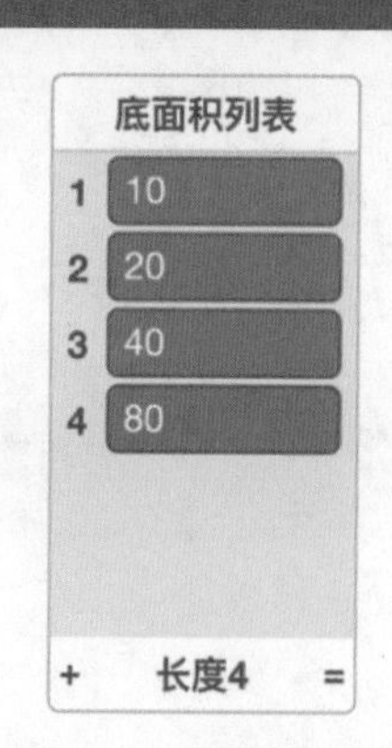

图 24-3　初始化底面积列表

（1）新建角色。

本程序主要的角色有：木块。

角色“木块”的四种造型代表四种不同的形状。把四种形状对应的底面积存在列表变量“底面积列表”里。当木块的底面积越小，压强越大，木块陷入得越深。

（2）新建列表“底面积列表”并初始化列表，如图 24-3 所示。

（3）计算压力的作用效果。

创建一个带参数的自定义积木，参数为木块的编号，代码如图 24-4 所示。

（4）循环四次，展示四种木块的压力作用效果，代码如图 24-5 所示。

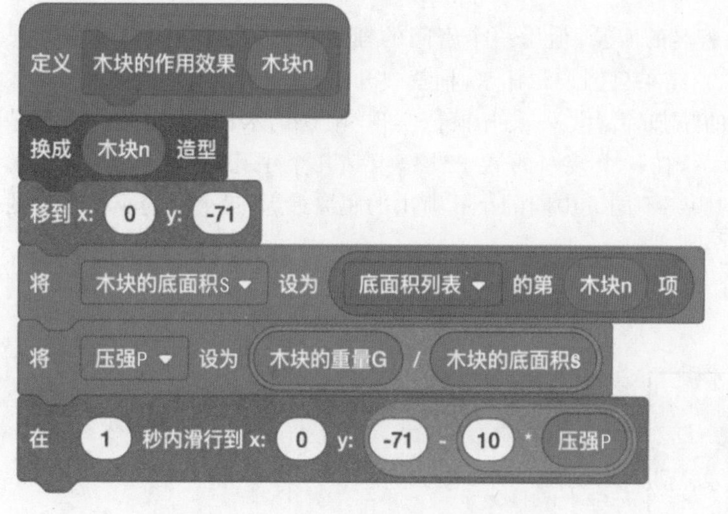

图 24-4　计算压力的作用效果的代码

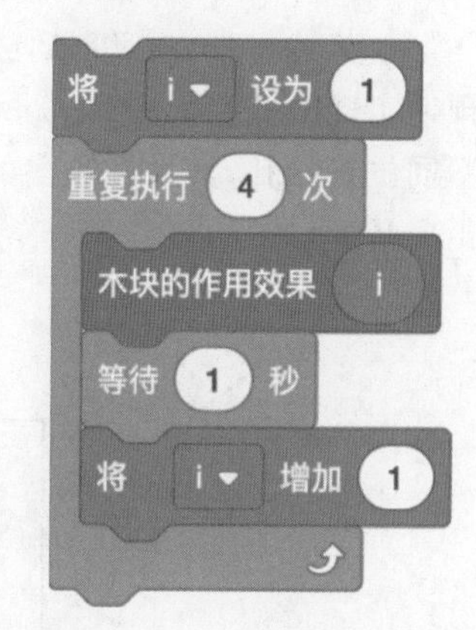

图 24-5　展示四种木块的压力作用效果的代码

5. 试一试

如果将木块修改为底面积相同，但重量不同的四个木块，程序要如何修改呢？最后的程序实现效果是怎样的呢？动手试一试吧。

第25课 液体的压强——喷射的水柱

1. 课程目标

1648年帕斯卡做了一个著名的实验，他用一个密闭的桶装满水，在桶盖上插一根细长的管子，从高处向细管里灌水。结果只倒了几杯水，桶就裂开了，这是什么原因呢？

本节课将带你探究液体的压强，并用Scratch模拟实现“喷射的水柱”的实验。该程序预期实现的效果如图25-1所示，在一个装水的瓶子侧壁上钻几个小孔，水从小孔处喷出。不同位置的孔，其水柱喷出的距离不同。中间的小孔喷出的距离最远，最上面的小孔喷出的距离最近。

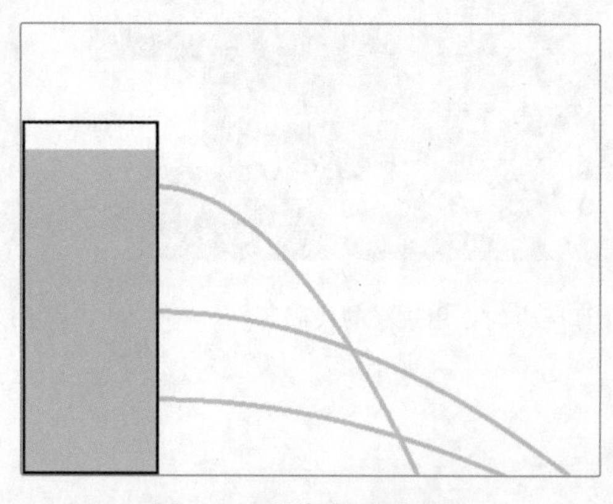

图25-1 程序的实现效果

2. 物理知识

液体的压强

水从瓶子侧壁上的小孔喷出，说明水对瓶壁有压强；浴盆里装满水时，要拔起盆底的橡皮塞比较费力，说明水对盆底有压强；喷泉中的水柱能向上喷出，说明水向上也有压强。由于液体的流动性，液体向各个方向都有压强。

液体内部的压强有如下几个特点。

(1) 在液体内部的同一深度，向各个方向的压强都相等。

(2) 在液体内部的深度越深，压强越大。

(3) 深度相同时，液体的密度越大，压强越大。

帕斯卡的“桶裂”实验，很好地证明了液体的压强与液体的深度有关。在往细管里灌水时，水的深度越来越大，压强也随之变大，最终导致桶破裂。

液体内部压强大小的公式为

$$p=\rho gh$$

接下来用 Scratch 编写“喷射的水柱”的程序。

3. 算法分析

在瓶壁的上、中、下三个位置分别开一个孔，由于水对瓶壁有压强，所以水会从孔喷出，形成水柱。怎么求出水柱喷出的距离远近呢？下面把算法分解为三个步骤来分析。

如图 25-2 所示，假设水面离地的高度为 H，小孔离水面的深度为 h。

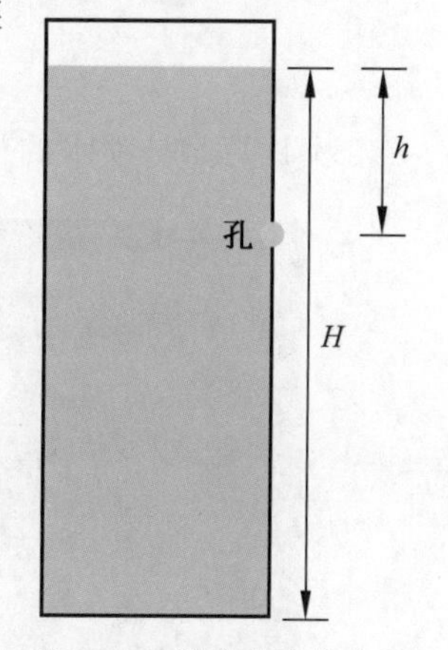

图 25-2　指定小孔的位置

第一步，计算水柱喷出时的速度 v。

把小孔所在截面以上的水看作一个整体。假设这部分水的下降高度为 h 时，减少的重力势能全部转化为水的动能，即 $mgh=\frac{1}{2}mv^2$，可以得出，水喷出的水平速度为 $v=\sqrt{2gh}$。

第二步，计算水柱从喷出到落地的时间 t。

水面离地的高度为 H，小孔离水面的深度为 h，则小孔离地面的距离为 $H-h$。假设水做自由落体所需的时间为 t，则有 $H-h=\frac{1}{2}gt^2$，可以得出，$t=\sqrt{2(H-h)/g}$。

第三步，计算水柱射出的距离 s。

$$s=vt=\sqrt{2gh}\times\sqrt{2(H-h)/g}=2\sqrt{h(H-h)}$$

从上面计算的结果可以看出，当 $h=\frac{1}{2}H$ 时，s 取最大值 H。即当小孔位于水位中点时，水柱射得最远。

4. 编程实现

(1) 新建角色。

本程序的主要角色有：水桶、水、水柱。

(2) 克隆三个水柱。

创建私有变量"克隆体编号 i",在上、中、下三个孔的位置克隆出三个"水柱"的克隆体,并给每个克隆体唯一编号。克隆体的 x 坐标相同,y 坐标从列表"水柱的 y 坐标列表"中读取,代码如图 25-3 所示。

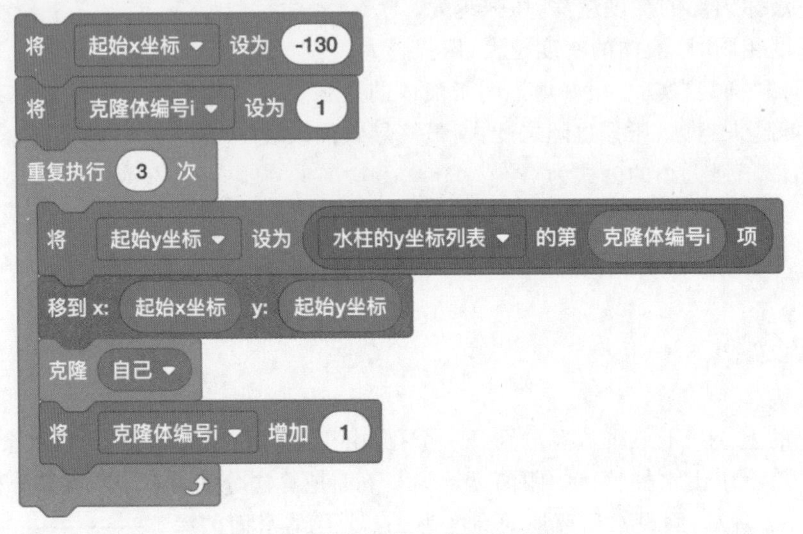

图 25-3　创建三个水柱的克隆体

(3) 计算水柱喷水的初始速度,代码如图 25-4 所示。

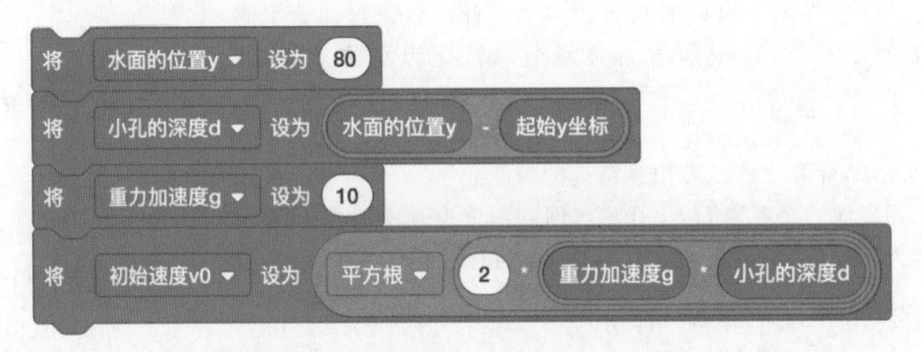

图 25-4　计算水柱喷水的初始速度的代码

(4) 水柱在空中做平抛运动,用画笔画出水柱的运动轨迹,代码如图 25-5 所示。

5. 试一试

在示例程序中,为了简化模型,忽略了水不断流出导致水面逐渐下降的情况。如果考虑这个因素,请你用 Scratch 模拟从最下方小孔喷出的水柱的动态变化效果。

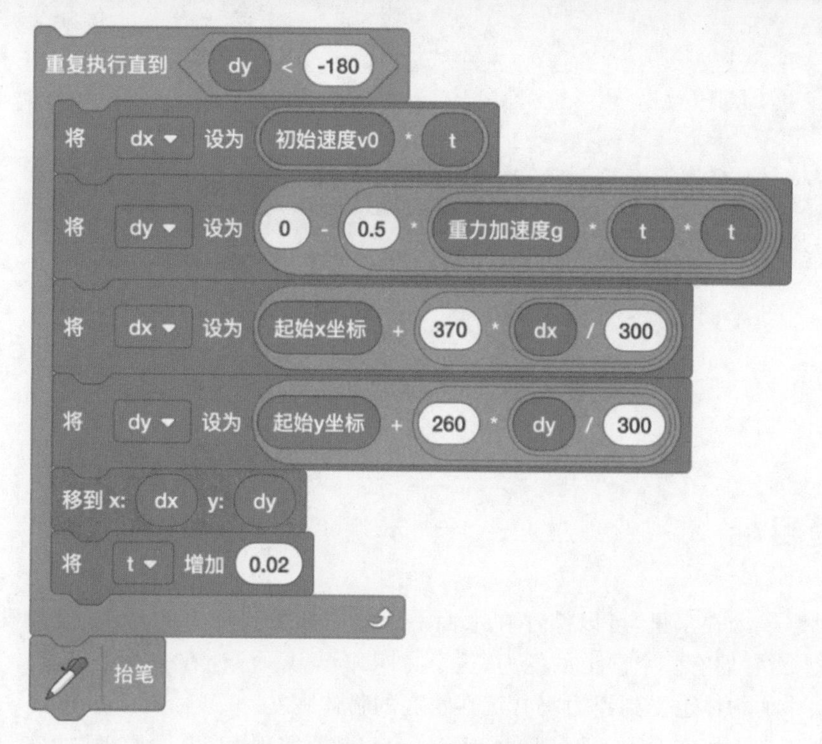

图 25-5　画出水柱运动轨迹的代码

第26课 水中的浮力1——浮力的原理

1. 课程目标

轮船、鸭子、人在水里,可以漂浮在水面上。它们都受到重力的作用,但却没有沉入水底,这表明水对它们有一个向上的托力,这个力叫作浮力。漂浮在水面上的物体受到浮力,那浸没在水中的物体也受到浮力吗?沉在水底的物体呢?

本节课将带你探究浮力的原理,并用 Scratch 模拟实现"浮力的原理"的实验。相信学完本节课的内容后,你就会明白浮力到底是如何产生的了。

本节课案例预期实现的效果如图 26-1 所示。把一个铝块浸没在水里,改变铝块的大小、在水里的位置、水的密度等因素,探究浮力的大小与哪些因素有关。

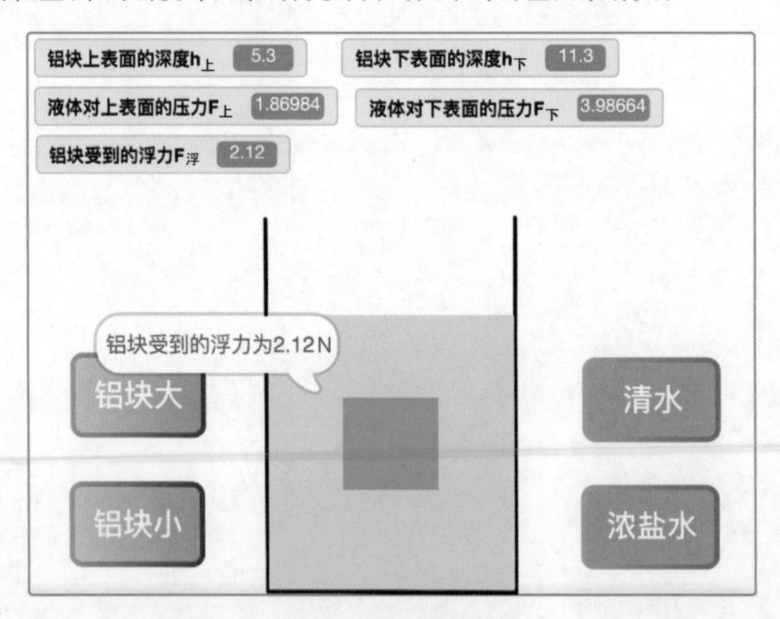

图 26-1 程序的实现效果

2. 物理知识

浮力

在第 25 课中，我们学习了液体的压强。液体内部存在压强，且压强的大小与深度有关。液面下深度为 h 处的压强大小为 $p=\rho gh$。

如图 26-2 所示，把一个形状为正方体的铝块浸没在水中，分析它的受力情况。

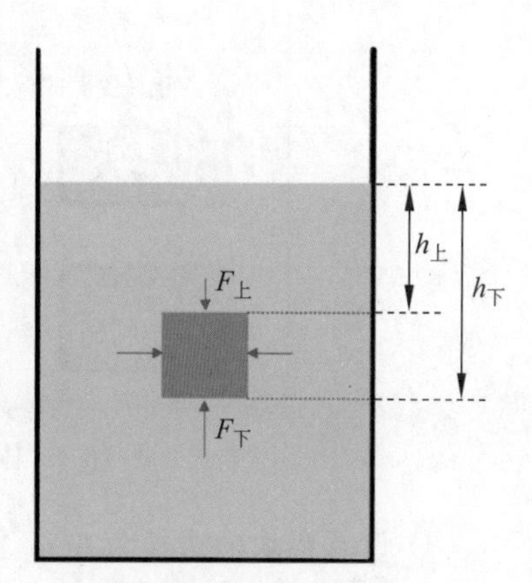

图 26-2　浮力产生的原因

正方体两个相对的侧面所受液体的压力互相平衡。上、下表面所处的深度分别为 $h_{上}$、$h_{下}$，已知 $h_{下}>h_{上}$，根据压强与深度的关系式，可知液体对下表面的压强 $p_{下}$ 要大于液体对上表面的压强 $p_{上}$。由于上、下表面的面积相等，将其设为 S，根据压力与压强的关系式 $F=pS$，可得 $F_{上}=p_{上}S$，$F_{下}=p_{下}S$。由于 $p_{下}>p_{上}$，可得 $F_{下}>F_{上}$，这就是浮力产生的原因。

$$F_{浮}=F_{下}-F_{上}$$

根据浮力的计算公式，我们用 Scratch 模拟“浮力的原理”实验。把一个形状为正方体的铝块浸没在水中，改变铝块的大小、在水里的位置、水的密度等因素，探究浮力的大小与哪些因素有关。

(1) 设置铝块的边长为 4cm，浸没在清水中，铝块受到的浮力为 0.63N。改变铝块的位置，浮力不变，如图 26-3 所示。

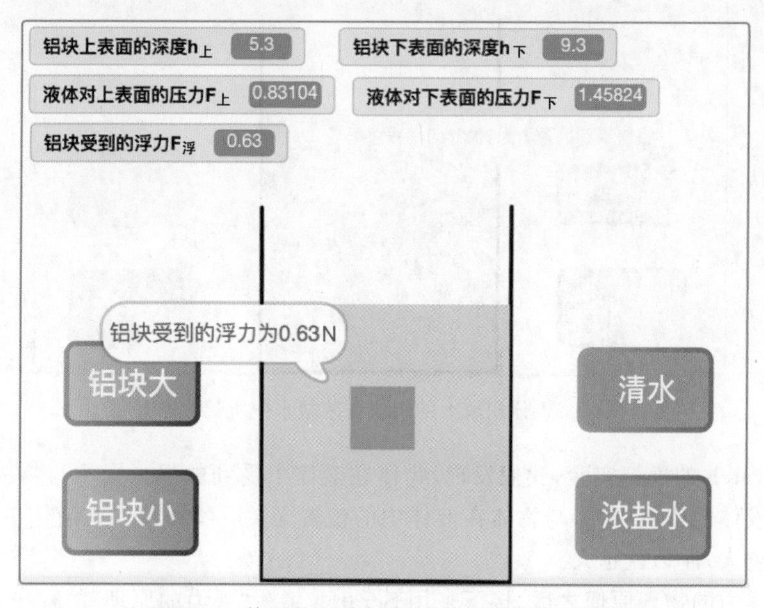

图 26-3　体积较小的铝块在清水中所受的浮力

(2) 设置铝块的边长为4cm,浸没在浓盐水中,铝块受到的浮力为0.83N。改变铝块的位置,浮力不变,如图26-4所示。

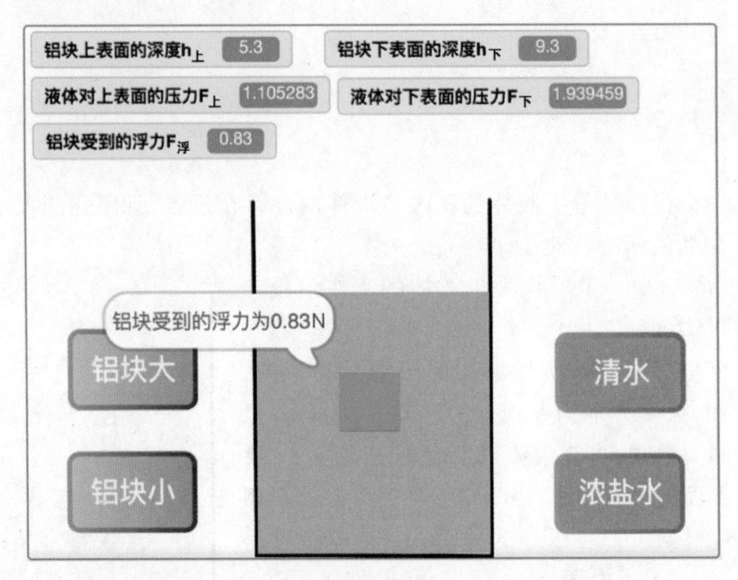

图26-4 体积较小的铝块在浓盐水中所受的浮力

(3) 设置铝块的边长为6cm,浸没在浓盐水中,铝块受到的浮力为2.82N。改变铝块的位置,浮力不变,如图26-5所示。

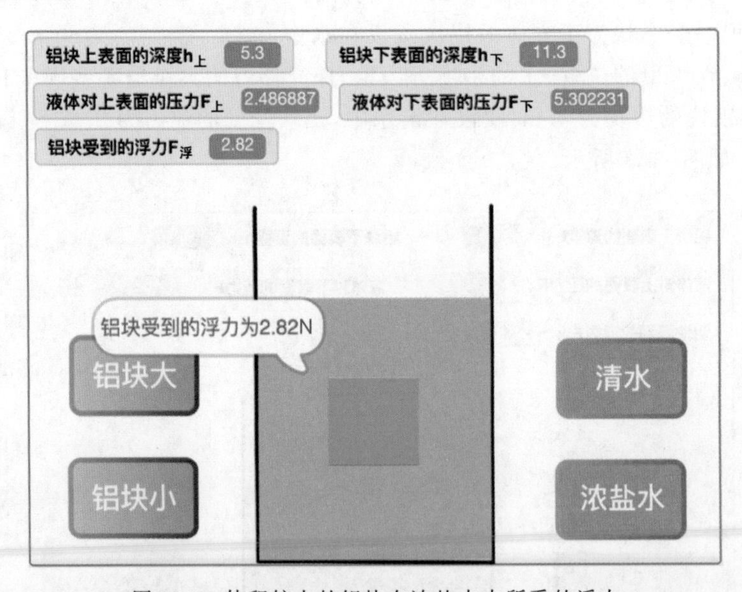

图26-5 体积较大的铝块在浓盐水中所受的浮力

根据Scratch的模拟实验,我们发现,物体在液体中受到的浮力大小与物体浸没在液体中的体积和液体的密度有关,与物体在液体中的位置无关。物体浸没在液体中的体积越大,液体的密度越大,浮力就越大。

明白了浮力的物理原理之后,接下来用Scratch编写"浮力的原理"的程序。

3. 算法分析

用自然语言描述程序的算法，步骤如下。

(1) 程序开始，进行数据初始化。

(2) 计算物体受到的浮力。

(3) 输出浮力的大小。

(4) 改变物体的大小，转到第(2)步。

(5) 改变液体的密度，转到第(2)步。

(6) 改变物体在液体中的位置，转到第(2)步。

用流程图可以更直观地描述上述算法，如图 26-6 所示。

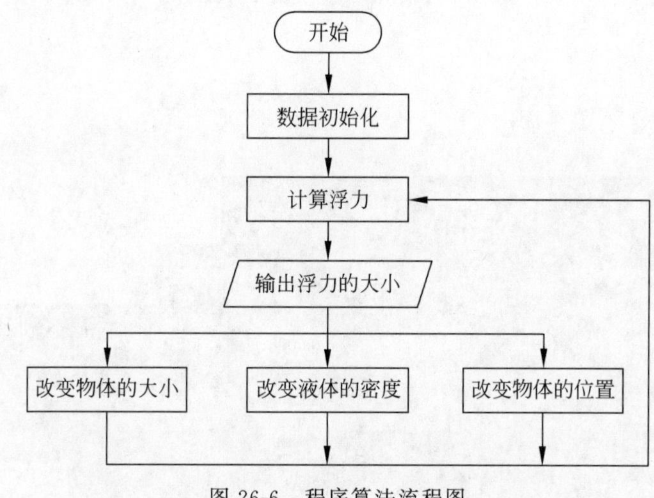

图 26-6 程序算法流程图

4. 编程实现

(1) 新建角色。

本程序的主要角色有：水、铝块、按钮 1、按钮 2、按钮 3、按钮 4。

其中，角色"水"有两种造型，分别代表"清水"和"浓盐水"；角色"铝块"也有两种造型，分别代表"大铝块"和"小铝块"；"按钮 1"和"按钮 2"用于改变铝块的大小；"按钮 3"和"按钮 4"用于改变液体的密度。

(2) 数据初始化。

创建变量"液体的密度 ρ""铝块的边长 l""铝块的底面积 s"。初始时，将"液体的密度 ρ"设置为清水的密度 1.0，将"铝块的边长 l"设置为 6cm。因为铝块是正方体，所以"铝块的底面积 s"的值为 $36cm^2$，代码如图 26-7 所示。

(3) 计算浮力。

根据浮力产生的原理，用 $F_{浮}=F_{下}-F_{上}$，计算浮力的大小。因为程序中水面的 y 坐标 $=0$，所以铝块的深度可以用铝块的 y 坐标来计算。这里做一个特殊处理，把 y 坐标乘以 0.1，

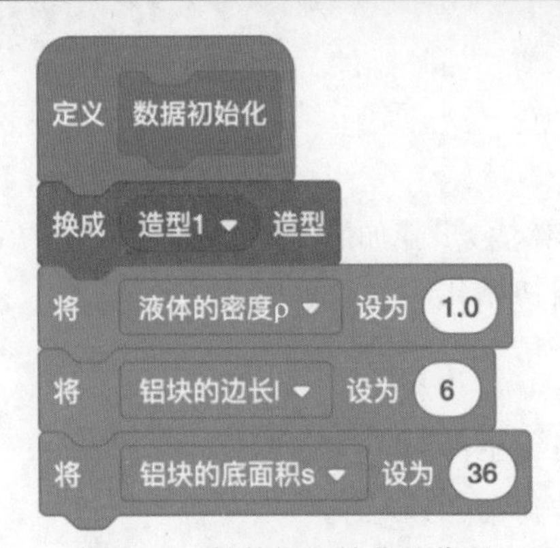

图 26-7　做数据初始化的代码

缩小深度数值的大小。用 $F=\rho ghS$ 计算液体对上、下表面的压力，其中 $g=0.0098\mathrm{N/g}$，代码如图 26-8 所示。

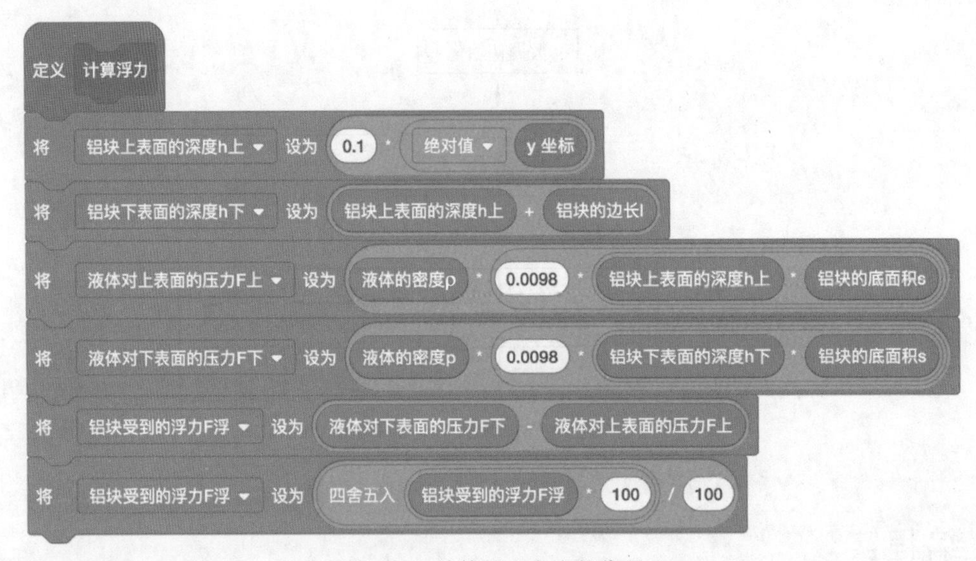

图 26-8　计算浮力大小的代码

最后把计算出的结果保留到 2 位小数，由于 Scratch 里没有保留指定位数的小数的积木，这里介绍一个巧妙的方法，代码如图 26-9 所示。

图 26-9　把计算结果保留 2 位小数的代码

5. 试一试

如果把示例程序中的浓盐水改成酒精，应该如何修改程序呢？动手试一试吧。

第27课 水中的浮力2——鸡蛋的浮沉

1. 课程目标

在第 26 课中,我们学习了液体中浮力的原理,知道了浮力是由于液体内不同深度的压强差产生的,并学会了计算规则体积的物体在液体中受到的浮力的大小。但如果物体的体积不规则,应该如何计算浮力的大小呢?

本节课将带你学习著名的阿基米德原理,并用 Scratch 模拟实现“鸡蛋的浮沉”实验。把鸡蛋放入酒精、水、浓盐水、水银四种不同的液体中,计算鸡蛋受到的浮力大小,探究鸡蛋在液体中浮沉的奥秘。该程序预期实现的效果如图 27-1 所示。

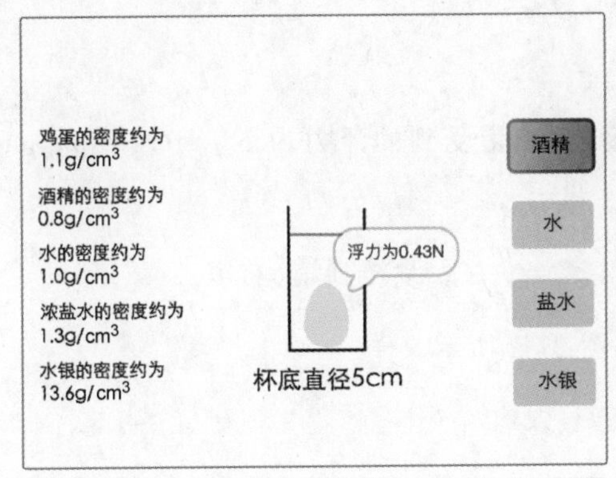

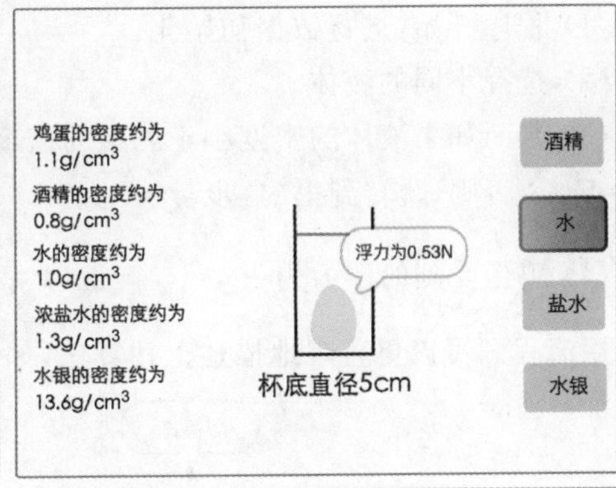

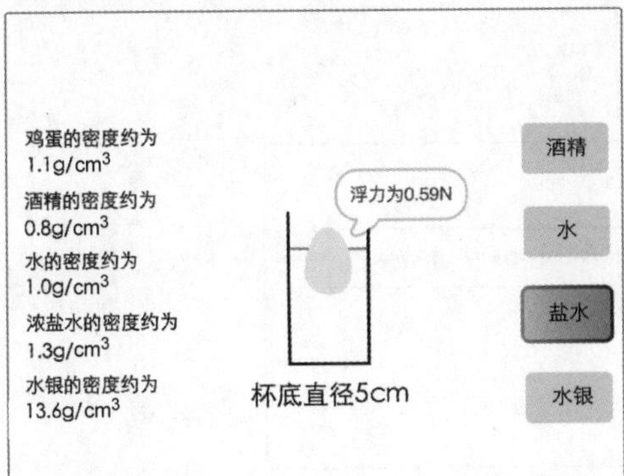

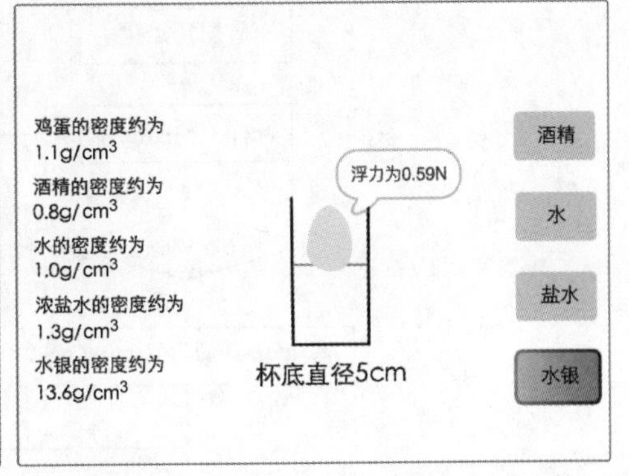

图 27-1　程序的实现效果

2. 物理知识

你已经学会了计算规则体积的物体在液体中受到的浮力大小，但对于那些体积不规则的物体，应该如何计算其浮力的大小呢？下面就来学习著名的阿基米德原理。

阿基米德原理

浸在液体中的物体受到向上的浮力，浮力的大小等于它排开的液体所受的重力，这就是著名的阿基米德原理，即

$$F_{浮}=G_{排}=\rho_{液}gV_{排}$$

可见，物体在液体中受到的浮力的大小与液体的密度和物体排开液体的体积有关。液体的密度越大，物体排开液体的体积越大，所受的浮力也就越大。

明白了这个物理原理之后，接下来，一起学习程序的算法设计。

3. 算法分析

把鸡蛋分别放入酒精、水、浓盐水、水银四种不同的液体中，计算鸡蛋受到的浮力大小，探究鸡蛋在液体中浮沉的奥秘。

用自然语言描述程序的算法，步骤如下。

(1) 程序开始，进行数据初始化。

(2) 选择不同的液体。

(3) 判断如果液体的密度小于鸡蛋的密度，则鸡蛋受到的浮力为 $F_{浮}=G_{排}=\rho_{液}gV_{排}$，$V_{排}=V_{蛋}$。否则，跳转到第(4)步。

(4) 鸡蛋受到的浮力为 $F_{浮}=G_{蛋}=m_{蛋}g$，$V_{排}=\frac{m_{蛋}}{\rho_{液}}$。跳转到第(2)步。

用流程图可以更直观地描述上述算法，如图 27-2 所示。

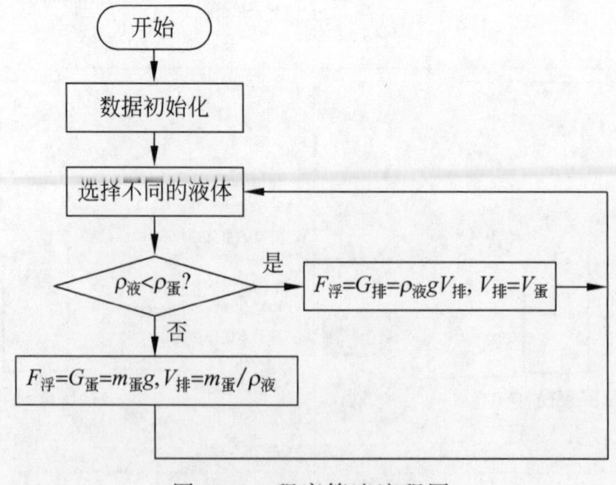

图 27-2　程序算法流程图

4. 编程实现

(1) 新建角色。

(2) 数据初始化。

新建变量“鸡蛋的质量”“鸡蛋的密度”“鸡蛋的体积”“酒精的密度”“水的密度”“盐水的密度”“水银的密度”,并对变量进行初始化,代码如图 27-3 所示。

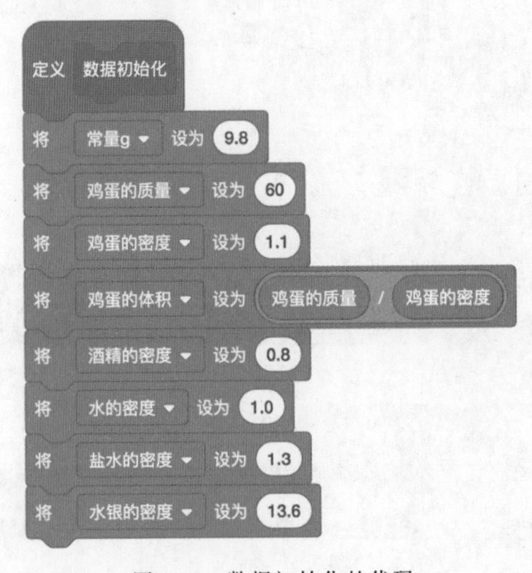

图 27-3　数据初始化的代码

(3) 计算在不同的液体中,鸡蛋受到的浮力,代码如图 27-4 所示。

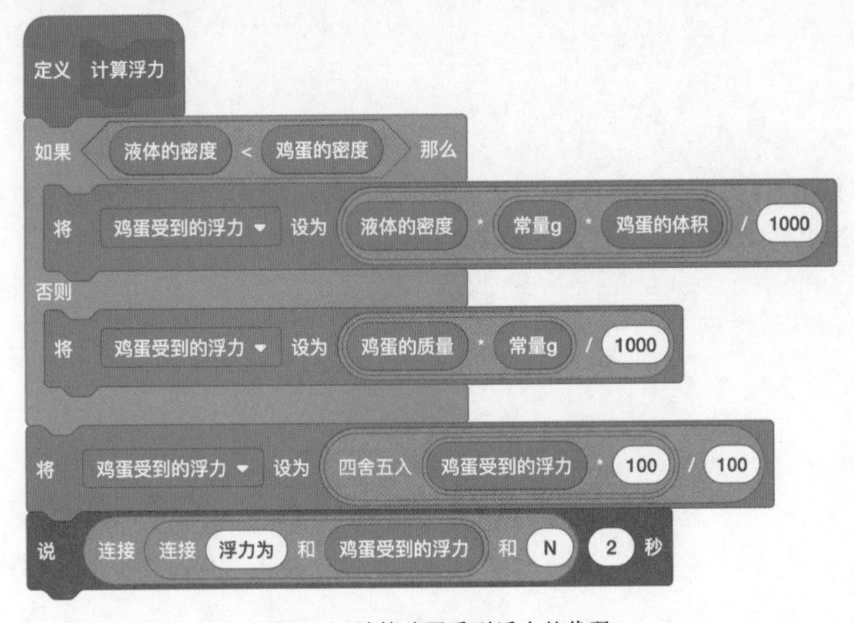

图 27-4　计算鸡蛋受到浮力的代码

(4) 计算在不同的液体中液面上升的高度，即鸡蛋排开液体的体积，代码如图 27-5 所示。

图 27-5 计算液面上升的高度

5. 试一试

如果把鸡蛋换成铁块或木块，分别放入四种不同的液体中，它们的沉浮状态以及所受的浮力大小会有哪些不同呢？用 Scratch 展示出你的想法和创意吧。

第28课

大气压强——托里拆利实验

1. 课程目标

1654年,时任马德堡市市长的奥托·冯·格里克做了一个实验,把两个空心半铜球合在一起,抽去里面的空气,用两支马队分别向相反的方向拉,最后用了16匹马才将半球拉开,这就是著名的"马德堡半球实验"。这个实验结果让人们惊叹,大气压强竟然会产生如此巨大的力量。

本节课将带你学习大气压强的知识,并用Scratch模拟实现测量大气压强大小的"托里拆利实验"。

2. 物理知识

你一定尝试过,把塑料吸盘压在光滑的墙面上很难再把它拔开;从密封的杯子里很难吸出水来。这些现象都证明了大气压强的存在。

大气压强到底有多大呢?1643年,意大利科学家托里拆利用实验测出了1个标准大气压的大小为约760mm汞柱或10.3m水柱产生的压强,故名托里拆利实验。

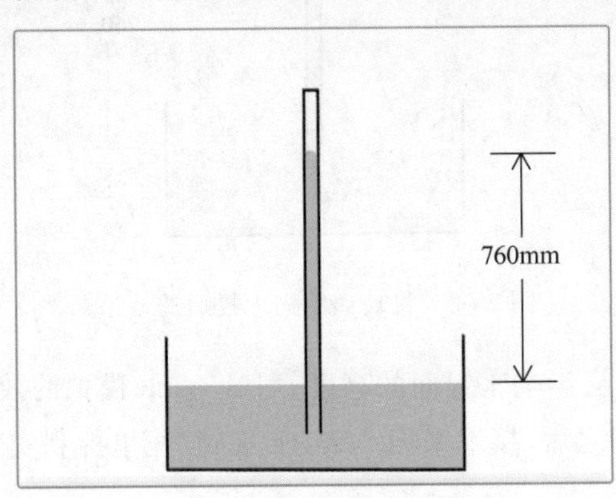

图28-1 托里拆利实验

托里拆利实验示意如图 28-1 所示。在长度约 1m、一端封闭的玻璃管内灌满水银,用手指将管口堵住,倒插入水银槽中。放开手指,管内水银面下降到一定高度就不再下降了,此时管内水银面的高度约为 760mm。这个实验与大气压强有什么关系呢?

原来,实验中玻璃管内的上方是真空,是外面的大气压支持着管内的水银柱不会落下来,也就是说,大气压的大小等于这段水银柱产生的压强。计算公式为

$$p=\rho gh=1.36\times10^{4}\,\mathrm{kg/m^{3}}\times9.8\,\mathrm{N/kg}\times0.76\,\mathrm{m}=1.013\times10^{5}\,\mathrm{Pa}$$

为了更透彻地理解大气压强,需要明白如下几个重点。

(1) 将玻璃管倾斜,水银柱变长,但垂直高度保持不变,用 Scratch 模拟的效果如图 28-2 所示。

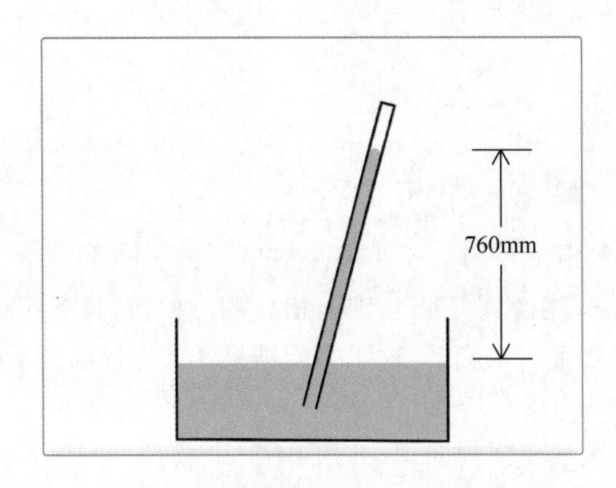

图 28-2 将玻璃管倾斜后的效果

(2) 将玻璃管向上提或下压,水银柱不变,对实验结果无影响,用 Scratch 模拟的效果如图 28-3 所示。

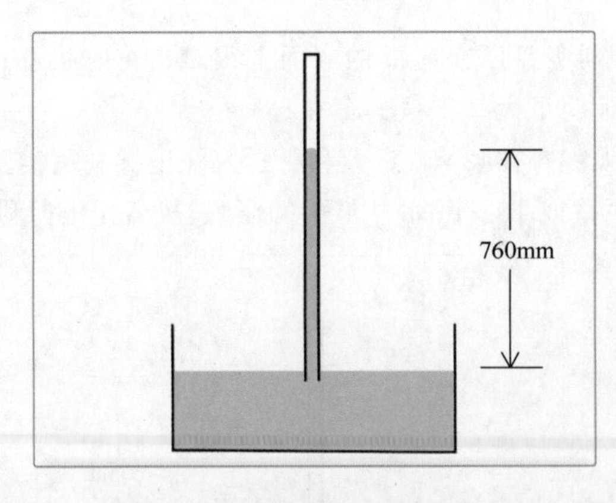

图 28-3 将玻璃管向上提后的效果

(3) 玻璃管的粗细不会影响水银面的高度,用 Scratch 模拟的效果如图 28-4 所示。

明白了这个物理原理之后,接下来用 Scratch 编写“托里拆利实验”的程序。

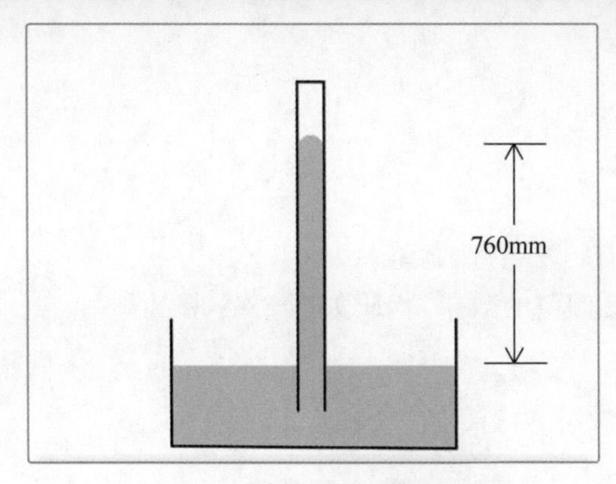

图 28-4　玻璃管加粗后的效果

3. 算法分析

本程序要模拟水银柱,需要用到 Scratch 的画笔功能。要用画笔画水银柱,会遇到难点,玻璃管可倾斜、可上下移动、可变粗或变细,如何才能准确地画出各种情况下的水银柱呢?

因为水银柱是直线,所以只要确定水银柱的起点和终点,即可画出这条直线。起点比较好处理,把玻璃管的中心点设置为浸在水银槽一端的管口,把水银柱直线的起点移到玻璃管的中心点即可。终点是水银柱面,但水银柱面的位置如何确定呢?

如图 28-5 所示,假设玻璃管倾斜的角度为 θ,水银柱的垂直高度为 $y'=h+h_1$,其中 h 是常量,保持不变,$h_1=|$水银柱起点的 y 坐标－水银槽液面的 y 坐标$|$。求出 y'后,根据 $\tan\theta=\frac{x'}{y'}$可以得到,$x'=y'\tan\theta$,那么

水银柱面的 x 坐标＝水银柱起点的 x 坐标＋x'

水银柱面的 y 坐标＝水银槽液面的 y 坐标＋h

这样水银柱面的位置就确定了。

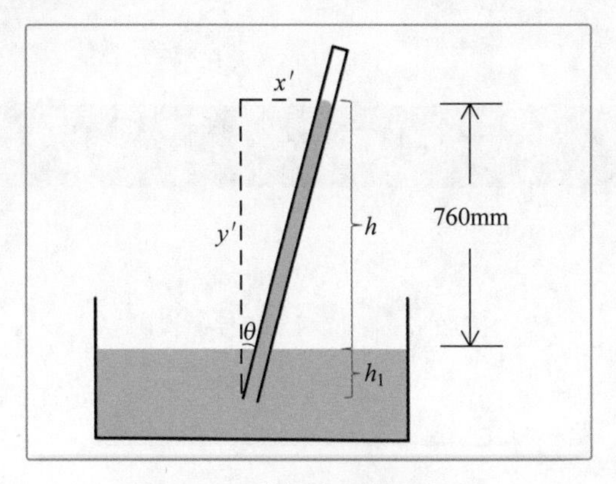

图 28-5　计算水银面的位置

当移动玻璃管时,通过不断计算水银柱的起点和终点,不断重画水银柱的直线,就可以准确画出各种情况下的水银柱效果了。

4. 编程实现

(1) 新建角色。

本程序的主要角色有：玻璃管、画笔。

(2) 实现玻璃管慢慢倾斜的效果，代码如图 28-6 所示。

定义 偏转
重复执行 15 次
将 偏转角度 增加 1
右转 1 度
等待 1 秒

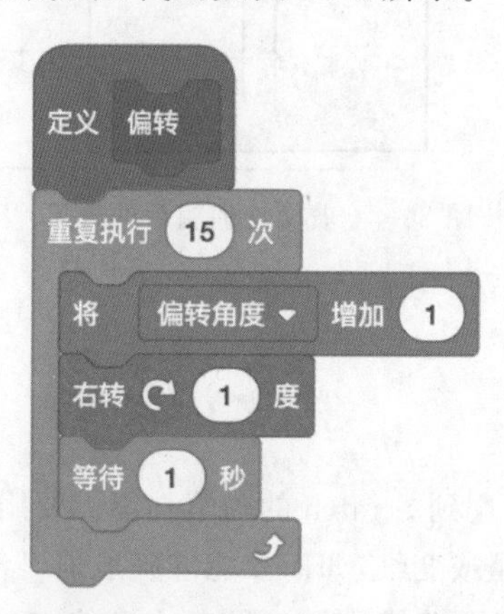

图 28-6　实现玻璃管倾斜的代码

(3) 实现用画笔画水银柱的程序。

水银柱起点和终点的算法参照本课的“算法分析”。通过不断地重画从水银柱起点到终点的直线，即可画出各种情况下的水银柱效果，代码如图 28-7 所示。

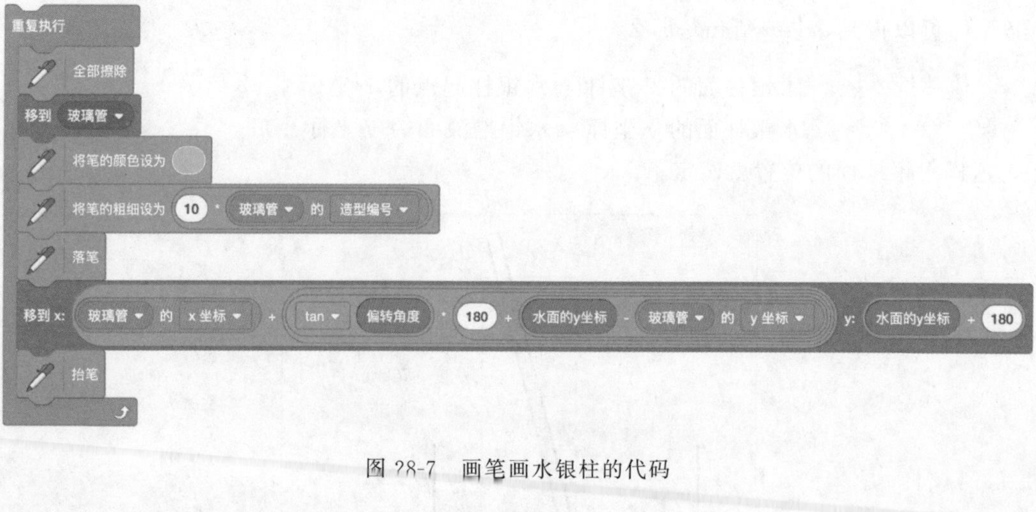

重复执行
全部擦除
移到 玻璃管
将笔的颜色设为
将笔的粗细设为 10 * 玻璃管 的 造型编号
落笔
移到 x: 玻璃管 的 x 坐标 + tan 偏转角度 * 180 + 水面的y坐标 - 玻璃管 的 y 坐标 y: 水面的y坐标 + 180
抬笔

图 28-7　画笔画水银柱的代码

5. 试一试

你还能想到哪些与大气压强有关的有趣现象呢？用 Scratch 展示出你的想法和创意吧。

第29课
摩擦力——无动力小车冲冲冲

1. 课程目标

冬日里,有些北方城市常常在结冰的路面撒上煤渣;田径运动员的鞋底上装有钉子;举重运动员在比赛之前往手上抹碳酸镁粉;给自行车车轴加润滑油会骑得更轻松,你知道这都是为什么吗?

本节课将带你学习摩擦力的原理以及摩擦力对物体运动的影响,并用 Scratch 模块实现"无动力小车冲冲冲"的实验。该程序预期实现的效果如图 29-1 所示,无动力小车从相同的斜面滑下后,分别在毛巾、棉布、木板表面上的运动情况是不同的。

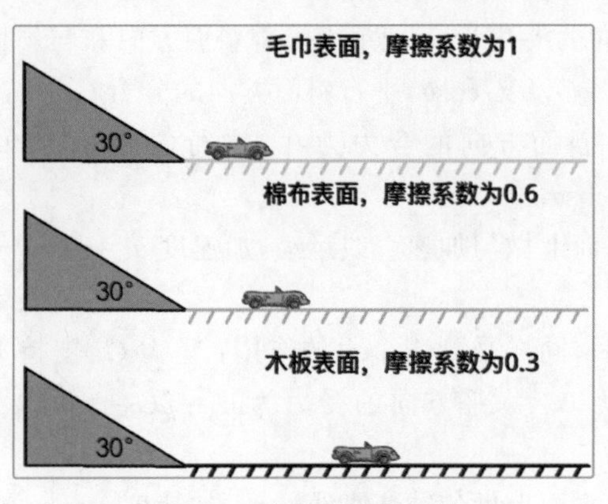

图 29-1 程序的运行效果

2. 物理知识

阻碍物体相对运动(或相对运动趋势)的力叫作摩擦力。摩擦力的方向与物体相对运动

(或相对运动趋势)的方向相反。

当一个物体在另一个物体表面上滑动时，会受到另一个物体阻碍它滑动的力，这个力叫作滑动摩擦力。滑动摩擦力的大小与接触面的粗糙程度和压力大小有关。压力越大，接触面越粗糙，产生的滑动摩擦力越大。

滑动摩擦力的计算公式为 $F=\mu F_N$。其中，μ 为动摩擦因数，与摩擦表面的材质有关；F_N 为正压力。

为了探究摩擦阻力对物体运动的影响，本节课的案例是用 Scratch 模拟无动力小车从斜面上滑下后，在不同材质表面上的运动情况。

把小车的运动分为两种情况：在斜面上和在水平面上。下面分别分析这两种情况下小车的受力情况，如图 29-2 所示。

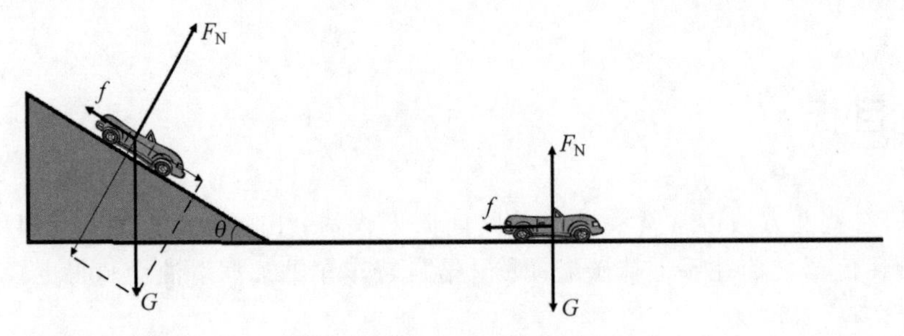

图 29-2　小车的受力分析

(1) 在斜面上。

小车在斜面上运动时，受到三个力的作用：重力 G、支持力 F_N、摩擦力 f。

已知斜面与水平方向的夹角为 θ，把重力沿着斜面方向和与斜面垂直的方向进行分解，得到垂直斜面方向的分力 $G_1=G\cos\theta$，平行斜面方向的分力 $G_2=G\sin\theta$。

其中，$F_N=G_1$，垂直斜面方向的合力为 0。平行斜面方向的合力 $G_2-f=G\sin\theta-\mu G\cos\theta=mg\sin\theta-\mu mg\cos\theta$。

由此可知，小车在斜面上做匀加速直线运动，加速度 $a=g\sin\theta-\mu g\cos\theta$。

(2) 在水平面上。

小车滑行到平面上后，同样受到三个力的作用：重力 G、支持力 F_N、摩擦力 f。其中，竖直方向 $F_N=G$，合力为 0。水平方向的受力为 $f=\mu G=\mu mg$，方向与小车运动的方向相反。

由此可知，小车在水平面上做匀减速直线运动，加速度 $a=-\mu g$。不同材质的表面，动摩擦因数 μ 是不同的。表面越粗糙，μ 越大，小车速度减小得越快，也就越快停下来。

明白了这个物理原理之后，接下来就用 Scratch 模拟实现"无动力小车冲冲冲"的程序，探究摩擦阻力对运动情况的影响。

3. 算法分析

用自然语言描述整个程序的算法，步骤如下。

(1) 程序开始，进行数据初始化。

毛巾表面的动摩擦因数 μ 为 1，棉布表面的动摩擦因数 μ 为 0.6，木板表面的动摩擦因数 μ 为 0.3。

（2）小车在斜面上做匀加速直线运动，加速度 $a=g\sin\theta-\mu g\cos\theta$。

（3）判断小车如果滑到水平面，则开始在水平面上做匀减速直线运动，加速度 $a=-\mu g$。否则，转到第(2)步。

（4）判断小车如果速度减为 0，则停止运动，转到第(5)步；否则，转到第(3)步。

（5）程序结束。

用流程图可以更直观地描述算法，如图 29-3 所示。

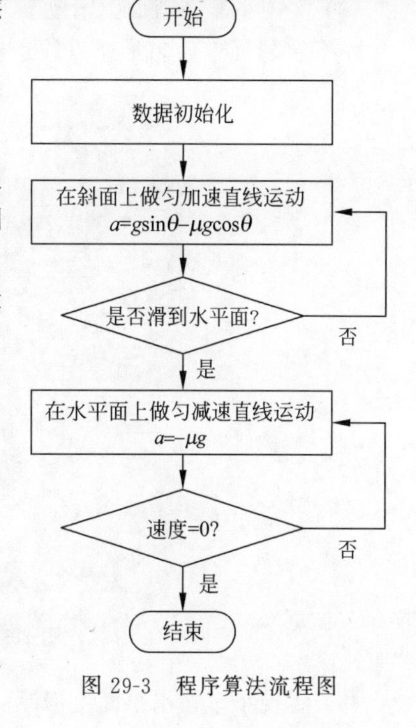

图 29-3　程序算法流程图

4. 编程实现

（1）新建角色。

本程序的主要角色有：小车、毛巾表面、棉布表面、木板表面。

（2）数据初始化。

本程序需要 3 辆小车，一种方法是创建 3 个“小车”的角色，另一种方法是克隆出 3 个小车的克隆体，本书采用了第二种“克隆”的方法。因为 3 辆小车的参数不同，所以需要对每个克隆体做特殊的处理。如何做到呢？

对每个克隆体进行编号，给不同编号的克隆体赋予不同的参数值，代码如图 29-4(a)所示。

把小车的初始位置依次存入列表里，当小车启动时，按照小车的编号在列表里取对应的位置值，然后将小车移动到对应的初始位置上，代码如图 29-4(b)所示。

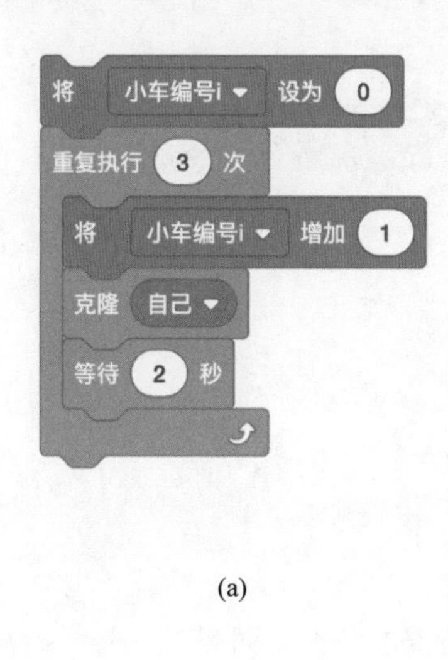

(a)

当作为克隆体启动时
移到 x: -201 y: 小车的初始y坐标列表 的第 小车编号i 项
面向 120 方向
显示
数据初始化
滑下斜面
在平面上滑行

(b)

图 29-4　数据初始化的代码

(3) 实现小车在斜面上滑动。

小车在斜面上做匀加速直线运动,直到碰到平面,代码如图 29-5 所示。

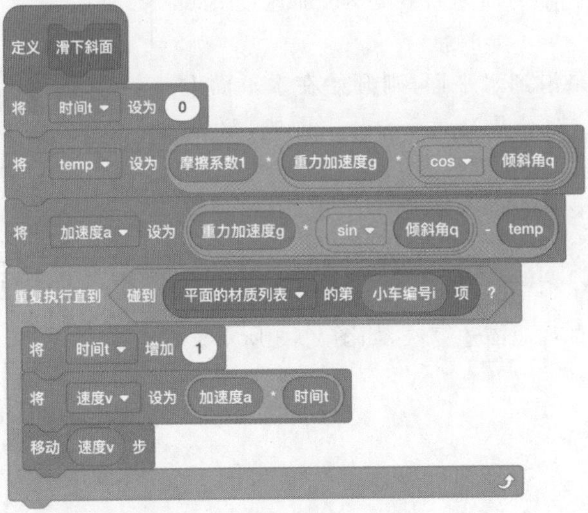

```
定义 滑下斜面
将 时间t ▾ 设为 0
将 temp ▾ 设为 (摩擦系数1 * (重力加速度g * (cos ▾ 倾斜角q)))
将 加速度a ▾ 设为 (重力加速度g * ((sin ▾ 倾斜角q) - temp))
重复执行直到 <碰到 (平面的材质列表 ▾ 的第 小车编号i 项) ?>
    将 时间t ▾ 增加 1
    将 速度v ▾ 设为 (加速度a * 时间t)
    移动 速度v 步
```

图 29-5　小车在斜面上运动的代码

(4) 实现小车在水平面上滑动。

小车在水平面上做匀减速直线运动,初始速度为小车滑到斜面底部时的速度,代码如图 29-6 所示。

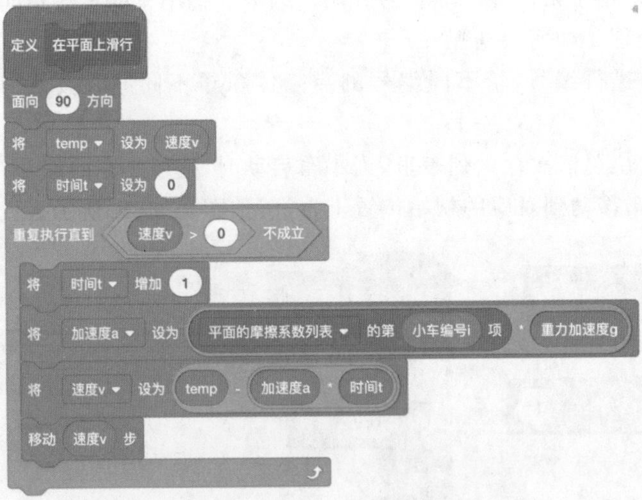

```
定义 在平面上滑行
面向 90 方向
将 temp ▾ 设为 速度v
将 时间t ▾ 设为 0
重复执行直到 <<速度v > 0> 不成立>
    将 时间t ▾ 增加 1
    将 加速度a ▾ 设为 ((平面的摩擦系数列表 ▾ 的第 小车编号i 项) * 重力加速度g)
    将 速度v ▾ 设为 (temp - (加速度a * 时间t))
    移动 速度v 步
```

图 29-6　小车在平面上运动的代码

5. 试一试

打开示例程序,修改动摩擦系数的值,观察小车的运动情况有什么不同呢?

第6篇

牛顿运动定律

牛顿运动定律阐述了经典力学中基本的运动规律，奠定了经典力学的基石。它的建立是物理学中一个重要的里程碑。

本篇结合有趣的 Scratch 案例，让你在编程中熟练地掌握并运用牛顿三大运动定律。

第30课　牛顿第一定律——惯性小车

第31课　牛顿第二定律——电梯里的超重与失重

第32课　牛顿第三定律——反推力小车

第30课 牛顿第一定律——惯性小车

1. 课程目标

当人们走路被石头绊倒时，身体会前倾；当人乘车时，汽车突然加速，身体会后倾；当汽车制动时，人的身体会前倾；跳远前助跑有利于跳得更远；跑步跑到终点时，人的身体无法立即停下来。这些生活中常见的现象，都是什么原理呢？

本节课将带你学习牛顿第一定律，并用 Scratch 模拟实现“惯性小车”的实验。该程序预期实现的效果如下。

(1) 木块放在小车上，木块和小车一起向前匀速移动。小车撞上障碍物后停止，木块继续向前滑行，并逐渐减速，直到停下来，如图 30-1 所示。

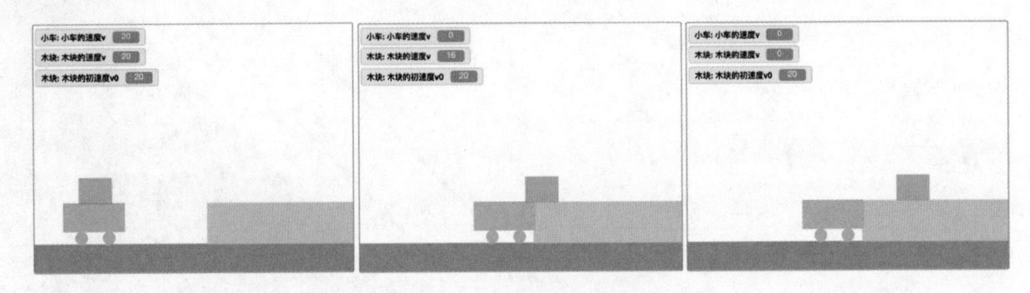

图 30-1 程序的实现效果

(2) 木块的初始速度越大，向前滑行的距离越远，如图 30-2 所示。

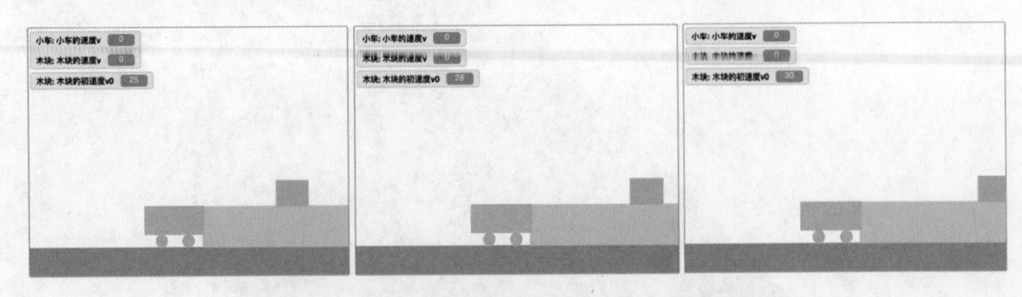

图 30-2 木块的初始速度越大，向前滑行的距离越远

2. 物理知识

牛顿第一定律

牛顿第一定律又叫惯性定律，是指任何物体都要保持静止状态或匀速直线运动状态，直到外力迫使它改变这种状态。

所谓惯性，是指物体保持当前运动状态的性质。它是物体的一种固有属性，表现为物体对其运动状态改变的阻抗程度。

人走路时，整个身体向前运动，当脚被石头绊着时，下半身会停止运动，但上半身由于惯性保持向前运动的状态，因此身子会前倾。

处于静止的汽车启动时，由于惯性，乘客上半身会保持原来的静止状态，而下半身却随车向前运动，因此身体向后倾倒。

处于运动中的汽车突然制动时，由于惯性，乘客上半身会保持原来的运动状态，而下半身却随着汽车减速或停止，因此身体会前倾。

明白了这个物理原理后，接下来，用 Scratch 模拟实现“惯性小车”的实验。

3. 算法分析

本案例中的小车和木块一起向前做匀速直线运动。当小车撞上台阶时，小车停止运动，但木块由于惯性，继续向前运动。由于木块与台阶之间有摩擦力，在摩擦力的作用下，木块逐渐减速直至停下来。

用自然语言描述整个程序的算法，步骤如下。

(1) 程序开始，进行数据初始化。

(2) 小车与木块做匀速直线运动。

(3) 判断小车是否撞上台阶，若是，转到第(4)步；若否，转到第(2)步。

(4) 小车停止运动。木块由于惯性，继续向前减速滑动直至停下来。

(5) 程序结束。

用流程图可以更直观地描述程序的算法，如图 30-3 所示。

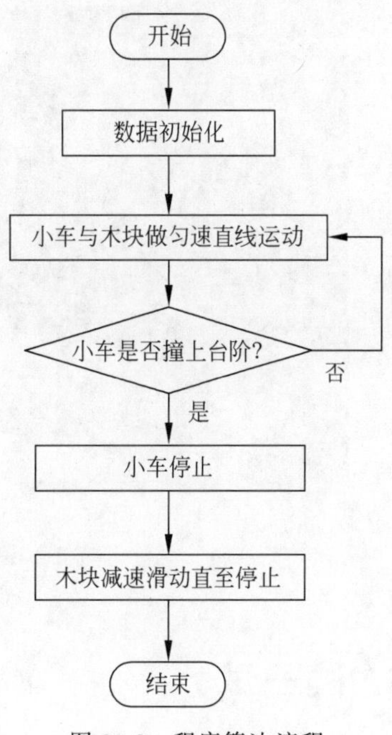

图 30-3　程序算法流程

4. 编程实现

(1) 新建角色。

本案例程序的主要角色有：小车、木块。

(2) 进行数据初始化,以角色“木块”的代码为例,如图 30-4 所示。

(3) 木块向前做匀速直线运动,代码如图 30-5 所示。

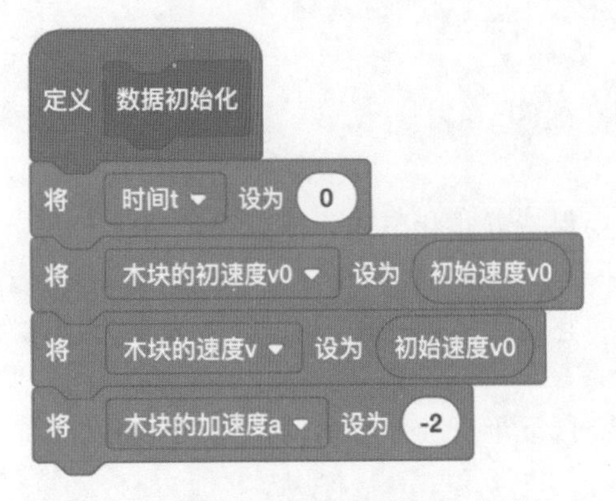

图 30-4 角色“木块”的数据初始化代码

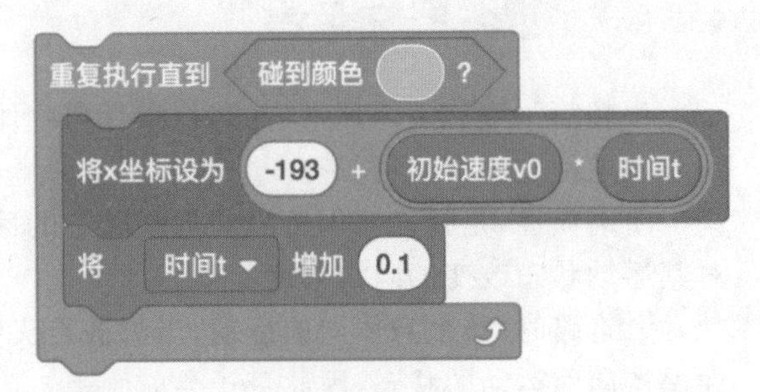

图 30-5 角色“木块”向前做匀速直线运动的代码

(4) 木块由于惯性,继续向前减速滑动直至停下来,代码如图 30-6 所示。

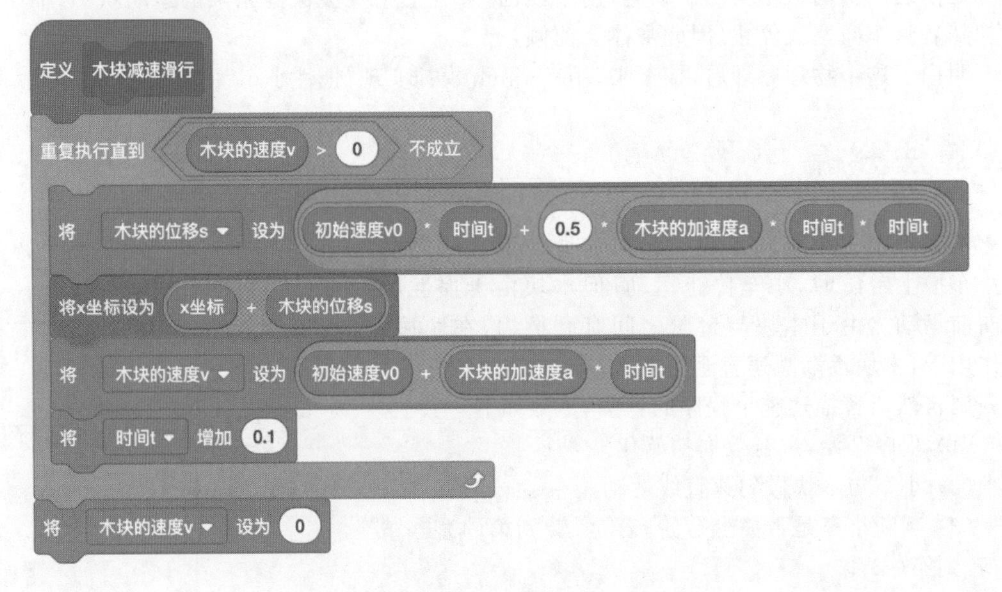

图 30-6 角色“木块”继续向前滑行的代码

5. 试一试

你还能想到哪些与惯性定律有关的现象呢? 用 Scratch 展示出你的想法和创意吧。

第31课 牛顿第二定律——电梯里的超重与失重

1. 课程目标

赛车与普通汽车比起来，质量更小、动力更强，更容易在较短时间内获得较大的速度，也就是说赛车的加速度更大。物体的加速度 a 与它所受的作用力 F、物体的质量 m 之间有什么确定的关系呢？

本节课将带你学习牛顿第二定律，并用 Scratch 模拟“电梯里的超重与失重”现象。该程序预期实现的效果如下。

（1）电梯上升的过程会经历静止、加速、匀速、减速、静止五个阶段。在这个过程中，体重计显示的数值发生了几次变化，如图 31-1 所示。

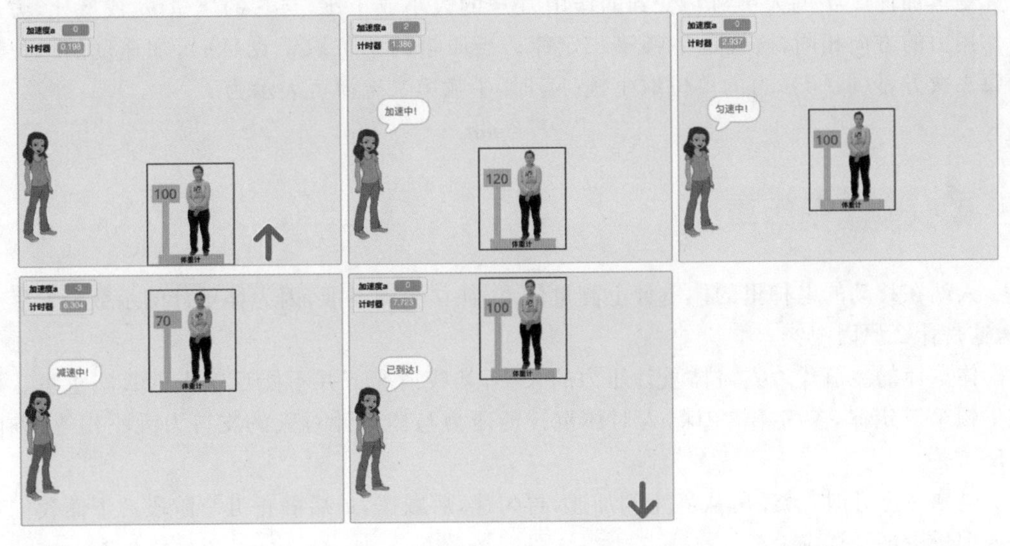

图 31-1　电梯上升的过程

（2）电梯下降的过程也会经历静止、加速、匀速、减速、静止五个阶段。在这个过程中，体重计显示的数值发生了几次变化，如图 31-2 所示。

图 31-2　电梯下降的过程

2. 物理知识

牛顿第二定律

物体加速度 a 的大小与它受到的作用力 F 的大小成正比，与它的质量 m 成反比，方向与作用力的方向相同，这就是牛顿第二定律。当质量的单位取千克(kg)，加速度的单位取米每二次方秒(m/s^2)，力的单位取牛顿(N)时，牛顿第二定律可表示为

$$F = ma$$

超重与失重

人站在移动的电梯里的体重计上测量体重，往往会测不准，因为体重计的示数会发生变化，这是什么原因呢？

体重计的数值代表人对体重计压力的大小，某些情况下并不能反映人的真实重量。根据牛顿第三定律，参考第 32 课，人对体重计的压力与体重计对人的支持力大小相等，方向相反。

电梯在上升时，会经历从静止到加速，再匀速，后减速，最后静止五个阶段。下面我们对这五个阶段展开详细分析。

(1) 电梯启动前处于静止状态。

此时，人受到竖直向下的重力 mg 和体重计竖直向上的支持力 F_N，有 $mg = F_N$。因此，人对体重计的压力也是 mg。假设人的真实体重为 100，那么此时体重计的示数代表真实的体重 100，如图 31-3 所示。

（2）电梯启动后，加速上升。

此时，人受到竖直向下的重力 mg 和体重计竖直向上的支持力 F_N。根据牛顿第二定律，有 $F_N-mg=ma$，则 $F_N=m(g+a)>mg$，所以此时体重计的示数大于人的真实体重。假设此时的加速度 $a=2$，那么 $F_N=120$，即体重计的示数为 120，如图 31-4 所示。

图 31-3　静止状态时的体重计示数

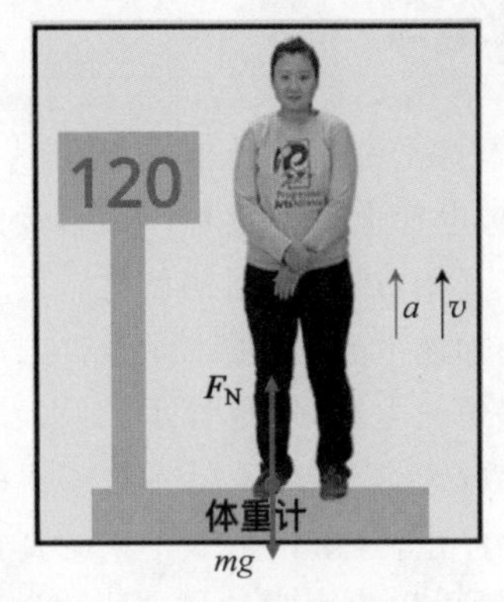

图 31-4　加速上升时的体重计示数

（3）电梯匀速上升。

此时，$mg=F_N$，同第(1)种静止状态，此时体重计的示数为 100，如图 31-5 所示。

（4）电梯减速上升。

根据牛顿第二定律，有 $mg-F_N=ma$，则 $F_N=m(g-a)<mg$，所以此时体重计的示数小于人的真实体重。假设此时的加速度 $a=-3$，那么 $F_N=70$，即体重计的示数为 70，如图 31-6 所示。

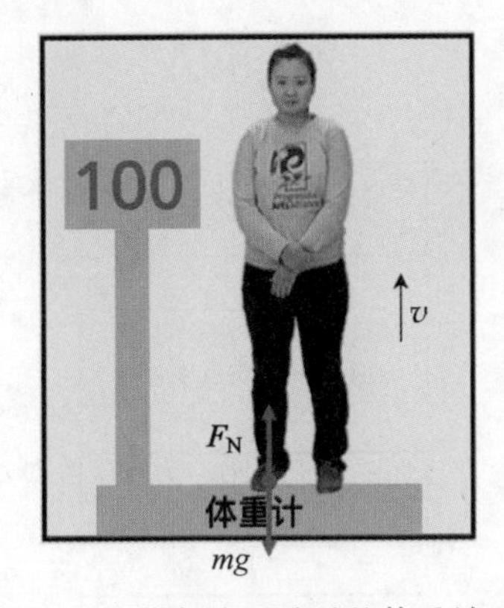

图 31-5　电梯匀速上升时的体重计示数

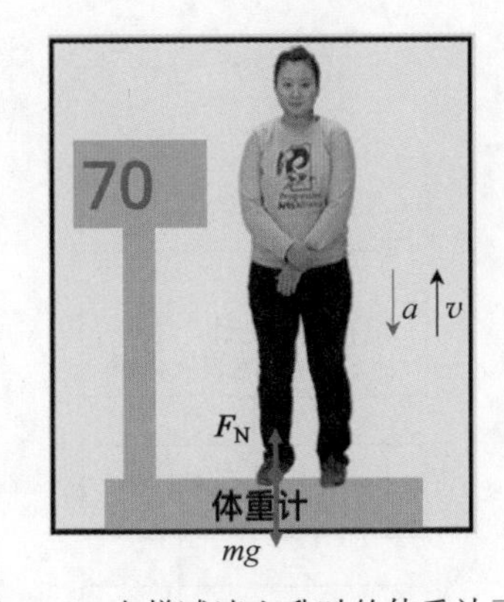

图 31-6　电梯减速上升时的体重计示数

（5）电梯最后静止。

此时，$mg=F_N$，同第(1)种静止状态，此时体重计的示数为 100。

同理，电梯在下降时，会经历从静止到加速，再匀速，后减速，最后静止五个阶段。不同的是，电梯在加速下降时，$F_N=m(g-a)<mg$，体重计的示数小于人的真实体重。电梯在减速下降时，$F_N=m(g+a)>mg$，体重计的示数大于人的真实体重。

在物理学中，把物体对支持物的压力(或对悬挂物的拉力)大于物体所受重力的现象，叫作超重现象。电梯在加速上升或减速下降时，人就处于超重状态。

把物体对支持物的压力(或对悬挂物的拉力)小于物体所受重力的现象,叫作失重现象。电梯在减速上升或加速下降时,人就处于失重状态。

明白了这些物理原理之后,接下来用 Scratch 编写“电梯里的超重与失重”的程序。

3. 算法分析

本案例程序分别模拟人在电梯上升与电梯下降时,所经历的超重与失重的过程。

(1) 模拟电梯上升的过程。用自然语言描述电梯上升程序的算法,步骤如下。

① 程序开始,进行数据初始化。

② 电梯加速上升,体重计示数＞人的真实体重。

③ 电梯匀速上升,体重计示数＝人的真实体重。

④ 电梯减速上升,体重计示数＜人的真实体重。

⑤ 电梯停止,体重计示数＝人的真实体重。

用流程图可以更直观地描述程序的算法,如图 31-7 所示。

(2) 模拟电梯下降的过程。用自然语言描述电梯下降程序的算法,步骤如下。

① 程序开始,进行数据初始化。

② 电梯加速下降,体重计示数＜人的真实体重。

③ 电梯匀速下降,体重计示数＝人的真实体重。

④ 电梯减速下降,体重计示数＞人的真实体重。

⑤ 电梯停止,体重计示数＝人的真实体重。

用流程图可以更直观地描述程序的算法,如图 31-8 所示。

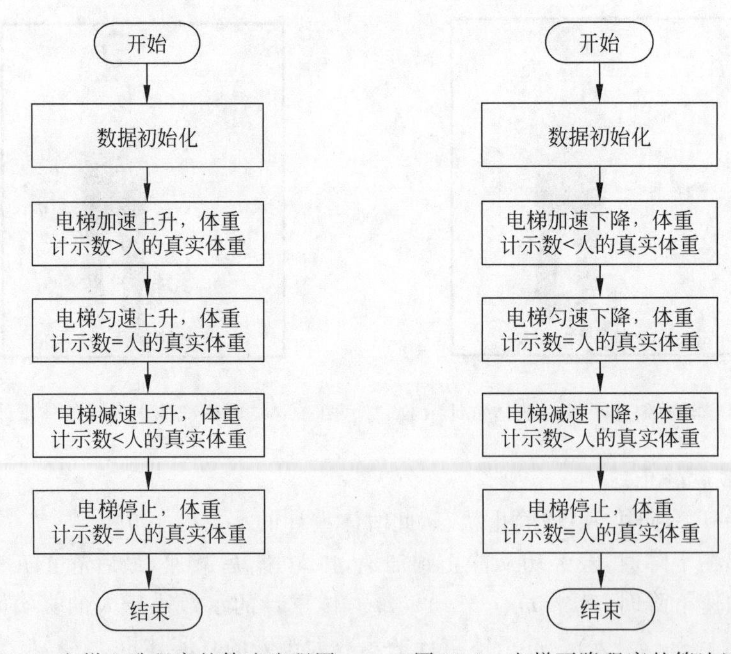

图 31-7 电梯上升程序的算法流程图　　图 31-8 电梯下降程序的算法流程图

4. 编程实现

（1）新建角色。

本案例程序的主要角色有：体重计、体重示数、实验者、观察者、“电梯向上”按钮、“电梯向下”按钮。

（2）当按下“电梯向上”按钮或者“电梯向下”按钮时，电梯启动。

用变量“电梯状态”来区分当前电梯的状态，若“电梯状态”＝1，则代表电梯在上升；若“电梯状态”＝2，则代表电梯在下降。代码如图31-9所示。若“电梯状态”＝0，则代表电梯停止。

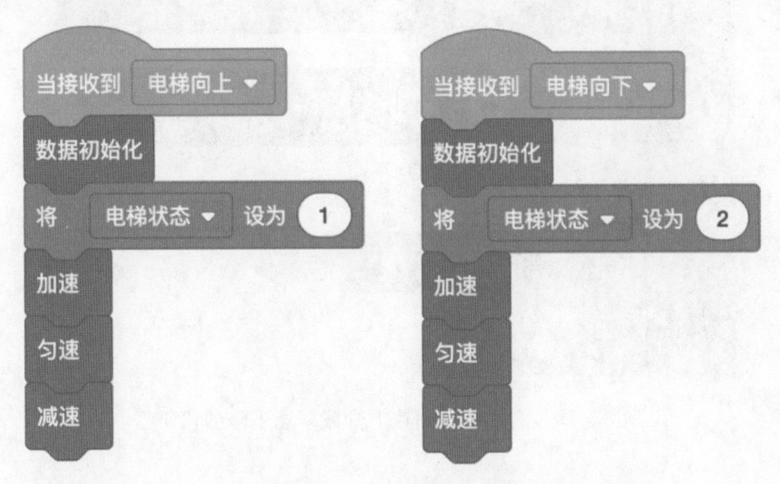

图31-9　电梯启动的代码

（3）实现电梯加速上升或减速下降的过程。

假设电梯的加速度为2，加速时间为0～2s，在加速上升或减速下降的过程中，加速度的方向都是向上的。根据匀变速直线运动的规律，计算电梯的运动过程，代码如图31-10所示。

（4）实现电梯匀速上升或匀速下降的过程。

假设电梯的匀速运动时间是2～6s，在匀速上升和匀速下降的过程中，电梯的加速度为0，速度保持不变，代码如图31-11所示。

（5）实现电梯加速下降或减速上升的过程。

假设电梯的加速度为－3，电梯在加速下降或减速上升的过程中，加速度方向都是向下的。根据匀变速直线运动的规律，计算电梯的运动过程，代码如图31-12所示。

（6）实现当人在超重或失重状态时，体重计示数的变化，代码如图31-13所示。

（7）实现当人在正常状态时，体重计示数的变化，代码如图31-14所示。

5. 试一试

打开示例程序，改变加速度的大小，观察体重计的示数有什么不同呢？动手试试吧。

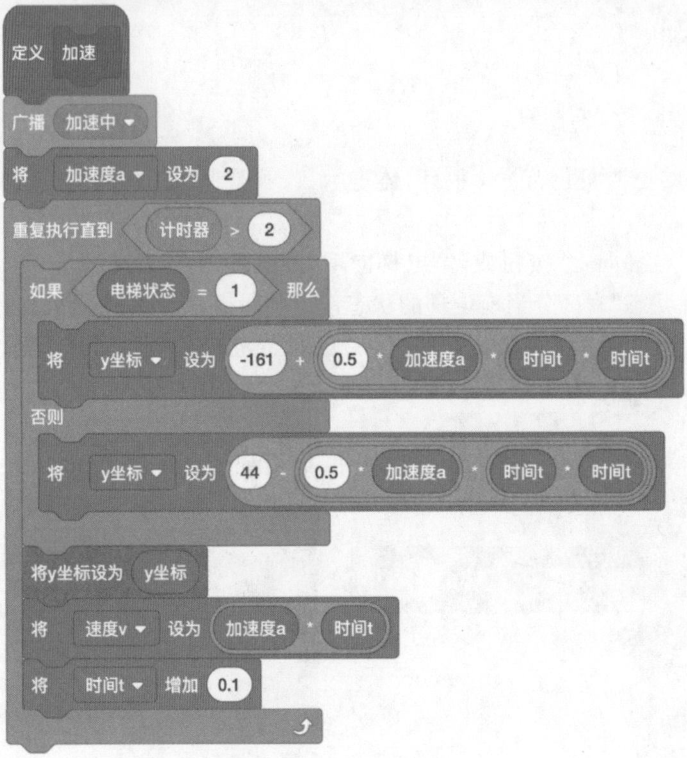

定义 加速
广播 加速中
将 加速度a 设为 2
重复执行直到 计时器 > 2
如果 电梯状态 = 1 那么
将 y坐标 设为 -161 + 0.5 * 加速度a * 时间t * 时间t
否则
将 y坐标 设为 44 - 0.5 * 加速度a * 时间t * 时间t
将y坐标设为 y坐标
将 速度v 设为 加速度a * 时间t
将 时间t 增加 0.1

图 31-10 实现电梯加速上升或减速下降的代码

定义 匀速
广播 匀速中
将 加速度a 设为 0
将 时间t 设为 0.1
重复执行直到 计时器 > 6
如果 电梯状态 = 1 那么
将 y坐标 设为 y坐标 + 速度v * 时间t
否则
将 y坐标 设为 y坐标 - 速度v * 时间t
将y坐标设为 y坐标

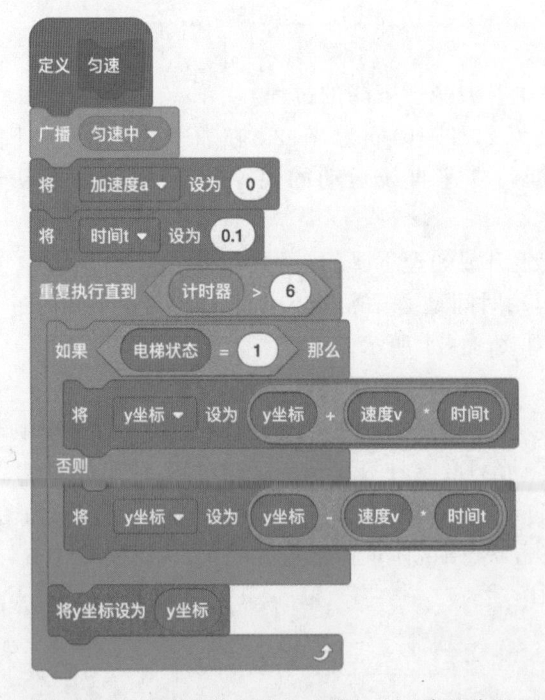

图 31-11 实现电梯匀速上升或匀速下降的代码

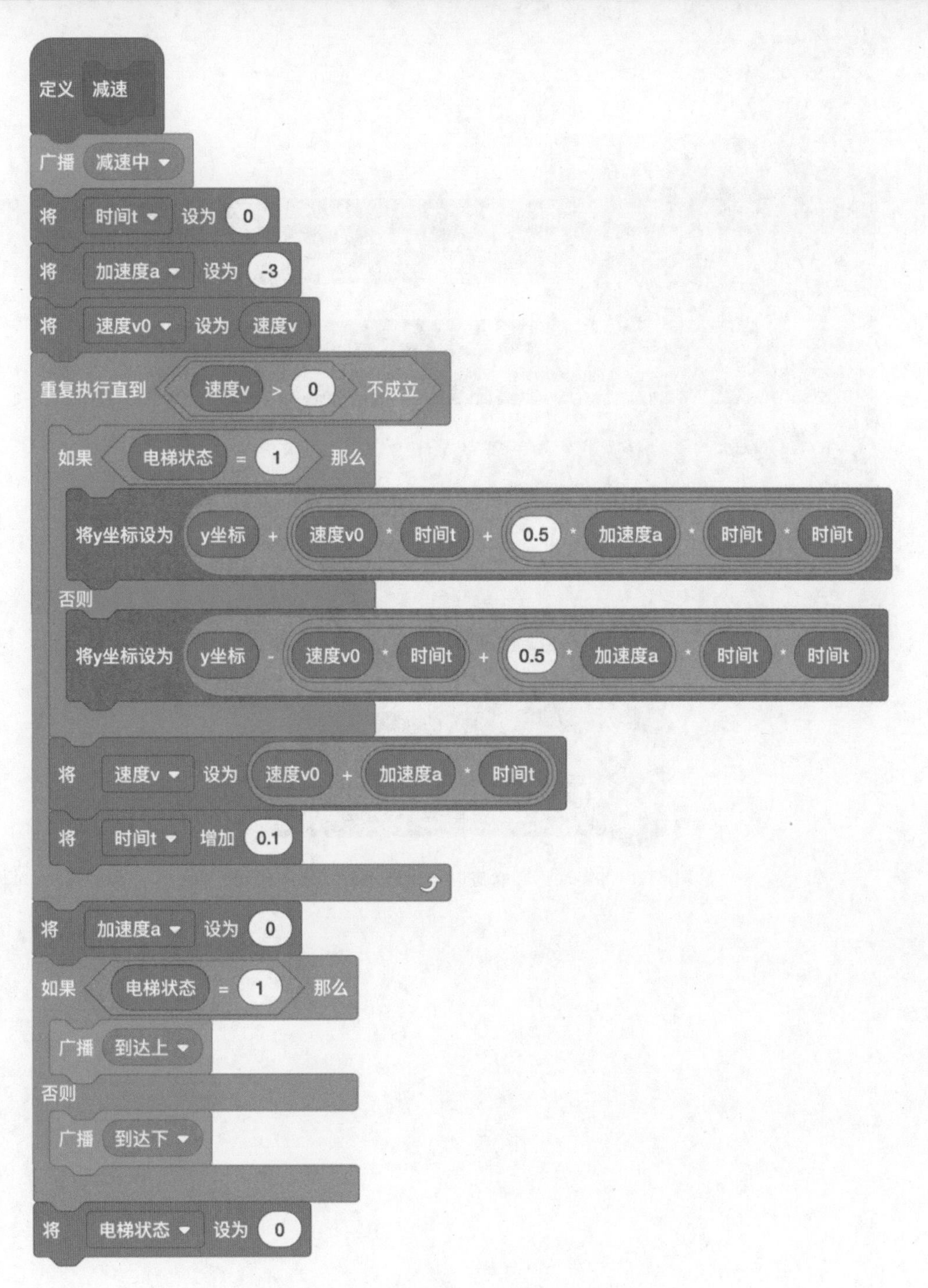

图 31-12　实现电梯加速下降或减速上升的代码

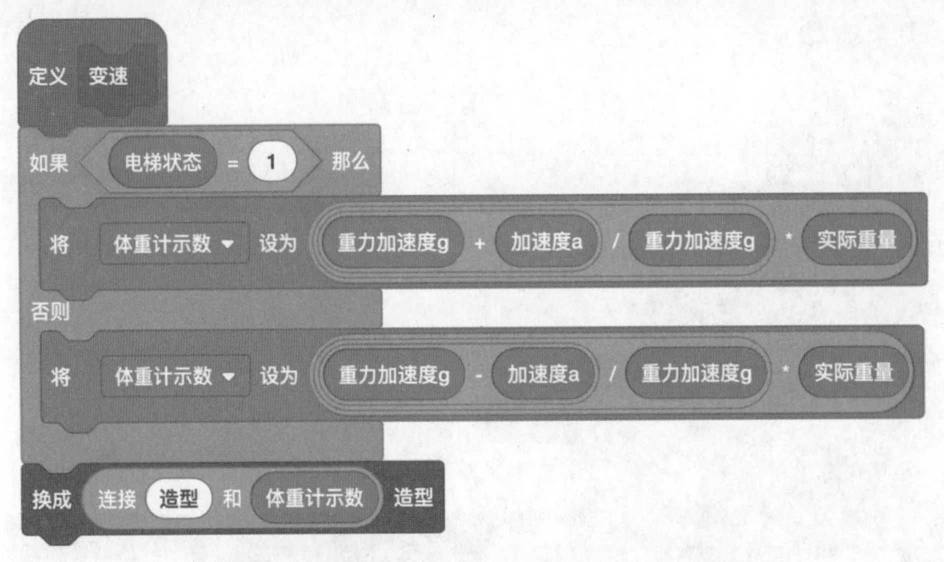

图 31-13　实现超重或失重时体重计示数变化的代码

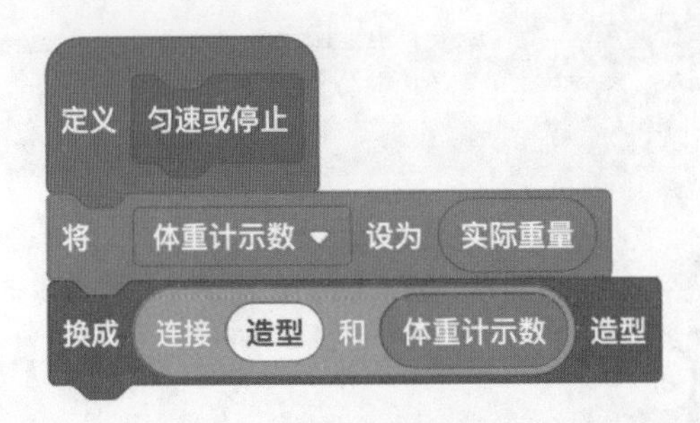

图 31-14　实现正常状态时体重计示数变化的代码

第32课 牛顿第三定律——反推力小车

1. 课程目标

人们在走路的时候，由于鞋底与地面之间的摩擦，脚向后推地面，地面把脚向前推，使身体前进；在划船时，桨向后划水，水向前推桨，使船能前进；火箭靠向后喷出的气体反推着上升。这些都是作用力与反作用力产生的结果，牛顿把它总结成了牛顿第三运动定律。

本节课将带你学习牛顿第三定律，并用 Scratch 模拟“反推力小车”的实验。该程序预期实现的效果如图 32-1 所示，小人站在小车上，用力推墙，使小车滑行并远离墙壁。推墙用力的大小不同，滑离墙壁的距离也不同。

图 32-1　程序的实现效果

2. 物理知识

作用力与反作用力

一个物体对另一个物体有作用力时，也受到另一个物体对它的反作用力。例如，用手拍打桌子时手会感到疼痛，就是因为手在拍打桌子的同时，也受到桌子的反作用力，作用力和反作用力是相互的。

牛顿第三定律

牛顿第三定律是指相互作用的两个物体之间的作用力与反作用力总是大小相等、方向相反，并且作用在同一条直线上。

具体描述为下面几个规律。

(1) 作用力与反作用力总是成对出现的，同时产生、同时消失、同时变化。

(2) 作用力与反作用力分别作用在不同的物体上，不能相互抵消。

(3) 作用力与反作用力必须是同一性质的力，例如作用力为弹力，反作用力也一定是弹力。

图 32-2 “反推力小车”的受力分析

用牛顿第三定律来解释“反推力小车”的实验。如图 32-2 所示，小人用手推墙，对墙的作用力为 F，方向向右，作用点在墙上。同时，墙对小人有相反的作用力 F'，方向向左，作用点在小人手上。F 与 F' 大小相等，方向相反，在一条直线上。由于小人受到墙的推力，所以小人和车朝墙的相反方向滑行。

小人推墙的力 F 越大，墙对小人的推力 F' 也越大，小人和车会滑行得越远。图 32-3(a) 是推力为 52N 的情况，图 32-3(b) 是推力为 143N 的情况。

图 32-3 不同推力下的程序效果

明白了这些物理原理之后，接下来用 Scratch 编写“反推力小车”的程序。

3. 算法分析

小人推墙壁时，墙壁也给小人一个推力，这个力使小人的运动产生一个加速度。小人的速度瞬间从 0 变化到一定数值，这就是小人和小车的初速度。接着，小人和小车离开墙壁。

在向左滑行的过程中，小车在竖直方向受到的合力为0；在水平方向只受到滑动摩擦力的作用，这使小车慢慢停下来。

根据牛顿第二定律，$F'=ma$。已知小人和小车的质量 m，则加速度 $a=\frac{F'}{m}$。由于推力 F'是瞬时作用力，小人和小车在 F'的作用下获得初速度 v_0。假设 F'的作用时间为1s，那么 $v_0=a$。

小人和小车在离开墙壁后，向左滑行的过程中，受到的滑动摩擦力 $f=-\mu mg$，加速度 $a=-\mu g$。小车做匀减速直线运动，所以小车的速度 $v=v_0+at$，小车的位移 $s=v_0t+\frac{1}{2}at^2$。当小车速度减为0时，停止运动，程序结束。

4. 编程实现

(1) 新建角色。

本程序的主要角色有：小人、小车。

(2) 数据初始化。

计算加速度与初速度的大小。为了在Scratch舞台上展现更清楚明显的运行效果，把初速度 v_0 的值放大了10倍，代码如图32-4所示。

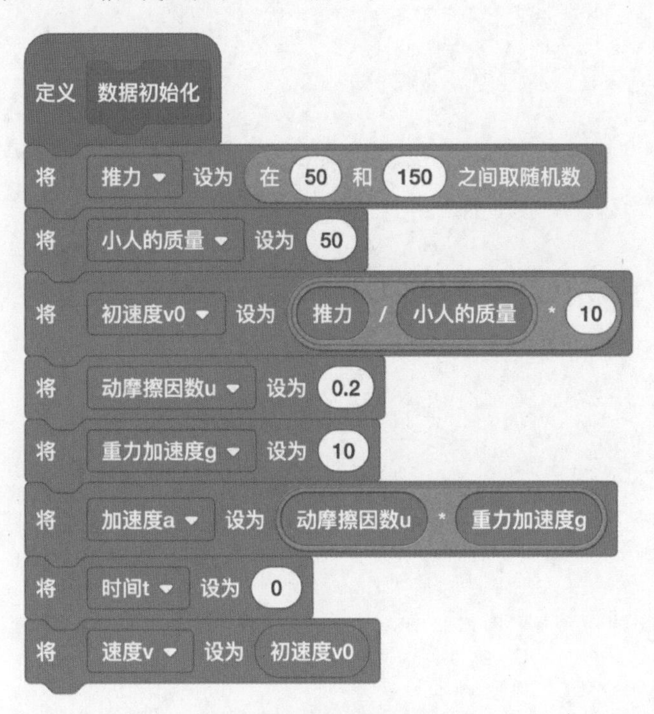

图32-4 数据初始化的代码

(3) 实现小车离开墙壁后，做匀减速直线运动，代码如图32-5所示。

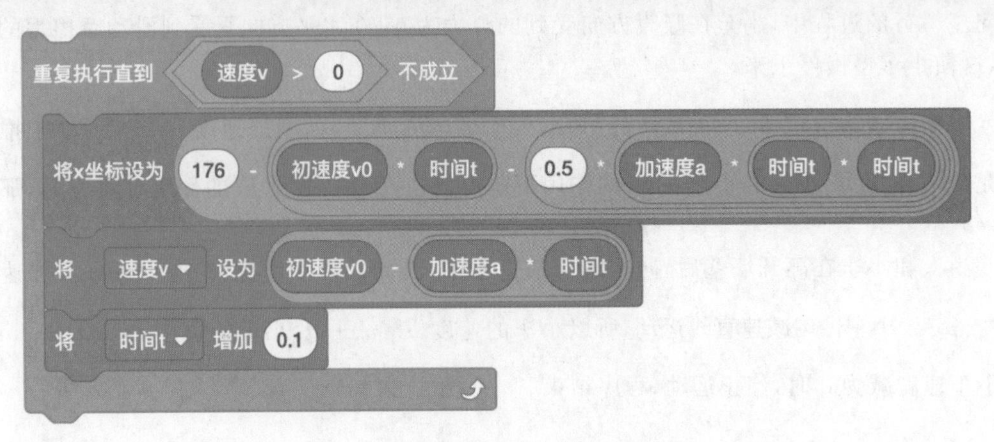

图 32-5 小车做匀减速直线运动的代码

5. 试一试

假设有两个小车，车上的两个小人互相推开，又是怎样的效果呢？用 Scratch 展示出你的想法吧。

第 7 篇

能量

世间的万物是不断运动的，运动是物体的基本属性，其他属性是运动的具体表现。能量就是其中一个属性之一。

对于物体不同的运动形式，能量也有不同的形式，它们之间可以通过一定的方式互相转化。在机械运动中，能量表现为机械能，包括动能和势能；在热现象中，能量表现为系统的内能。能量看不见摸不着，给人感觉神秘莫测。

本篇将带你走进能量的世界，把能量的物理知识与有趣的 Scratch 案例结合，揭开能量神秘的面纱。

第 **33** 课　动能与重力势能——滑坡比赛

第 **34** 课　非弹性碰撞——弹跳的小球

第 **35** 课　动量守恒——大力士小球推木块

第 **36** 课　弹性碰撞 1——小球对对碰

第 **37** 课　弹性碰撞 2——打台球

第33课 动能与重力势能——滑坡比赛

1. 课程目标

任何物体的运动都离不开能量。本节课将研究做机械运动的物体在运动过程中能量的变化，并用 Scratch 模拟实现“滑坡比赛”的实验。如图 33-1 所示，当三个小球分别从三个不同的光滑斜坡滑下时，哪个小球滚得最远呢？在这个过程中，涉及哪些能量的变化呢？

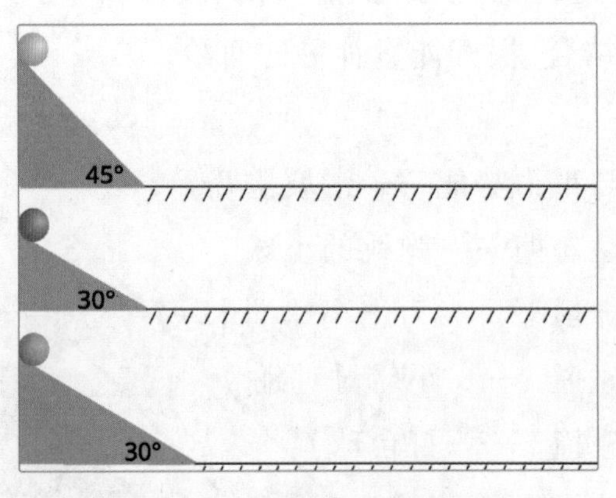

图 33-1　程序的实现效果

2. 物理知识

动能

物体由于做机械运动而具有的能量，叫作物体的动能。动能的计算公式为

$$E_k = \frac{1}{2}mv^2$$

质量相同的物体，运动速度越大，具有的动能越大；运动速度相同的物体，质量越大，具有的动能越大。

重力势能

物体因为重力作用而具有的能量，叫作物体的重力势能。重力势能的大小由地球和地面上物体的相对位置决定。其表达式为

$$E_{\mathrm{p}}=mgh$$

物体的质量越大，相对位置越高，具有的重力势能越大。

弹性势能

物体发生弹性形变，物体各部分之间由于存在弹力的相互作用而具有的能量，叫作物体的弹性势能。其表达式为

$$E_{\mathrm{p}}=\frac{1}{2}kx^{2}$$

式中，k 为弹性系数；x 为形变量，必须在物体的弹性限度内。

机械能

机械能是动能和势能的总和。把动能、重力势能和弹性势能统称为机械能。物体的动能和势能是可以相互转化的。在只有动能和势能相互转化的过程中，机械能是守恒的。

动能与势能的转化

小球沿光滑的斜坡滑下时，小球的重力势能减少，减少的重力势能到哪里去了呢？

在小球下滑的过程中，小球的速度增加了，表明小球的动能增加了。这说明，小球减少的那部分重力势能转化成了动能。

明白了这些物理原理之后，接下来用 Scratch 编写“滑坡比赛”的程序。让三个小球分别从不同高度的斜坡上滚下来，探究小球运动状态的变化，找出小球在运动过程中能量的变化规律。

3. 算法分析

小球的运动过程分为两个部分，第一部分是在斜坡上运动，第二部分是在水平面上运动。假设小球滑到斜坡底部时的速度为 v，则小球在水平面做匀速运动的速度即为 v。

接下来，详细分析小球在斜坡上下滑的运动过程。

如图 33-2 所示，假设斜坡和水平面都是光滑的，斜坡的角度为 θ，则小球在斜坡上做匀加速直线运动，加速度为 $a=g\sin\theta$，方向沿着斜坡方向向下。

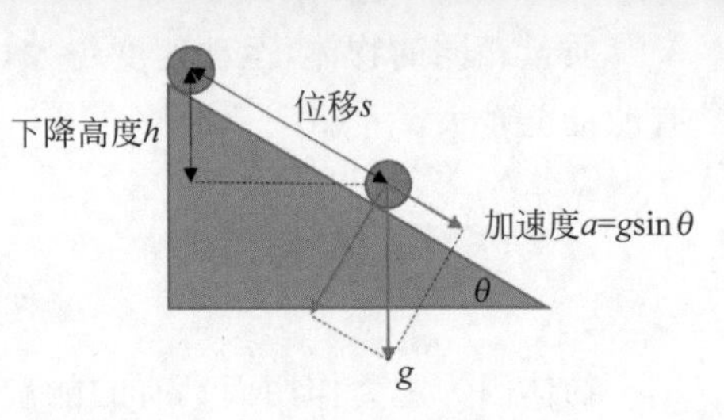

图 33-2　小球的运动情况分析

在 t 时刻，小球的速度为 $v=at$，位移为 $s=\frac{1}{2}at^2$，小球的下降高度 $h=s\sin\theta$。

根据动能和重力势能的计算公式，求出小球在 t 时刻的动能为 $E_k=\frac{1}{2}mv^2$，减少的重力势能为 $E_p=mgh$。比较动能和减少的重力势能的关系，即可分析出小球在运动过程中能量的变化规律。

从程序运行的效果图 33-3 和图 33-4 中可以看出：

（1）小球下降的高度越高，小球的速度越快。如图 33-3 所示，黄球的下降高度最高，速度最快，也是最先到达终点的。

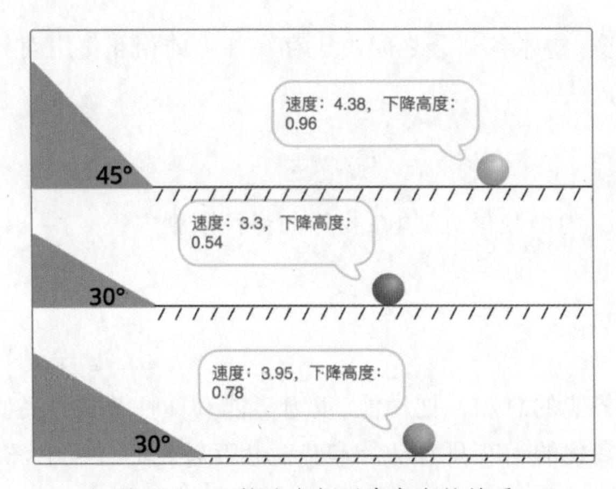

图 33-3　比较速度与下降高度的关系

（2）小球的动能和减少的重力势能相等，即减少的重力势能转化成了动能，如图 33-4 所示。

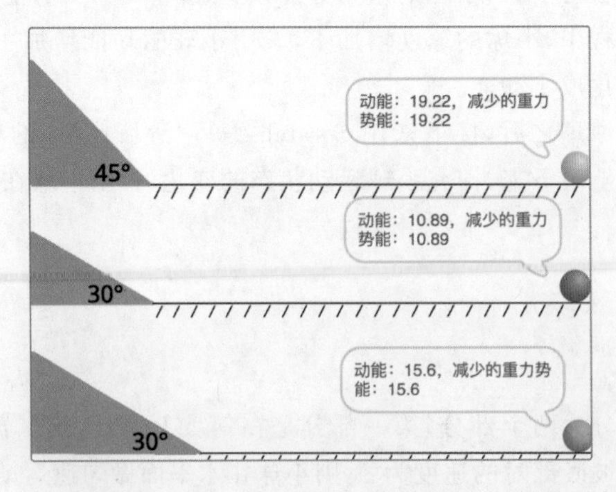

图 33-4　比较动能与减少的重力势能的关系

用自然语言描述程序的算法，步骤如下。

(1) 程序开始，进行数据初始化。

(2) 小球在斜坡上做匀加速直线运动。

(3) 判断小球是否滑到水平面，若是，转到第(6)步；若否，转到第(2)步。

(4) 计算小球的速度和下降高度。

(5) 计算小球的动能和减少的重力势能。

(6) 小球在水平面上做匀速直线运动。

(7) 判断小球是否碰到舞台边缘，若是，转到第(8)步；若否，转到第(6)步。

(8) 程序结束。

用流程图可以更直观地描述算法，如图 33-5 所示。

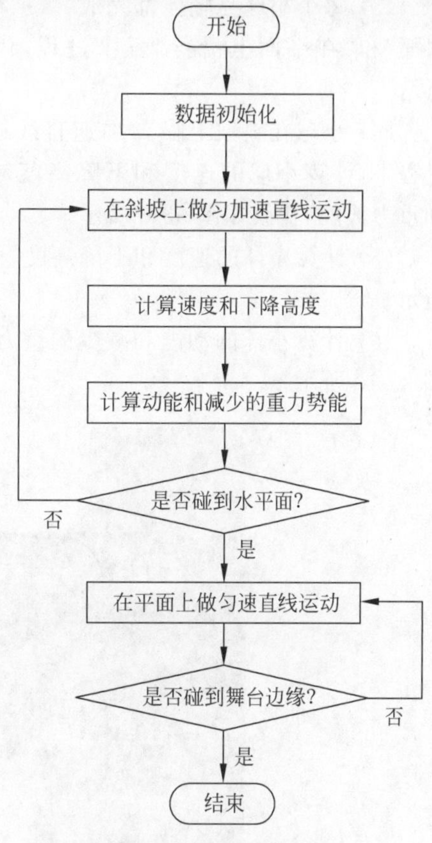

图 33-5　程序算法流程

4. 编程实现

(1) 新建角色。

本程序的主要角色有：小球、地板 1、地板 2、地板 3。

(2) 克隆 3 个小球克隆体，对每个克隆体进行编号。

这里要用到私有变量“克隆体编号 i”存储每个小球克隆体的编号，代码如图 33-6 所示。

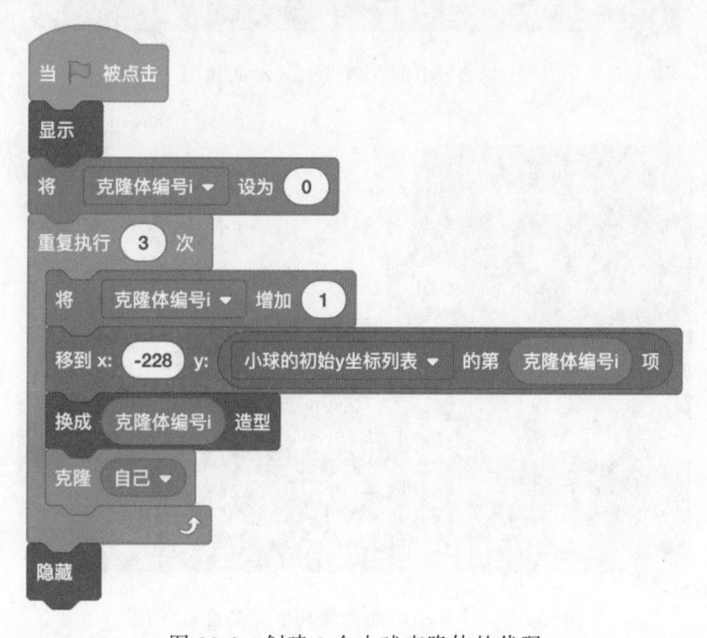

图 33-6　创建 3 个小球克隆体的代码

（3）每个小球克隆体都完成“数据初始化”“滑下斜面”和“在平面上滑行”三个过程，代码如图 33-7 所示。

（4）小球在斜坡上做匀加速直线运动。在运动过程中，计算小球的速度和下降高度与小球的动能和重力势能，代码如图 33-8 所示。

（5）计算小球的速度和下降高度，代码如图 33-9 所示。

（6）计算小球的动能和减少的重力势能，代码如图 33-10 所示。

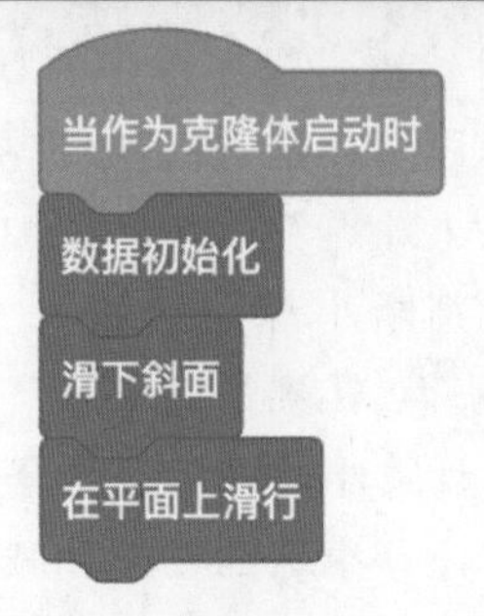

图 33-7　小球克隆体所做工作的代码

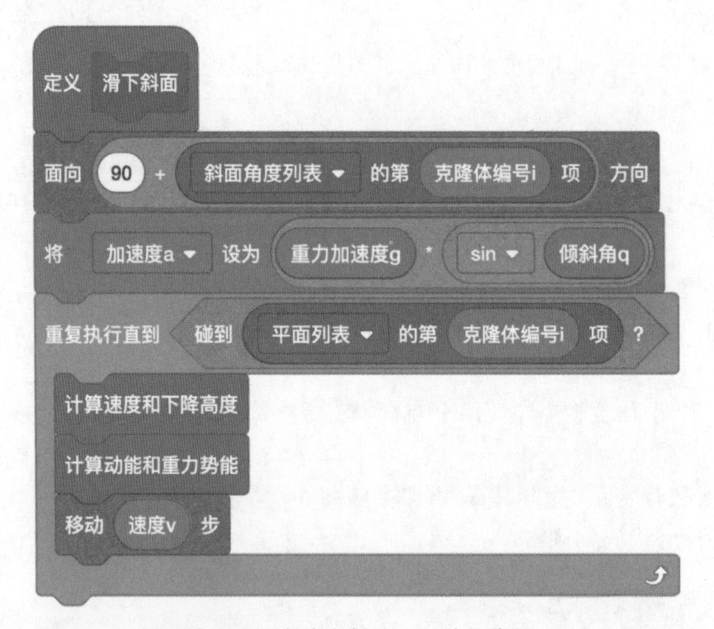

图 33-8　小球在斜坡上运动的代码

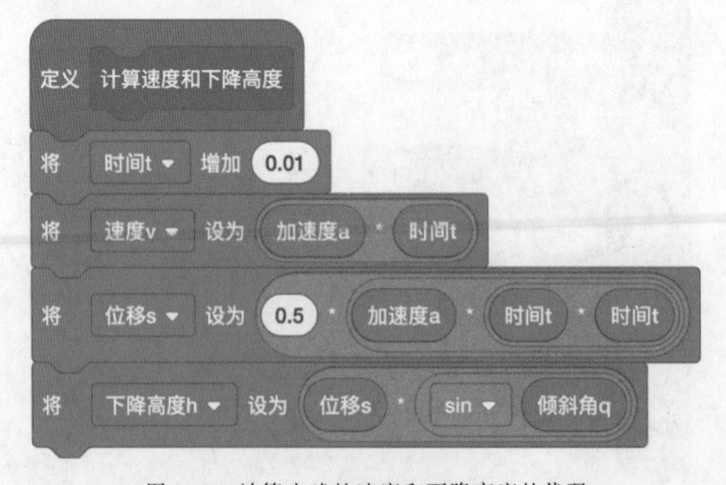

图 33-9　计算小球的速度和下降高度的代码

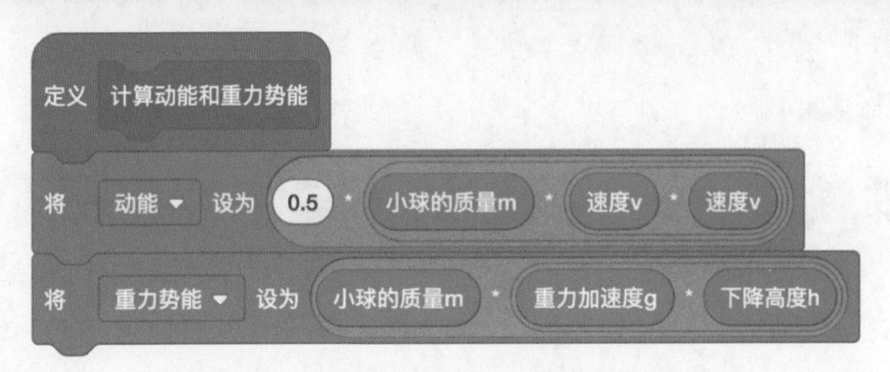

图 33-10　计算小球的动能和减少的重力势能的代码

5. 试一试

打开示例程序，修改斜坡的长度和坡角，小球的运动状态会有什么变化呢？动手试试吧。

第34课 非弹性碰撞——弹跳的小球

1. 课程目标

拿在手里的球，松开手后，球做自由落体运动落向地面。在地面反弹后，又继续上升，到达一定高度后又下落，接着又反弹上升，如此往复。

在小球弹跳的过程中，如果机械能守恒，那么小球应该能回到最初的高度，而且会不停地运动下去，但真实的情况并非如此。用 Scratch 模拟“弹跳的小球”，会发现小球弹跳的高度越来越低，落至地面的速度越来越小。来回弹跳几次之后，小球最终停止在地面上，如图 34-1 所示。

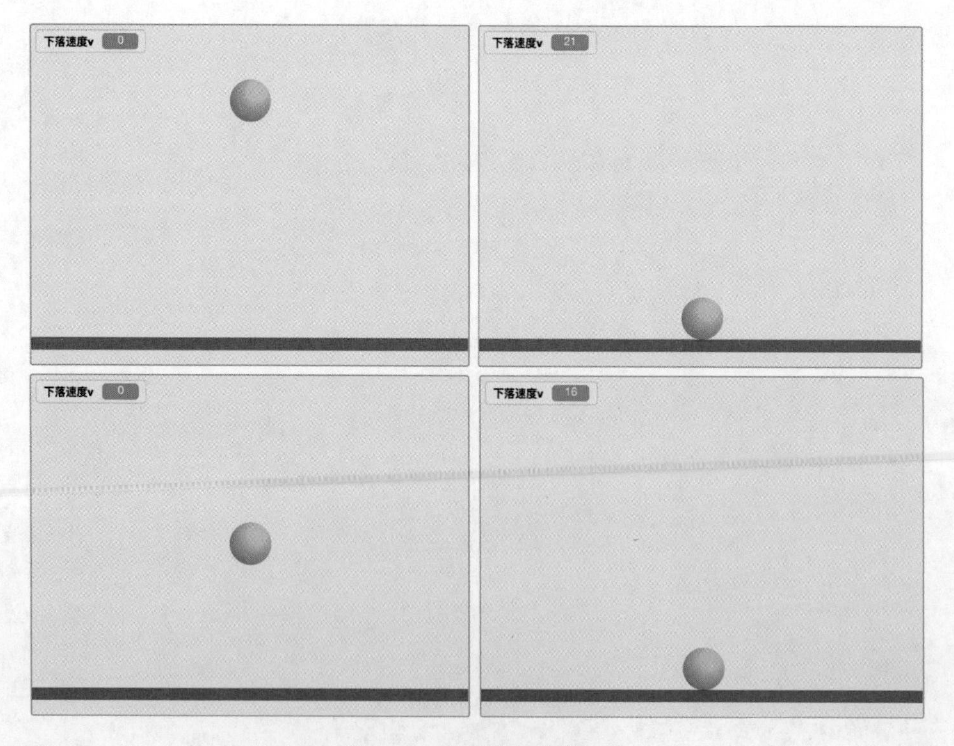

图 34-1 程序的实现效果

2. 物理知识

非弹性碰撞

两个物体在碰撞过程中往往会发生形变,还会发热,这就会导致动能损失,这类碰撞称为非弹性碰撞。

"弹跳的小球"与地面的碰撞就属于非弹性碰撞。小球在碰撞地面的过程中发生了形变,部分动能损失转化成了内能。动能减小,所以速度变慢,上升的高度也会变低。经过多次弹跳之后,动能全部转化成了内能,小球的弹跳也就停止了。

明白了这个物理原理之后,接下来,用 Scratch 编写程序模拟实现"弹跳的小球"的实验。该如何设计这个程序呢?

3. 算法分析

用自然语言描述程序的算法,步骤如下。

(1) 程序开始,进行数据初始化。

(2) 小球做自由落体运动,加速下降。

(3) 判断小球是否碰到地面,若是,转到第(4)步;若否,转到第(2)步。

(4) 判断小球的速度是否大于 0,若是,转到第(5)步;若否,转到第(6)步。

(5) 小球反弹,减速上升至最高点,转到第(2)步。

(6) 程序结束。

用流程图可以更直观地描述算法,如图 34-2 所示。

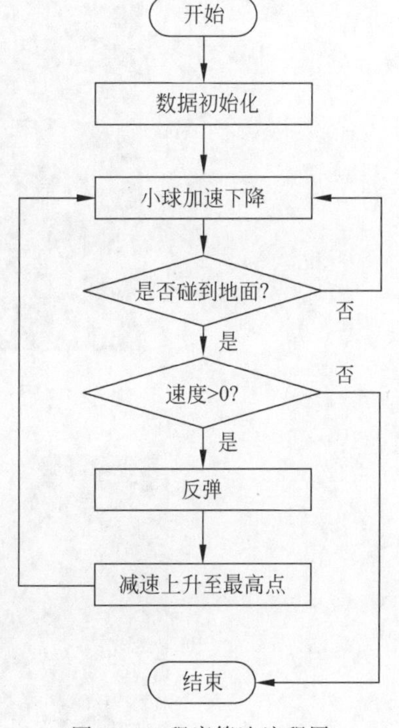

图 34-2 程序算法流程图

4. 编程实现

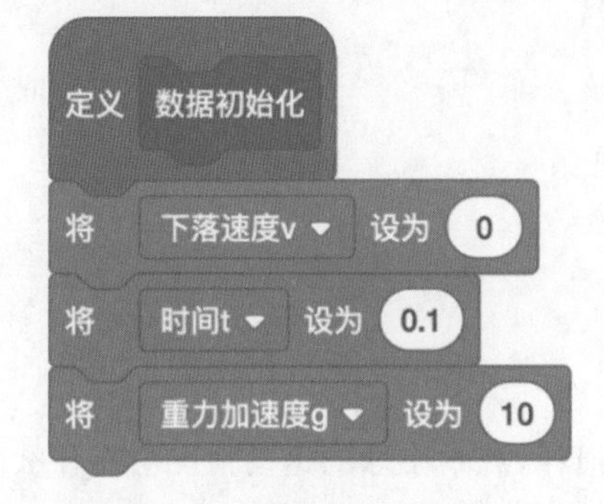

图 34-3 数据初始化的代码

(1) 新建角色。

本程序的主要角色有:小球、地板。

(2) 进行数据初始化,代码如图 34-3 所示。

(3) 小球向下做自由落体运动,如果碰到地面且速度大于 0,则反弹上升,代码如图 34-4 所示。

(4) 小球反弹,匀减速上升,直到最高点

小球在反弹时,部分动能转化为内能。这里简化处理,将反弹后的速度减少 20%,来代表动能的损耗,代码如图 34-5 所示。

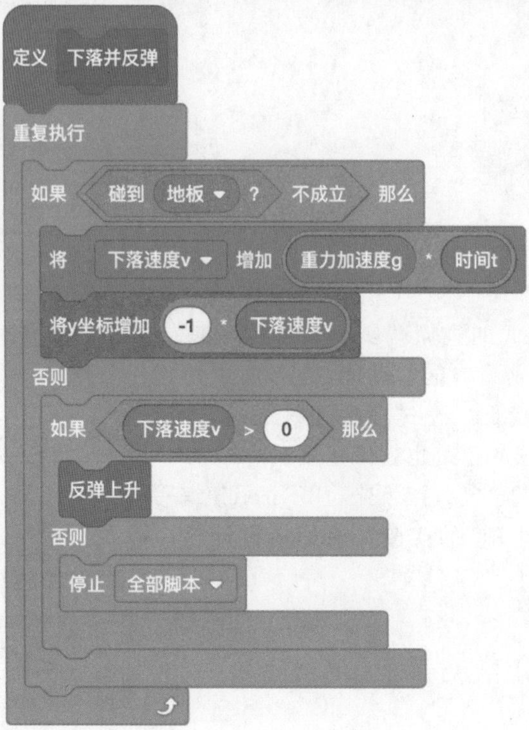

```
定义 下落并反弹
重复执行
    如果 <<碰到 地板 ?> 不成立> 那么
        将 下落速度v 增加 (重力加速度g * 时间t)
        将y坐标增加 (-1 * 下落速度v)
    否则
        如果 <下落速度v > 0> 那么
            反弹上升
        否则
            停止 全部脚本
```

图 34-4　小球下落并反弹的代码

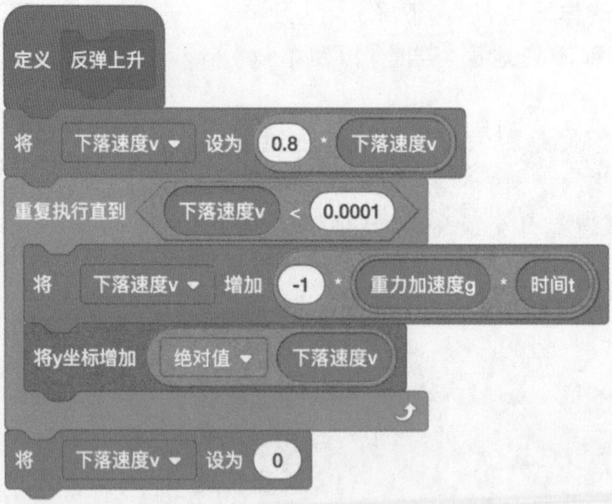

```
定义 反弹上升
将 下落速度v 设为 (0.8 * 下落速度v)
重复执行直到 <下落速度v < 0.0001>
    将 下落速度v 增加 (-1 * (重力加速度g * 时间t))
    将y坐标增加 (绝对值 下落速度v)
将 下落速度v 设为 0
```

图 34-5　小球反弹上升的代码

5. 试一试

打开示例程序，修改小球的初始高度和小球的动能损耗，观察小球的运动情况会有什么不同呢？动手试试吧。

第35课
动量守恒——大力士小球推木块

1. 课程目标

在前面的课程中,我们探究的都是单个物体在运动过程中的能量变化规律。如果运动系统中的物体多于一个,它们的能量又是如何变化的呢?

本节课将带你学习两个物体在运动中发生碰撞的情形,探究两个物体在发生碰撞前后速度与能量的变化规律,并用 Scratch 编写程序模拟实现“大力士小球推木块”的实验。该程序预期实现的效果如图 35-1 所示。

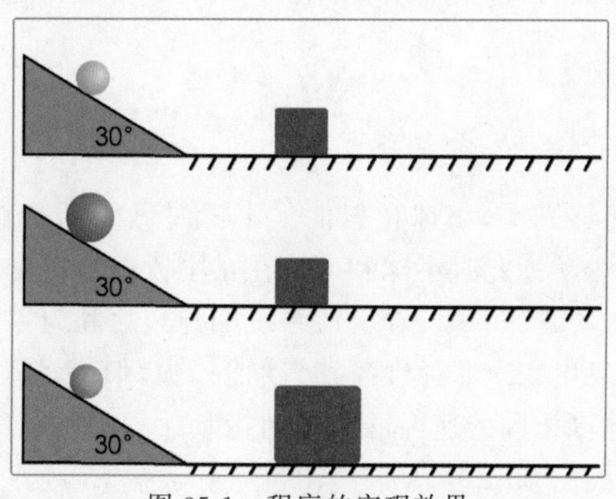

图 35-1　程序的实现效果

假设斜面和水平面足够光滑,让小球从斜面的相同位置同时滑下,小球撞上水平面上相同位置的木块,接着小球推着木块一起往前滑行。不同大小的小球与木块碰撞前后的运动状态有何不同呢?接下来,我们一起来探究。

2. 物理知识

完全非弹性碰撞

在第 34 课中,我们学习了非弹性碰撞。两个物体在碰撞过程中往往会发生形变,还会发热，这就会导致动能损失，这类碰撞称为非弹性碰撞。如果碰撞后两个物体结合在一起或者作为一个整体以相同的速度运动时，动能损失最大，这类碰撞叫作完全非弹性碰撞。

动量

在物理学中，物体的动量是指这个物体在其运动方向上保持运动的趋势。它是与物体的质量和速度相关的物理量，表达公式为

$$p = mv$$

动量的单位为 kg・m/s，其方向与速度的方向相同。

动量守恒

一个系统不受外力或所受外力之和为零时，这个系统的总动量保持不变，这就是动量守恒定律。

假设一个系统不受外力或所受外力之和为零时，系统内有两个物体，质量分别为 m_1、m_2。在发生碰撞前，物体的速度分别为 v_1、v_2，在发生碰撞后，物体的速度分别为 v_1'、v_2'，则有

$$m_1v_1 + m_2v_2 = m_1v_1' + m_2v_2'$$

明白了这个物理原理之后，接下来用 Scratch 编写"大力士小球推木块"的程序。

3. 算法分析

假设斜面和水平面足够光滑，小球在斜面上下滑时做匀加速直线运动，运动到水平面后，小球继续做匀速直线运动。此时小球和木块在水平方向上不受力，在竖直方向上所受外力之和为零。把小球和木块看作一个系统，此系统的外力之和为零。

当小球撞上木块时，发生完全非弹性碰撞，动能损失，但满足动量守恒的条件。小球和木块碰撞后作为一个整体以相同的速度继续向前运动。根据动量守恒定律，即可求出小球和木块在碰撞后的速度，如图 35-2 所示。

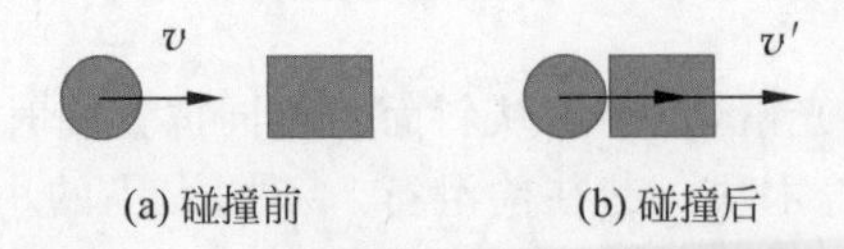

图 35-2　小球与木块碰撞前后的运动状态

已知小球的质量 m_1、木块的质量 m_2、碰撞前小球的速度 v，求碰撞后的速度 v'。根据动量守恒定律，有 $m_1v = (m_1 + m_2)v'$，可以得出 $v' = m_1v/(m_1 + m_2)$。

为了对比效果，下面设计三组案例：

(1) 小球的质量为 2，木块的质量为 3。

(2) 小球的质量为 4，木块的质量为 3。

(3) 小球的质量为 2，木块的质量为 6。

根据图 35-3 中 Scratch 程序模拟的结果发现，第 2 组案例碰撞后的速度最大，第 3 组案例碰撞后的速度最小。

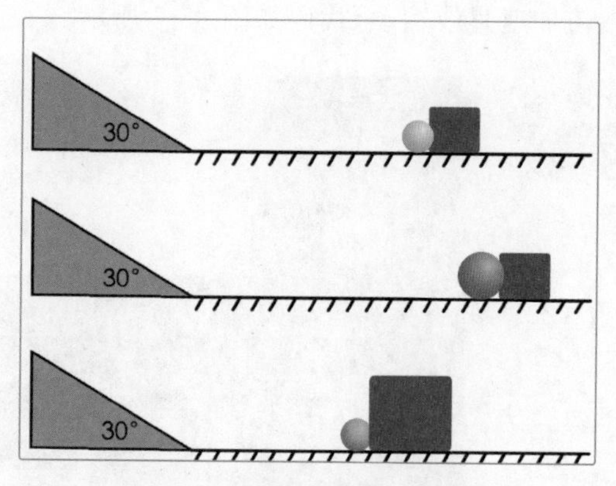

图 35-3　三组案例的运行结果

4. 编程实现

(1) 新建角色。

本程序的主要角色有：小球、木块 1、木块 2、木块 3、地板 1、地板 2、地板 3。

(2) 克隆 3 个小球克隆体，对每个克隆体进行编号。

这里要用到私有变量“克隆体编号 i”存储每个小球克隆体的编号，代码如图 35-4 所示。

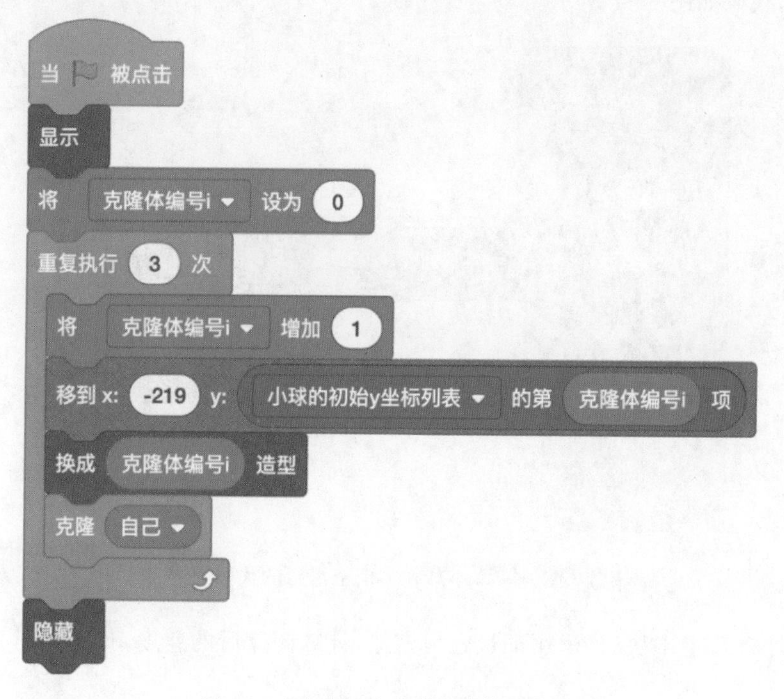

图 35-4　克隆 3 个小球克隆体的代码

(3) 每个小球克隆体,都完成“数据初始化”“滑下斜面”和“在平面上滑行”三个过程,代码如图 35-5 所示。

(4) 小球在斜坡上做匀加速直线运动,代码如图 35-6 所示。

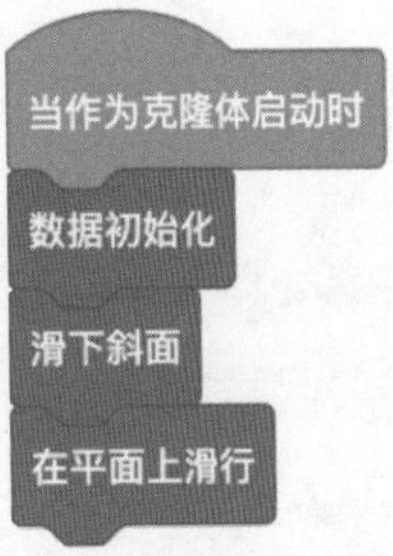

```
当作为克隆体启动时
数据初始化
滑下斜面
在平面上滑行
```

图 35-5　小球克隆体所做工作的代码

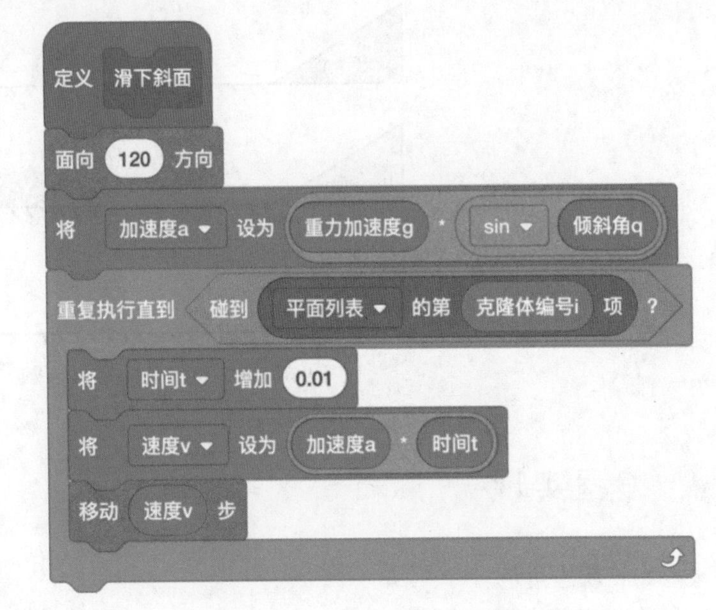

图 35-6　小球滑下斜面的代码

(5) 小球在水平面上做匀速直线运动。当碰上木块后,计算碰撞后的速度,并随木块一起向前滑行,代码如图 35-7 所示。

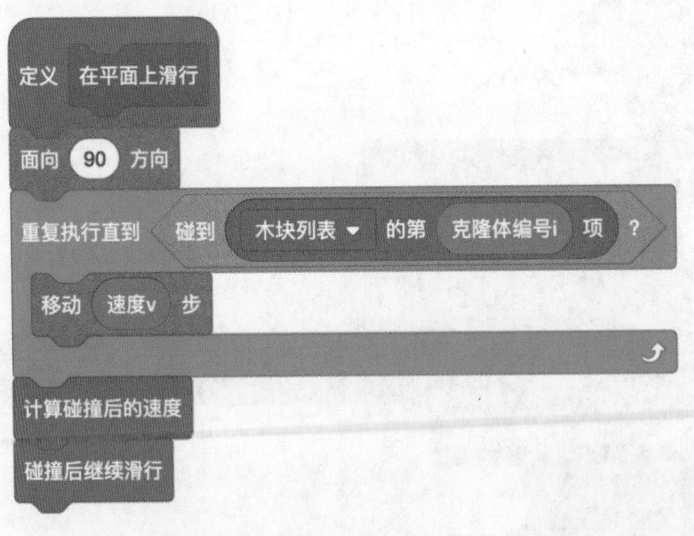

图 35-7　小球在平面上滑行的代码

(6) 当小球碰上木块后,运用动量守恒定律,计算碰撞后的速度,代码如图 35-8 所示。

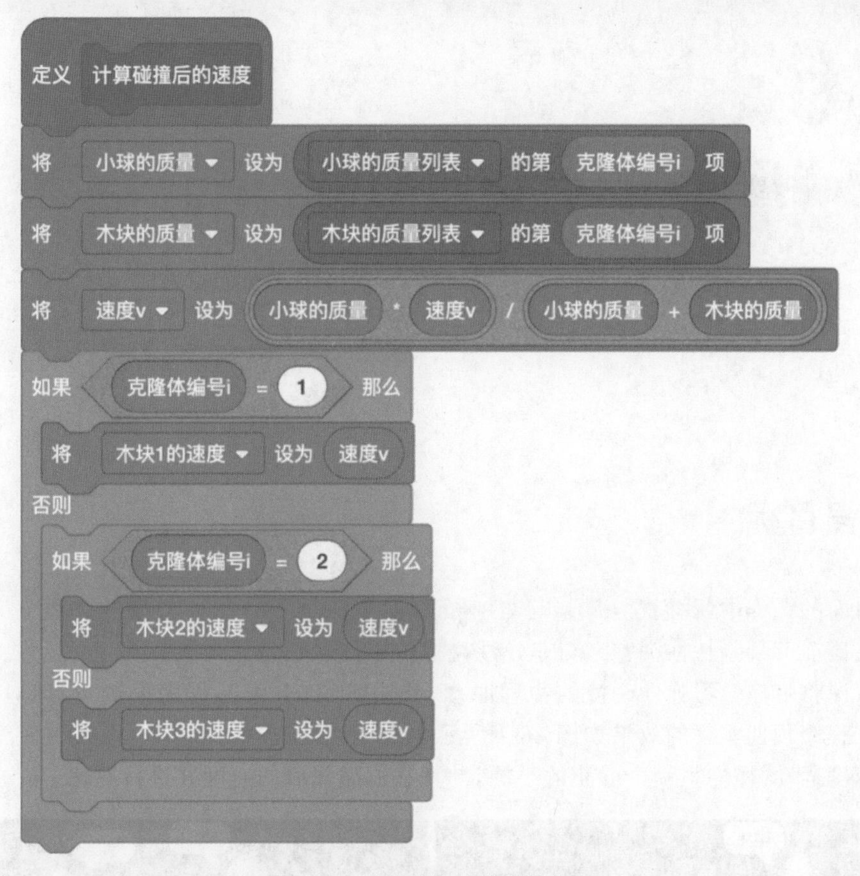

图 35-8　计算碰撞后速度的代码

5. 试一试

打开示例程序，修改小球或木块的质量，程序的运行效果会有何变化呢？动手试试吧。

第36课
弹性碰撞1——小球对对碰

1. 课程目标

在前面的课程中，我们学习了非弹性碰撞，本节课学习另一种碰撞的类型——弹性碰撞。弹性碰撞有哪些特性呢？它与非弹性碰撞的本质区别是什么呢？

本节课将带你学习弹性碰撞的物理原理，并用Scratch编写程序模拟"小球对对碰"的实验。该程序预期实现的效果如图36-1所示。有三组小球，每组两个，将其中一个小球以一定的速度运动，撞向另一个静止的小球，计算它们碰撞后的速度并进行对比。

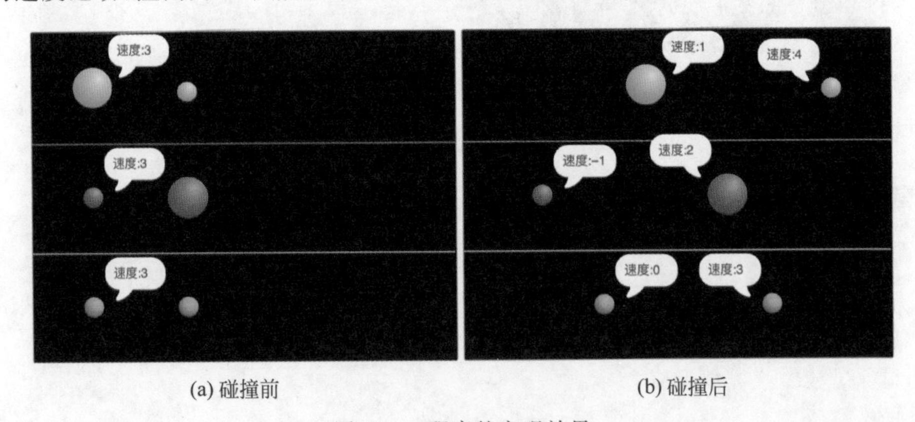

(a) 碰撞前　　(b) 碰撞后

图36-1　程序的实现效果

2. 物理知识

弹性碰撞

在理想的情况下，物体之间发生碰撞后，形变能够恢复，过程中没有发声、发热，没有动能损失，这种碰撞叫作弹性碰撞。通常情况下，硬质木球或钢球在发生碰撞时，动能的损失很小可以忽略不计，也可以看作弹性碰撞。

假设两个钢球的质量为 m_1、m_2，碰撞前的速度为 v_1、v_2，发生弹性碰撞后的速度为 v_1'、v_2'，由动量守恒定律和能量守恒定律可以计算出 v_1'、v_2'。

动量守恒定律：

$$m_1v_1+m_2v_2=m_1v_1'+m_2v_2'$$

能量守恒定律：

$$\frac{1}{2}m_1v_1^2+\frac{1}{2}m_2v_2^2=\frac{1}{2}m_1v_1'^2+\frac{1}{2}m_2v_2'^2$$

在本节课的案例中，我们将学习弹性碰撞中最简单的一种模型——弹性正碰。弹性正碰是指物体碰撞前后的运动方向始终在一条直线上。该如何设计这个程序呢？

3. 算法分析

本案例程序共有三组小球，每组两个。将每组的一个小球 A 以一定的速度运动，撞向另一个静止的小球 B。

假设小球 A、B 的质量为 m_1、m_2，碰撞前小球 A 的速度为 v_1（$v_1<10$），小球 B 的速度为 0。当小球 A 撞上小球 B 时，发生弹性碰撞。假设碰撞后小球 A、B 的速度为 v_1'、v_2'。根据动量守恒定律和能量守恒定律，可得出如下等式：

$$m_1v_1=m_1v_1'+m_2v_2' \tag{36-1}$$

$$\frac{1}{2}m_1v_1^2=\frac{1}{2}m_1v_1'^2+\frac{1}{2}m_2v_2'^2 \tag{36-2}$$

采用枚举法，从 −10 开始列举 v_1'，并用式(36-1)计算出 v_2'的值，再把 v_1'、v_2'代入式(36-2)判断是否成立。若成立，则找到该问题的解。

程序中应用上述方法，计算出三组小球碰撞前后的数据如图 36-2 所示。

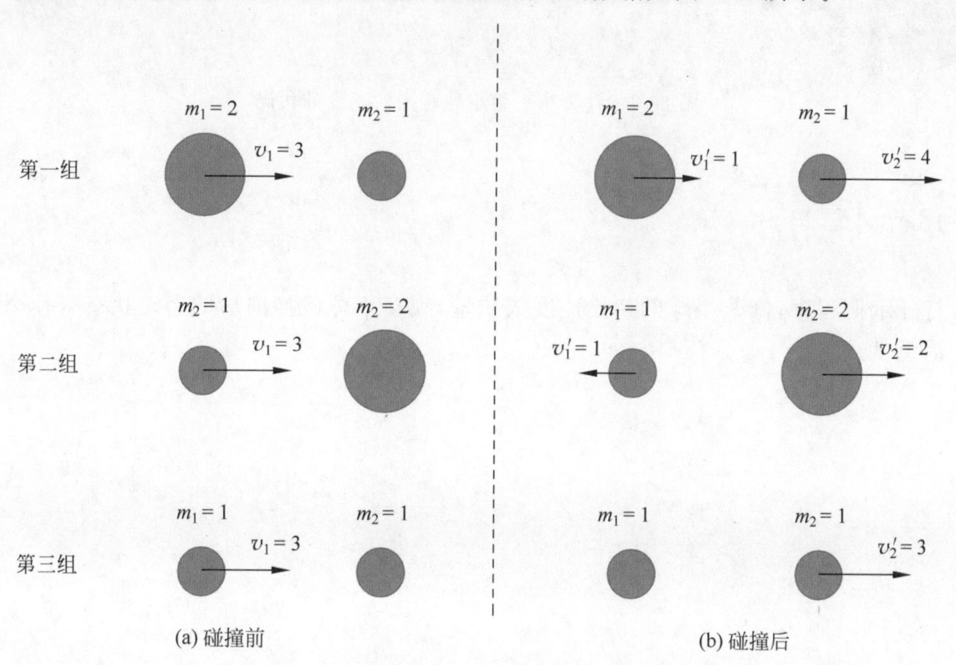

图 36-2　采用枚举法计算出的数据结果

4. 编程实现

（1）新建角色。

本程序的主要角色有：小球 1、小球 2、小球 3、小球 4、小球 5、小球 6。其中，小球 1、小球 2 为第一组；小球 3、小球 4 为第二组；小球 5、小球 6 为第三组。

（2）数据初始化。

以第一组小球为例，每组小球都有 4 个变量，分别为“小球 1 的质量”“小球 1 的速度”“小球 2 的质量”“小球 2 的速度”。变量初始化如图 36-3 所示。

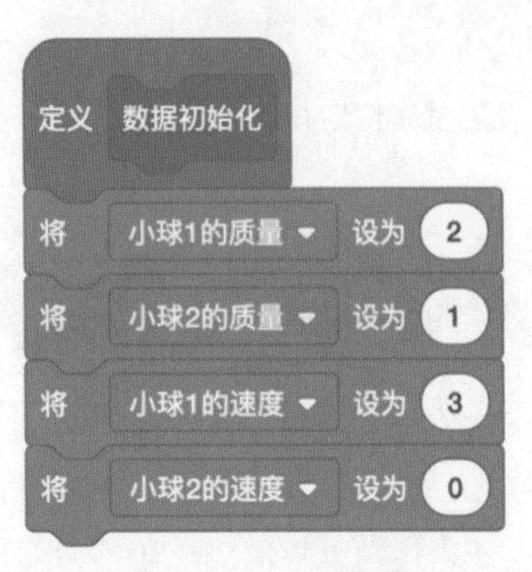

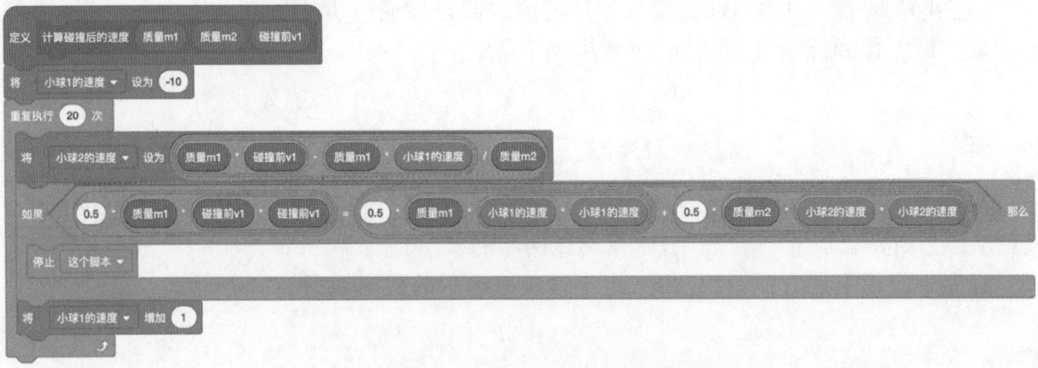

（3）计算弹性碰撞后的速度。

以第一组小球为例，根据动量守恒定律和能量守恒定律，采用枚举法，计算碰撞后的速度，代码如图 36-4 所示。

定义 数据初始化
将 小球1的质量 设为 2
将 小球2的质量 设为 1
将 小球1的速度 设为 3
将 小球2的速度 设为 0

图 36-3　第一组小球的数据初始化代码

定义 计算碰撞后的速度 质量m1 质量m2 碰撞前v1
将 小球1的速度 设为 -10
重复执行 20 次
将 小球2的速度 设为 质量m1 碰撞前v1 质量m1 小球1的速度 质量m2
如果 0.5 质量m1 碰撞前v1 碰撞前v1 = 0.5 质量m1 小球1的速度 小球1的速度 + 0.5 质量m2 小球2的速度 小球2的速度 那么
停止 这个脚本
将 小球1的速度 增加 1

图 36-4　计算第一组小球碰撞后速度的代码

5. 试一试

打开示例程序，修改小球的初始速度或质量，观察小球碰撞前后的运动状态有什么不同呢？动手试试吧。

第37课
弹性碰撞2——打台球

1. 课程目标

在第36课中,我们学习了弹性碰撞,并用Scratch模拟了弹性碰撞中最简单的一种模型——弹性正碰。本节课将继续带你学习弹性碰撞中最常见的非正碰模型。人们经常玩的打弹珠、打台球就是这种物理模型。

本节课的案例预期实现效果如图37-1所示。模拟打台球的场景,对白球发力,弹射白球去撞击蓝球。不同的弹射力度与弹射方向,两球的运动状态也会不同。

图37-1 程序的实现效果

到底撞击前后两球的运动状态与哪些因素有关呢?接下来,我们一起探究其中的奥秘吧!

2. 物理知识

在本节课的案例中,白球和蓝球是两个大小相同的硬质台球。两球的运动状态存在两种场景。

第一种场景：白球正好撞击到蓝球的球心，此时白球的动能全部传递给蓝球，白球会慢慢停下来，蓝球以相同的速度继续运动。

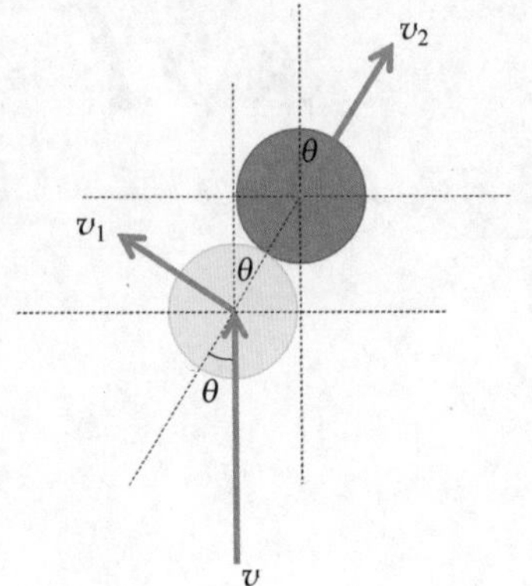

图 37-2　撞击后两球的状态

第二种场景：白球没有撞击到蓝球的球心，此时蓝球和白球分别以不同的速度，弹向不同的方向。应该如何计算两个球的速度和方向呢？

如图 37-2 所示，当白球以速度 v 撞向蓝球，假设撞击后白球的速度为 v_1，蓝球的速度为 v_2，v 与 v_2 的方向之间的夹角为 θ，则两球的运动状态存在如下关系。

(1) v_1 和 v_2 的方向是垂直的。

(2) v_2 的方向在两球球心的连线上。

(3) 根据动能守恒定律，有 $\frac{1}{2}mv^2=\frac{1}{2}mv_1^2+\frac{1}{2}mv_2^2$，即 $v^2=v_1^2+v_2^2$。

(4) $v_1=v\sin\theta$，$v_2=v\cos\theta$。

明白了这个物理原理之后，接下来用 Scratch 编写“打台球”的程序。

3. 算法分析

用自然语言描述整个程序的算法，步骤如下。

(1) 程序开始，进行数据初始化。

(2) 用鼠标控制白球开球的速度与方向。

(3) 按下鼠标，发射白球。

(4) 白球沿直线运动，碰到边缘反弹。

(5) 判断白球是否碰到蓝球，若是，按照碰撞模型计算两球的速度与方向，然后转到第(5)步；若否，白球继续运动。

(6) 两球以新的速度和方向继续运动。

(7) 判断白球是否停下来，若是，转到第(2)步。

用流程图可以更直观地描述程序的算法，如图 37-3 所示。

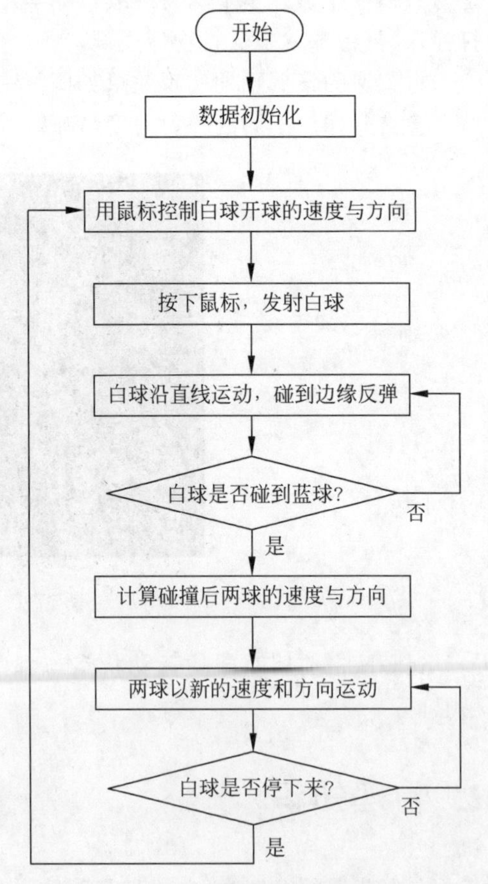

图 37-3　程序算法流程图

4. 编程实现

(1) 新建角色。

本程序的主要角色有：白球、蓝球、画笔。

(2) 进行数据初始化，代码如图 37-4 所示。

(3) 控制白球开球的速度和方向，代码如

图 37-5 所示。

图 37-4 数据初始化的代码

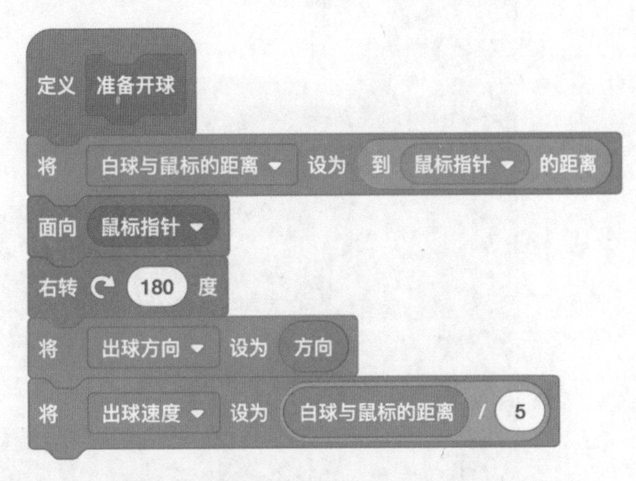

图 37-5 控制白球开球速度和方向的代码

(4) 白球沿着直线移动,碰到边缘反弹,代码如图 37-6 所示。

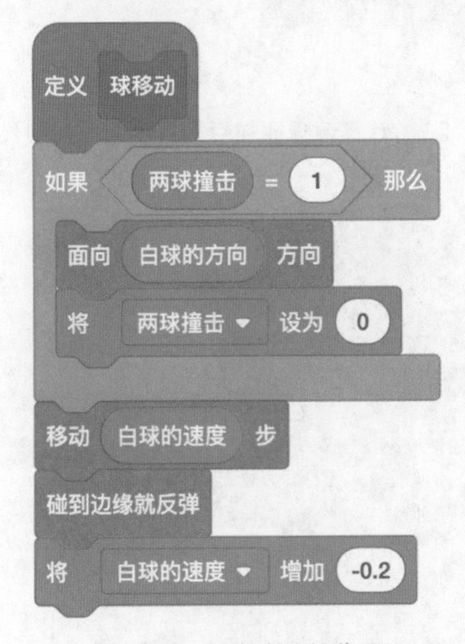

图 37-6 白球移动的代码

(5) 白球与蓝球碰撞后,计算两球的速度与方向,代码如图 37-7 所示。

这里要做一个判断,看白球是偏蓝球的左侧撞击,还是偏蓝球的右侧撞击。如果偏左侧撞击,则白球会向左弹;如果偏右侧撞击,则白球会向右弹。最后白球运动的方向和蓝球运动的方向是垂直的。

(6) 碰撞后蓝球沿直线运动,碰到边缘反弹,代码如图 37-8 所示。

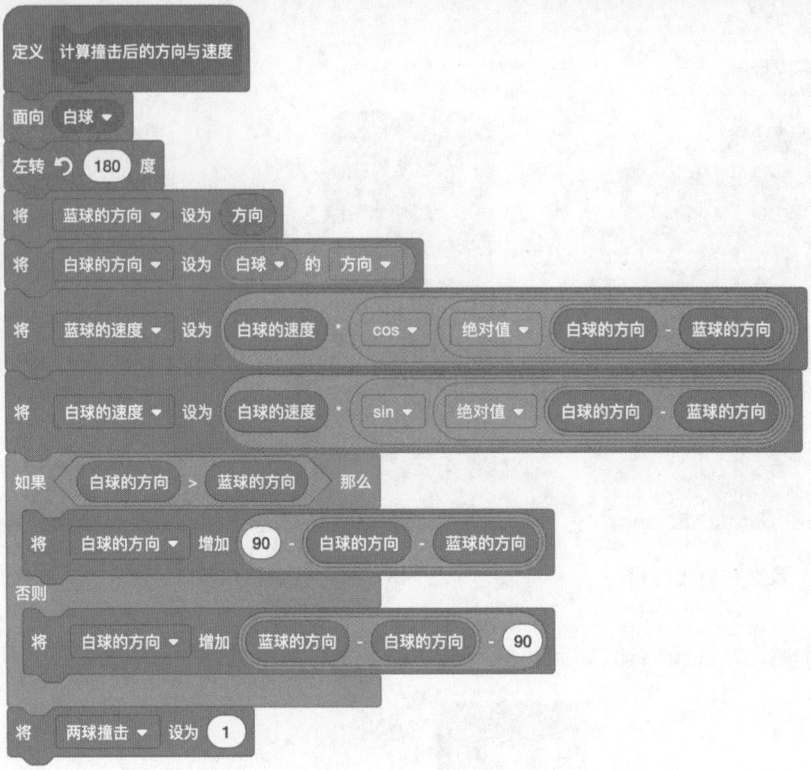

定义 计算撞击后的方向与速度
面向 白球
左转 180 度
将 蓝球的方向 设为 方向
将 白球的方向 设为 白球 的 方向
将 蓝球的速度 设为 白球的速度 * cos 绝对值 白球的方向 - 蓝球的方向
将 白球的速度 设为 白球的速度 * sin 绝对值 白球的方向 - 蓝球的方向
如果 白球的方向 > 蓝球的方向 那么
将 白球的方向 增加 90 - 白球的方向 - 蓝球的方向
否则
将 白球的方向 增加 蓝球的方向 - 白球的方向 - 90
将 两球撞击 设为 1

图 37-7　计算两球碰撞后的速度与方向的代码

重复执行
等待 碰到 白球 ?
计算撞击后的方向与速度
重复执行直到 蓝球的速度 < 0.00001
移动 蓝球的速度 步
碰到边缘就反弹
将 蓝球的速度 增加 -0.2

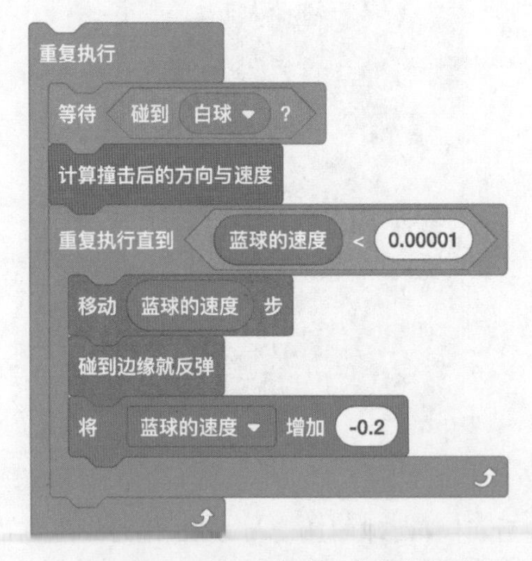

图 37-8　碰撞后蓝球运动的代码

5. 试一试

如果给球台增加一个球洞，球运动到球洞处就会进洞，应该如何修改程序呢？动手试试吧。

第8篇 圆周运动

圆周运动是一种常见的曲线运动。生活中做圆周运动的物体随处可见,例如电风扇的扇叶、时钟的指针、自行车的车轮等。匀速圆周运动是一种最简单的圆周运动,例如匀速行驶的汽车发动机、匀速转动的旋转木马做的都是匀速圆周运动。

本篇用 Scratch 模拟各种圆周运动,在妙趣横生的 Scratch 案例中感受圆周运动的魅力。

第38课　圆周运动——自制时钟

第39课　匀速圆周运动——自制电风扇

第40课　天体的运动1——太阳、地球与月球

第41课　天体的运动2——太阳系的行星

第42课　宇宙速度——航天飞行

第38课
圆周运动——自制时钟

1. 课程目标

本节课将带你学习圆周运动的规律，并用 Scratch 编写程序模拟实现“自制时钟”。相信学完本节课的内容后，你对圆周运动在日常生活中的应用会有更深刻的理解。

本节课案例预期实现的效果如图 38-1 所示。用画笔做圆周运动画出表盘，同时根据时针、分针、秒针做圆周运动的规律，让指针准确地指向当前的时间，并分别计算出三个指针的角速度。

图 38-1　程序的实现效果

2. 物理知识

圆周运动

物体做的运动轨迹为圆周或一段圆弧的机械运动叫作圆周运动。如摩天轮、电风扇、车轮子等物体做的都是圆周运动。

线速度

物体上任意一点对定轴做圆周运动的速度，称为线速度。

如图38-2所示，物体沿着圆弧从M向N运动时，在某时刻运动到A点。假设物体在很短的时间Δt内，从A点运动到B点，经过的弧长为Δs。如果Δt很小，就可以用$\frac{\Delta s}{\Delta t}$表示物体在$A$点运动的快慢，也就是物体在$A$点的线速度的大小，即

$$v=\frac{\Delta s}{\Delta t}$$

当Δt足够小时，弧长Δs等于线段的长度Δl。

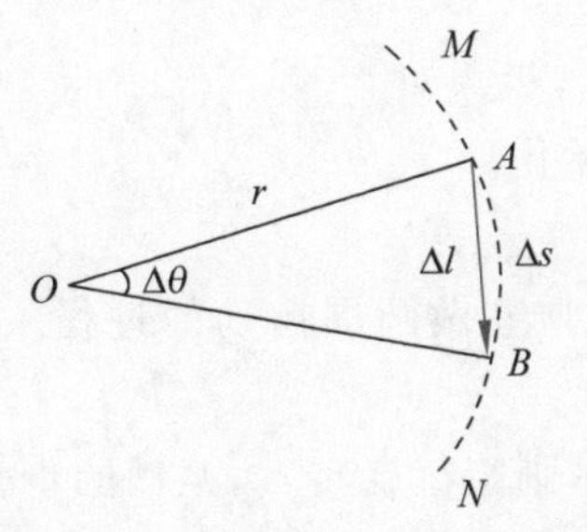

图38-2　物体在A点的线速度

线速度的单位是m/s。线速度是矢量，有大小也有方向。线速度的方向时刻改变，并始终指向该点的切线方向。

角速度

如图38-3所示，物体在Δt内从A点运动到B点，半径OA在这段时间内转过的弧度为$\Delta\theta$，则角速度为

$$\omega=\frac{\Delta\theta}{\Delta t}$$

角速度的单位是rad/s(弧度每秒)，其中1rad=57.295°。

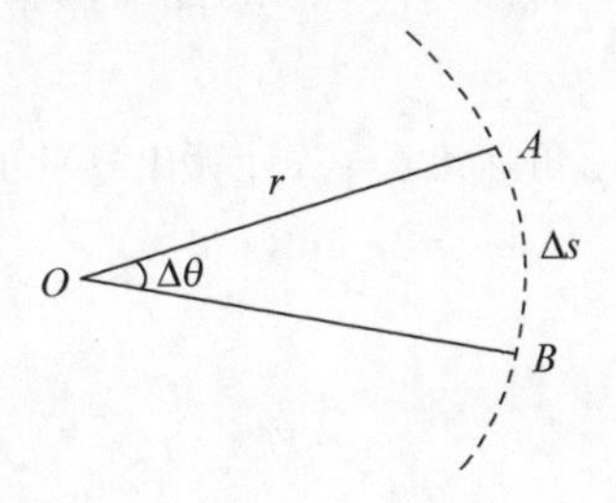

图38-3　物体在A点的角速度

线速度与角速度的关系

由于 $v=\dfrac{\Delta s}{\Delta t}$，$\omega=\dfrac{\Delta\theta}{\Delta t}$，而 $\Delta\theta=\dfrac{\Delta s}{r}$，由此可得

$$v=\omega r$$

即在圆周运动中，线速度的大小等于角速度的大小乘以半径。

明白了这些物理原理之后，接下来用 Scratch 编写“自制时钟”的程序。该如何设计这个程序呢？

3. 算法分析

用自然语言描述程序的算法，步骤如下。

（1）程序开始，进行数据初始化。

（2）画表盘。

用画笔画表盘的过程，就是画笔做圆周运动的过程。如何画一个指定半径大小的圆盘呢？

假设要制作的表盘半径为 r，画笔每旋转 $1°$，运动的步长为圆周长/360，即 $2\pi r/360$，这样就能准确地画出指定半径大小为 r 的圆了。

（3）画刻度。

表盘上的每个刻度之间间隔 $6°$。整个表盘上一共有 12 个长刻度，每两个长刻度之间有 4 个短刻度。如何判断该画长刻度还是短刻度呢？

用计数器记录当前刻度的编号。若当前刻度的编号为 5 的倍数时，画长刻度，且在旁边画上刻度值；否则，画短刻度。

（4）让时针指向当前时间。

时针每 12 小时转动一整圈，利用角速度公式，计算出时针的角速度为

$$\omega=2\pi/43200(\text{rad/s})$$

（5）让分钟指向当前时间。

分针每小时转动一整圈，利用角速度公式，计算出分针的角速度为

$$\omega=2\pi/3600(\text{rad/s})$$

（6）让秒针指向当前时间。

秒针每分钟转动一整圈，利用角速度公式，计算出秒针的角速度为

$$\omega=2\pi/60(\text{rad/s})$$

4. 编程实现

（1）新建角色。

本程序的主要角色有：画笔、刻度值、时针、分针、秒针。

（2）用画笔画圆形的表盘。

假设表盘的半径为110，要用画笔画出指定半径为110的圆形表盘，需要调用如下方法，如图38-4所示。

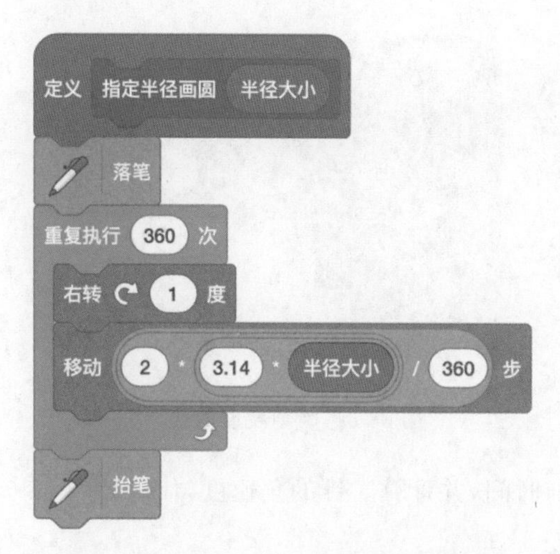

图38-4　画指定半径大小的圆的代码

（3）用画笔画刻度线。

根据计数器 n 的值与5的关系判断是该画长刻度线还是短刻度线，代码如图38-5所示。

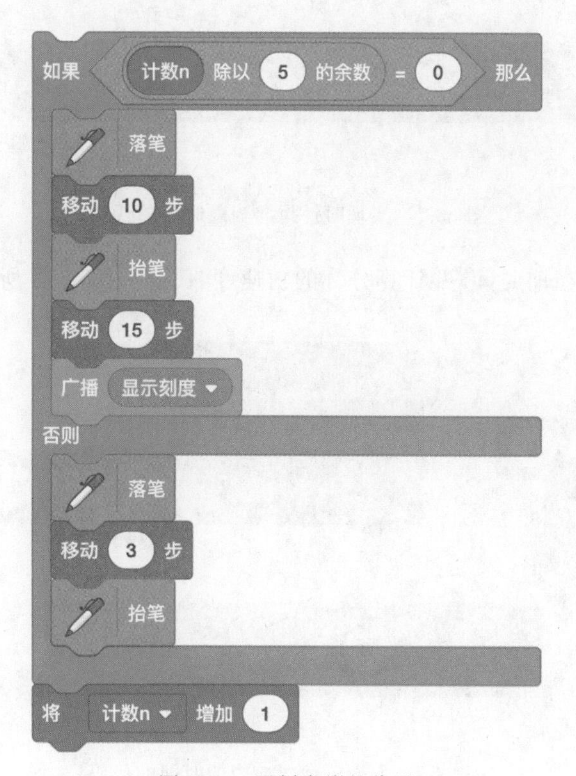

图38-5　画刻度线的代码

(4) 在长刻度线旁边画上刻度值。

角色“刻度值”一共有 12 个造型,分别对应数字 1～12。不同的造型代表不同的刻度值。采用切换造型和图章积木实现表盘刻度的显示,代码如图 38-6 所示。

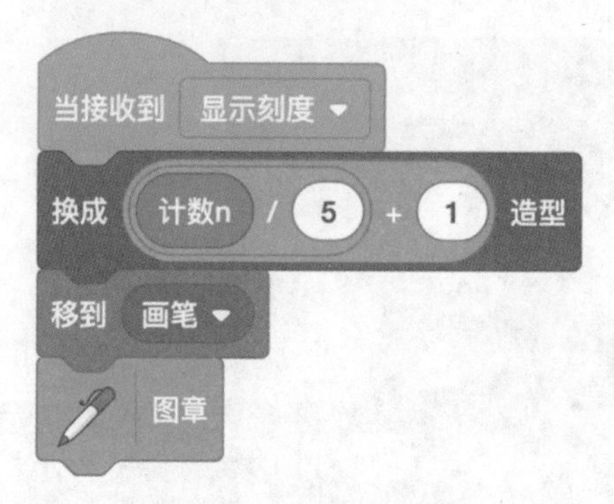

图 38-6　画刻度值的代码

(5) 让时针指向当前时间,并计算时针的角速度,代码如图 38-7 所示。

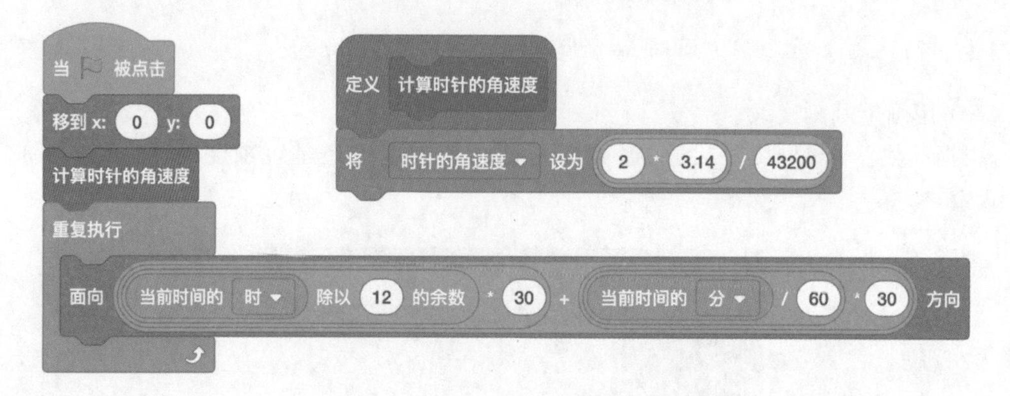

图 38-7　实现时针指向当前时间的代码

(6) 让分针指向当前时间,并计算分针的角速度,代码如图 38-8 所示。

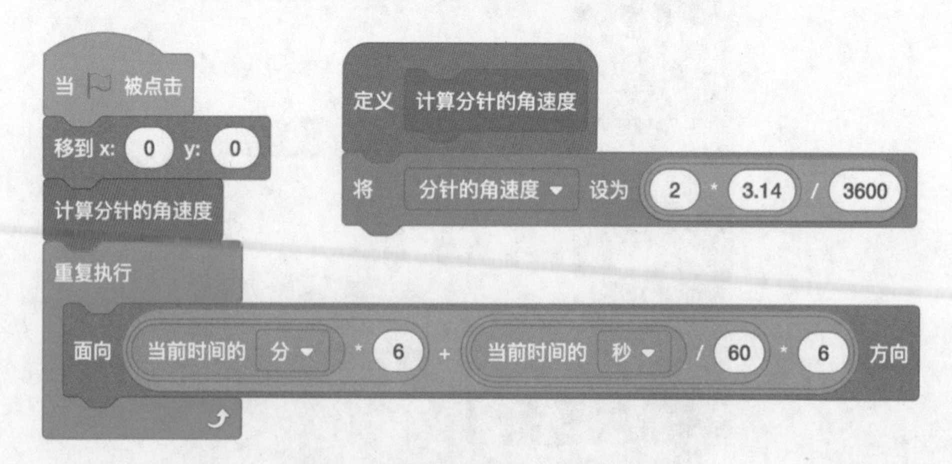

图 38-8　实现分针指向当前时间的代码

(7) 让秒针指向当前时间,并计算秒针的角速度,代码如图 38-9 所示。

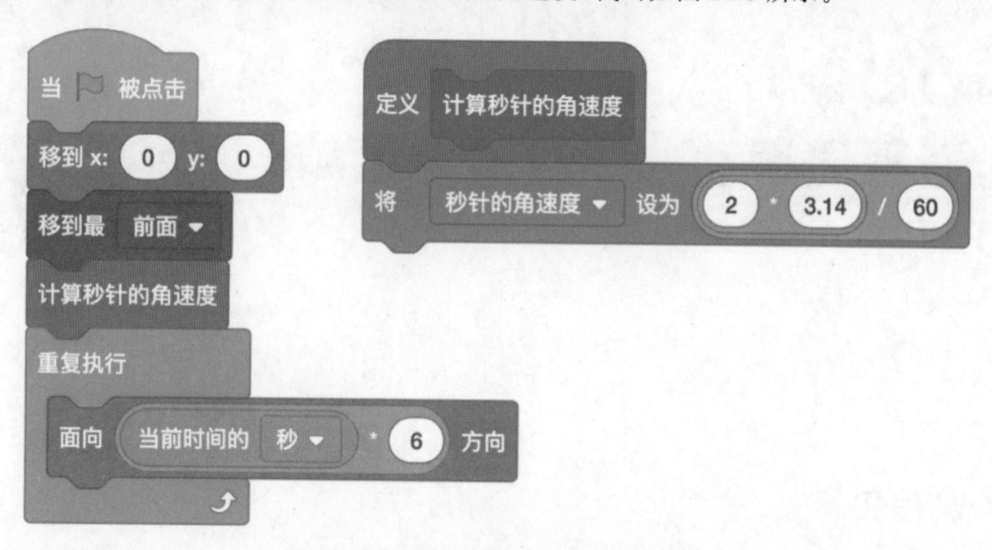

图 38-9　实现秒针指向当前时间的代码

5. 试一试

如果你想制作一个更大表盘的时钟,应该怎么实现呢? 动手试试吧。

第39课 匀速圆周运动——自制电风扇

1. 课程目标

匀速圆周运动是一种特殊的圆周运动。恒定风速的电风扇、匀速行驶的汽车发动机、匀速转动的旋转木马做的都是匀速圆周运动。

本节课将带你学习匀速圆周运动的特性,并用 Scratch 模拟实现“自制电风扇”的程序。该程序预期实现的效果如图 39-1 所示,风扇共有 0、1、2、3 四挡风速可调节。调到 0 挡,风扇停止,1 挡的风速最小,3 挡的风速最大。程序展示了每个挡位下,风扇扇叶的角速度、线速度、转速和周期的大小。

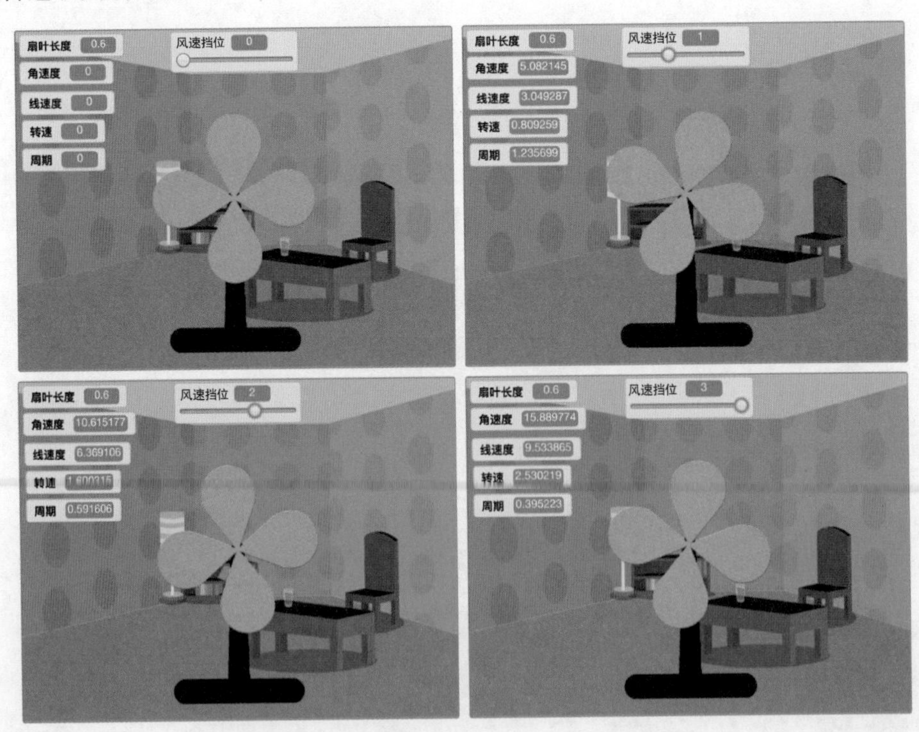

图 39-1 程序的实现效果

2. 物理知识

匀速圆周运动

当物体做圆周运动时，如果在任意相等的时间内通过的圆弧长度相等，这种运动就叫作匀速圆周运动。匀速圆周运动是圆周运动中最简单也最常见的运动。

线速度

匀速圆周运动的线速度大小等于角速度的大小与半径的乘积，即

$$v=\omega r$$

线速度的单位是 m/s。物体做匀速圆周运动时，线速度的大小不变。

角速度

匀速圆周运动的角速度大小等于物体在一段时间内转过的角度与所用时间的比值，即

$$\omega=\frac{\Delta\theta}{\Delta t}$$

角速度的单位是 rad/s。物体做匀速圆周运动时，角速度的大小不变。

周期

做匀速圆周运动的物体运动一周所用的时间叫作周期，即

$$T=\frac{2\pi}{\omega}$$

周期的单位是 s。物体做匀速圆周运动时，周期的大小不变。

转速

转速是指做匀速圆周运动的物体每秒转过的圈数，即

$$n=\frac{1}{T}=\frac{\omega}{2\pi}$$

转速的单位是 r/s(转每秒)。物体做匀速圆周运动时，转速的大小不变。

明白了这些物理原理之后，接下来用 Scratch 编写“自制电风扇”的程序。该如何设计这个程序呢？

3. 算法分析

在“自制电风扇”的程序中，整个电风扇都是通过画笔绘制出来的。用自然语言描述程序的算法，步骤如下。

(1) 程序开始，进行数据初始化。

(2) 全部清除。

(3) 绘制底座。

(4) 旋转画笔方向，绘制风扇扇叶。

风扇扇叶的连续旋转效果是通过“清除”→“旋转画笔方向”→“重画扇叶”，然后不断重复这个过程实现的。

(5) 计算数据。

计算风扇做匀速圆周运动的数据，包括风扇扇叶的角速度、线速度、周期、转速等数据。计算公式如下：

$$角速度\ \omega=\frac{\Delta\theta}{\Delta t}=\frac{转动总弧度}{计时器时间}$$

$$=\frac{转动总角度}{57.295\times 计时器时间}$$

$$=\frac{单次转动角度\times 转动次数}{57.295\times 计时器时间}$$

$$线速度\ v=\omega\times 扇叶的长度$$

$$周期\ T=\frac{2\pi}{\omega}$$

$$转速\ n=\frac{1}{T}$$

(6) 调节风速。

判断如果风速挡位改变了，则调整画笔旋转速度，并转到第(2)步；否则，直接转到第(2)步。

用流程图可以更直观地描述算法，如图 39-2 所示。

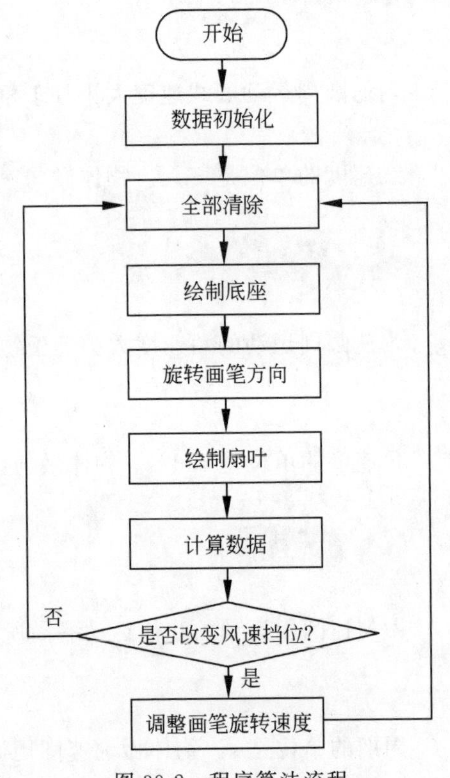

图 39-2　程序算法流程

4. 编程实现

(1) 新建角色。

本程序的主要角色有：画笔。

(2) 进行数据初始化，代码如图 39-3 所示。

(3) 调节风扇的风速。

用变量“风速挡位”来代表风扇的挡位调节器。将此变量设置为“滑杆”模式，并把滑杆

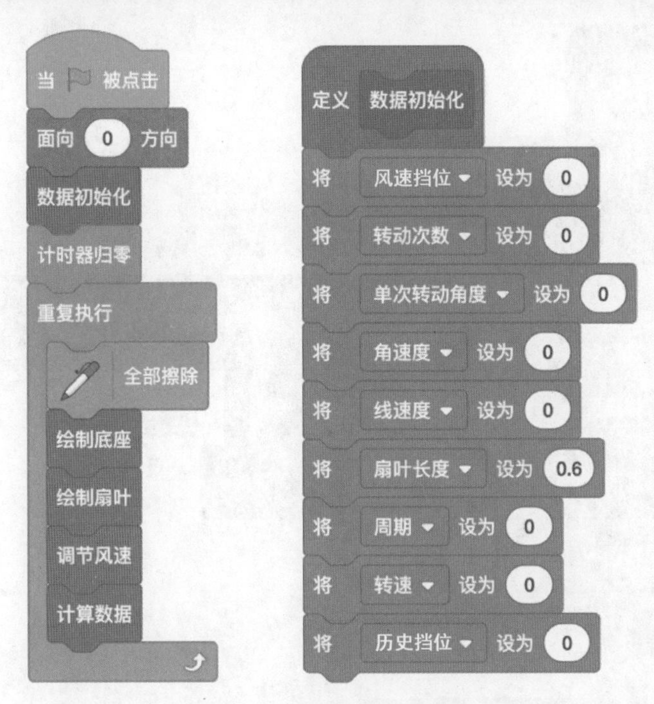

图 39-3　数据初始化的代码

的取值范围设置为 0～3。

用变量“历史挡位”存储当前风扇所处的挡位。如果风速的挡位被改变了，则变量“风速挡位”的值不再等于变量“历史挡位”的值，此时需要调节风扇扇叶的转速到新的挡位。

调节扇叶的转速是通过调节风扇扇叶单次转动的角度实现的。风扇扇叶单次转动的角度值存储在列表“各挡位风速列表”里，用“风速挡位”的值加 1 作为下标去获取新挡位对应的值，代码如图 39-4 所示。

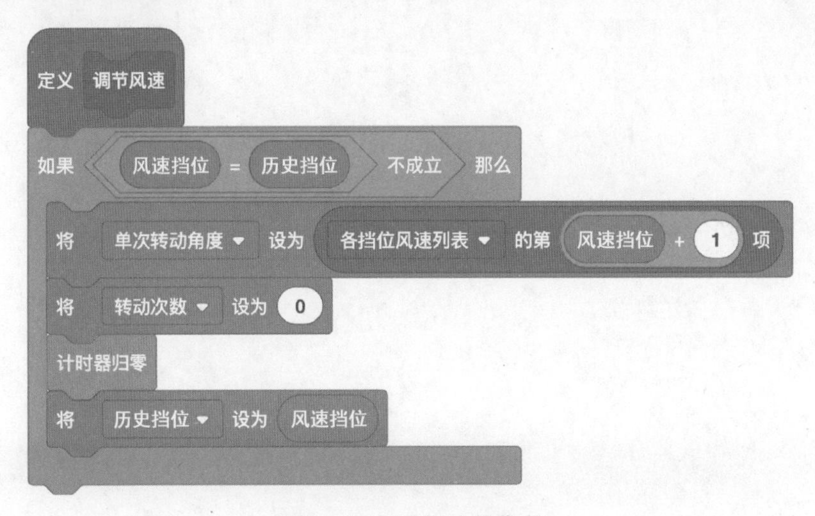

图 39-4　调节风速的代码

(4) 计算风扇扇叶做匀速圆周运动的数据，代码如图 39-5 所示。

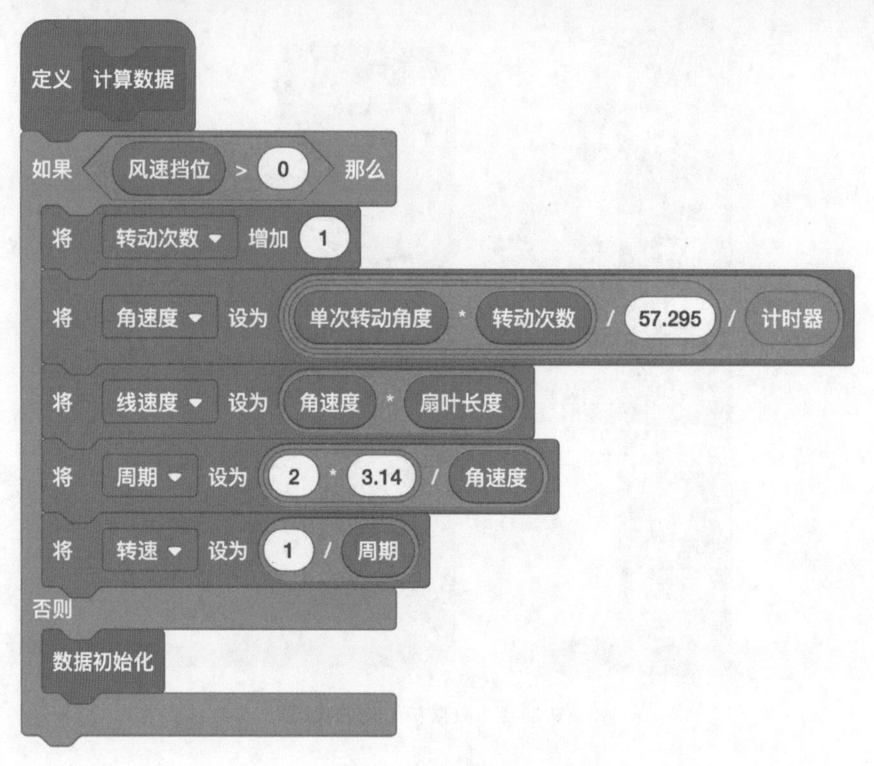

图 39-5　计算数据的代码

5. 试一试

打开示例程序，如果想把风扇的挡位改成 0、1、2、3、4 共五挡，应该如何修改程序呢？动手试试吧。

第40课
天体的运动1——太阳、地球与月球

1. 课程目标

地球是太阳系中的行星之一,它围绕太阳运转。月球是地球的卫星,它围绕地球运转。地球和月球都在各自的轨道上运行着,它们运行的轨道有怎样的特点呢?

本节课将带你学习天体的运动规律,并用 Scratch 编写程序模拟"太阳、地球与月球"的运动模型。该程序预期实现的效果如图 40-1 所示,地球在围绕太阳不停地运转,月球在围绕地球不停地运转,同时用画笔画出它们的运行轨迹。

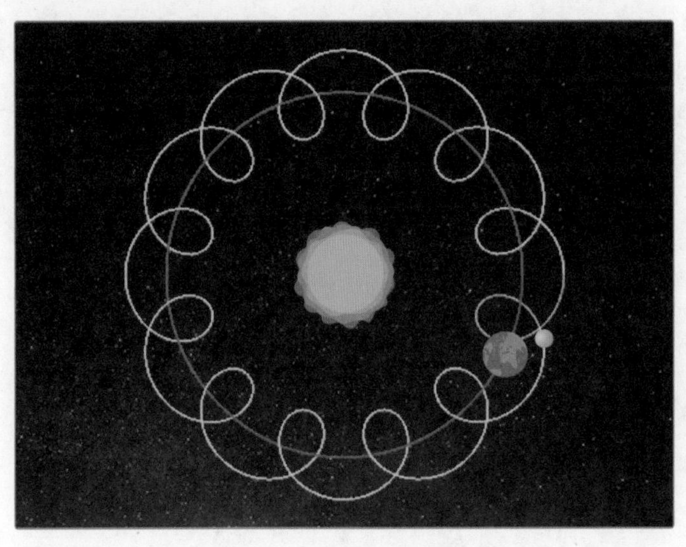

图 40-1 程序的实现效果

2. 物理知识

在古代,人们对天体的运动存在两种对立的观点:一种是地心说,认为地球是宇宙的中心;另一种是日心说,认为太阳是静止的,其他行星都围绕太阳运动。后来,日心说战胜了地心说。虽说这两种观点是对立的，但它们有一个共同点，就是古人都把天体的运动看作是完美的匀速圆周运动。真的是这样吗？

德国天文学家开普勒经过长期观测和计算，发现行星绕太阳运动的轨道并不是圆，而是椭圆；太阳不在椭圆的中心，而是在椭圆的一个焦点上；行星与太阳间的距离是不断变化的，这就是著名的开普勒第一定律。

实际上，行星的轨道与圆是十分接近的。在物理学初级阶段，我们可以把它按以下方式简化处理。

(1) 行星绕太阳运动的轨道十分接近圆，太阳处在圆的中心。

(2) 行星绕太阳做圆周运动的角速度不变。

也就是说，我们可以简单地认为，行星绕太阳做匀速圆周运动。

明白了这个物理原理之后，接下来用 Scratch 编写“太阳、地球与月球”的程序。

3. 算法分析

在本节课的案例中，我们把地球绕太阳的运动和月球绕地球的运动都简单地看作匀速圆周运动。

在前面的课程中，我们学会了让物体绕着某个固定中心点做匀速圆周运动。但在本节课的案例中，月球是绕着运动中的地球运转的。这种物体绕着运动的中心点做匀速圆周运动的模型，该如何实现呢？

要模拟物体做圆周运动，就是计算物体在圆周上运动时的位置坐标。如图 40-2 所示，已知圆心的位置(x_0, y_0)，圆的半径 r，圆心与物体的直线与水平方向的夹角 θ，则物体的位置坐标为

$$x_1 = x_0 + r\cos\theta$$
$$y_1 = y_0 + r\sin\theta$$

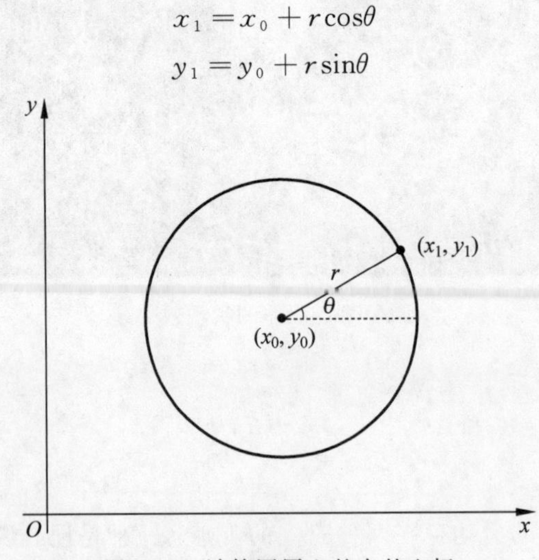

图 40-2　计算圆周上的点的坐标

4. 编程实现

(1) 新建角色。

本程序的角色主要有：太阳、地球、月球。

(2) 数据初始化。为角色“地球”新建变量“太阳与地球的距离”“太阳与地球连线的夹角”，其数据初始化的代码如图 40-3 所示。

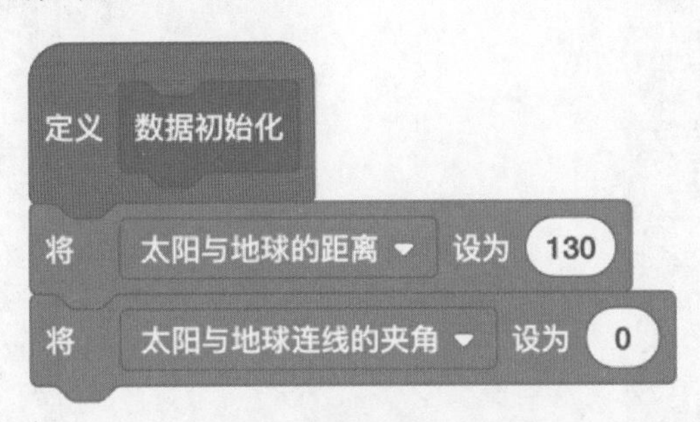

图 40-3　地球数据初始化的代码

为角色“月球”新建变量“地球与月球的距离”“地球与月球连线的夹角”，其数据初始化代码如图 40-4 所示。

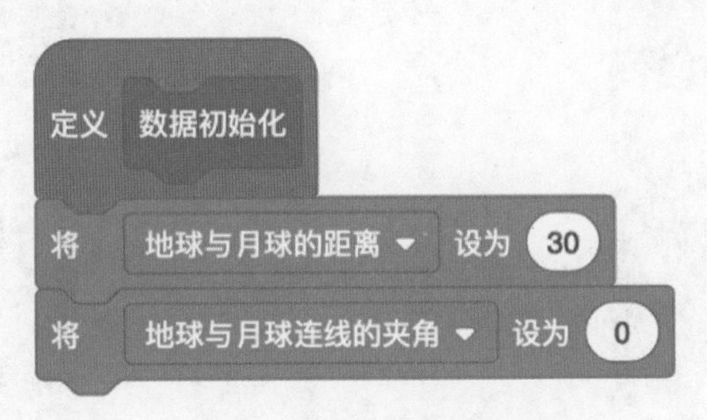

图 40-4　月球数据初始化的代码

(3) 地球围绕太阳做匀速圆周运动，代码如图 40-5 所示。

(4) 月球围绕地球做匀速圆周运动，代码如图 40-6 所示。

5. 试一试

你还能想到哪些天体运动的有趣案例呢？用 Scratch 展示出你的想法和创意吧。

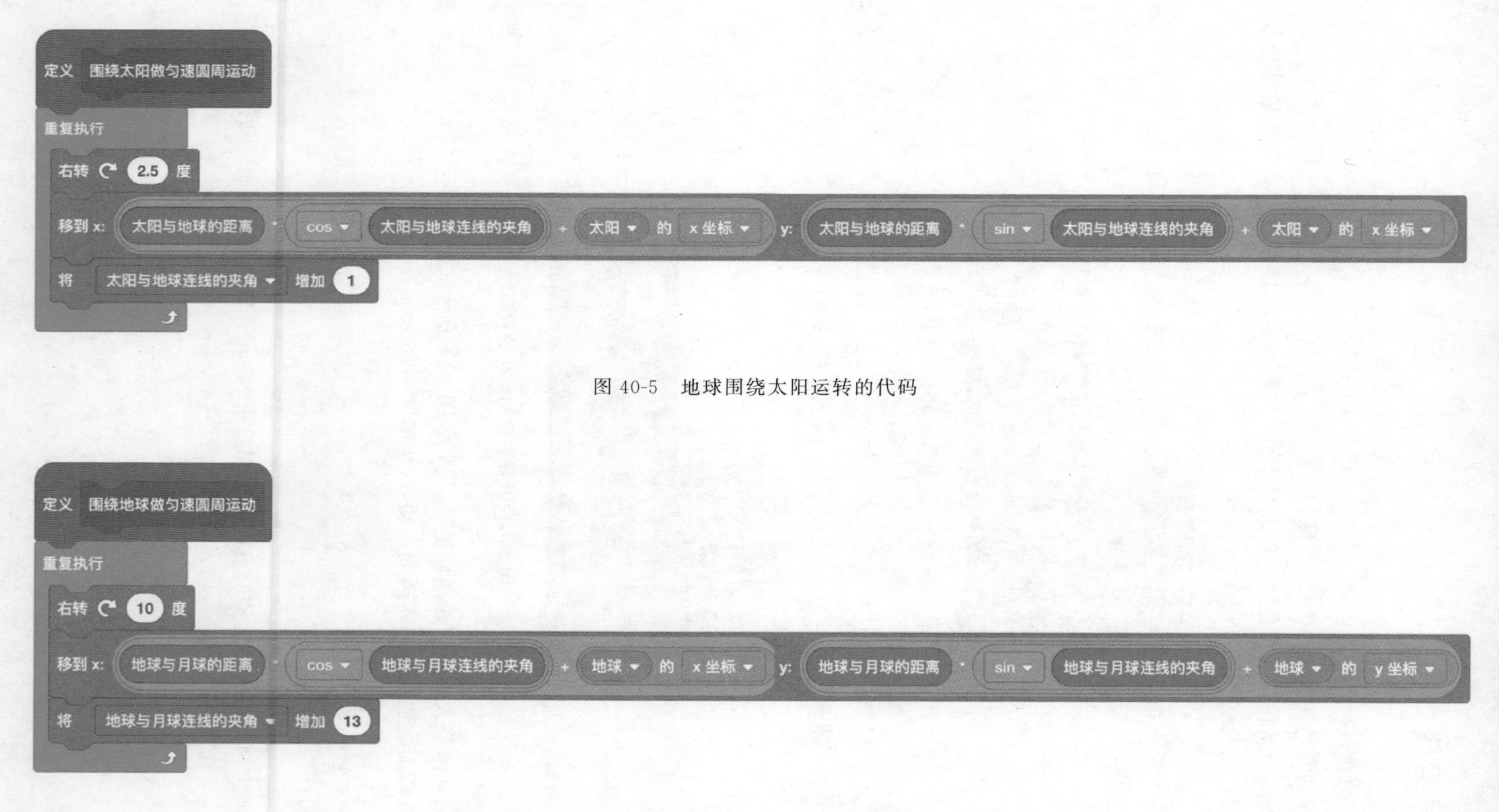

图 40-5 地球围绕太阳运转的代码

图 40-6 月球围绕地球运转的代码

第41课
天体的运动2——太阳系的行星

1. 课程目标

在第40课中，我们学习了太阳、地球与月球的运动，本节课将继续带你学习更多太阳系天体运动的知识。太阳系的几大行星运行的轨道有什么区别呢？行星绕太阳运行的周期与距离太阳的远近是否有关呢？

带着以上问题，我们继续探究天体运动的规律，并用Scratch编写程序模拟实现“太阳系的行星”。该程序预期实现效果如图41-1所示。程序中选择了太阳系中的水星、金星、地球、火星四大行星，并展示出它们绕太阳运转的规律。

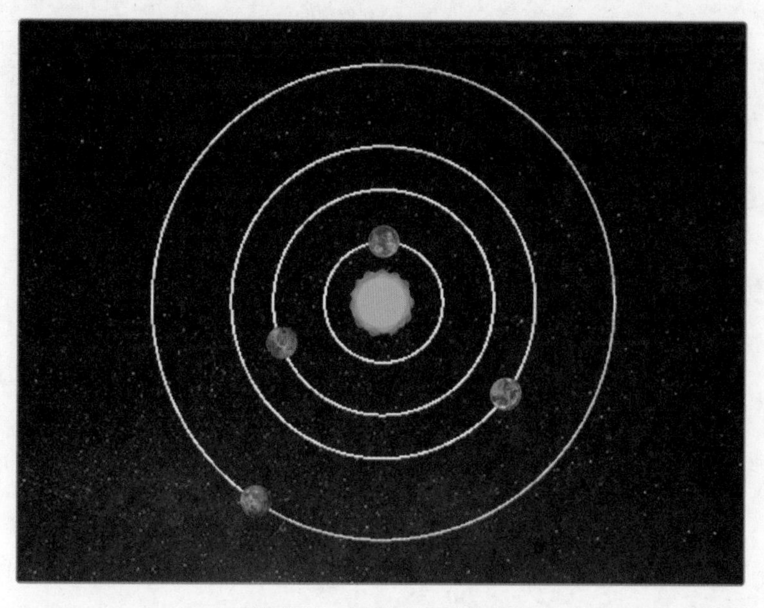

图41-1　程序的实现效果

2. 物理知识

开普勒第三定律

所有行星轨道的半长轴的三次方与公转周期的二次方的比值都是相等的。

若用 r 代表椭圆轨道的半长轴，T 代表公转周期，则有

$$\frac{r^3}{T^2}=k \tag{41-1}$$

式中：k 为对所有行星都相等的常量。

在第 40 课中，我们知道了行星的运转可以近似看作匀速圆周运动，所以将 r 简化处理，取值为行星与太阳之间的距离。

表 41-1 中列出了太阳系八大行星与太阳之间的距离。

表 41-1　太阳系八大行星距太阳的距离

行星名称	与太阳的距离/km	天文单位
水星	58 000 000	0.387
金星	108 000 000	0.723
地球	150 000 000	1.000
火星	228 000 000	1.524
木星	778 000 000	5.205
土星	1 427 000 000	9.576
天王星	2 870 000 000	19.18
海王星	4 497 000 000	30.13

明白了这个物理原理之后，接下来用 Scratch 编写“太阳系的行星”的程序。

3. 算法分析

以水星和地球为例，根据开普勒第三定律，可得$\frac{r_{水}^3}{T_{水}^2}=\frac{r_{地}^3}{T_{地}^2}$。

从表 41-1 中可知，若地球与太阳的距离为 1 个天文单位，则水星与太阳的距离为 0.387 个天文单位，即 $r_{水}=0.387r_{地}$。代入式(41-1)中，得出 $T_{水}=0.387\sqrt{0.387}\,T_{地}$。也就是说，当地球绕太阳转 1°时，水星绕太阳转$\left(\frac{1}{0.387\sqrt{0.387}}\right)^{\circ}$。同理，当地球绕太阳转 1°时，金星绕太阳转$\left(\frac{1}{0.723\sqrt{0.723}}\right)^{\circ}$，火星绕太阳转$\left(\frac{1}{1.524\sqrt{1.524}}\right)^{\circ}$。这样，我们就找到了这四大行星围绕太阳公转时的速度关系。

从图 41-2 中可以看出这四大行星绕太阳运转的快慢关系。

图 41-2　四大行星绕太阳运转的快慢关系

4. 编程实现

（1）新建角色。

本程序的主要角色有：太阳、水星、金星、地球、火星。

（2）数据初始化。新建变量“地球与太阳的距离”“水星与太阳的距离”“金星与太阳的距离”“火星与太阳的距离”。

在背景的代码区添加如下代码，进行数据初始化，代码如图 41-3 所示。

（3）地球绕太阳公转，代码如图 41-4 所示。

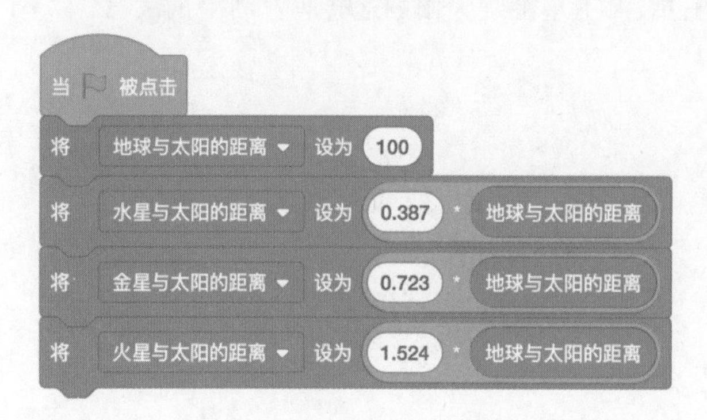

图 41-3　数据初始化的代码

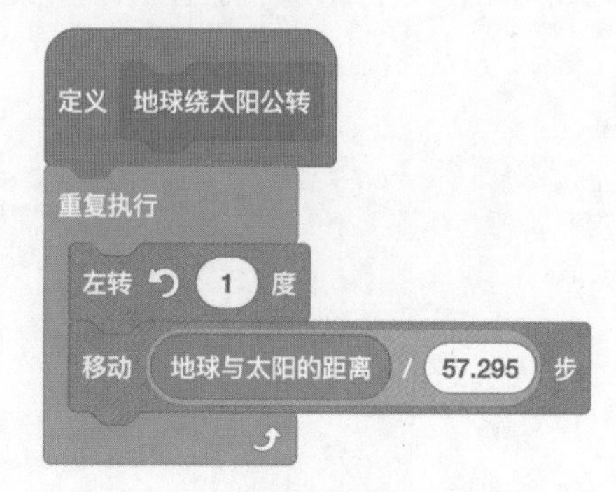

图 41-4　地球绕太阳公转的代码

（4）水星绕太阳公转，代码如图 41-5 所示。

（5）金星绕太阳公转，代码如图 41-6 所示。

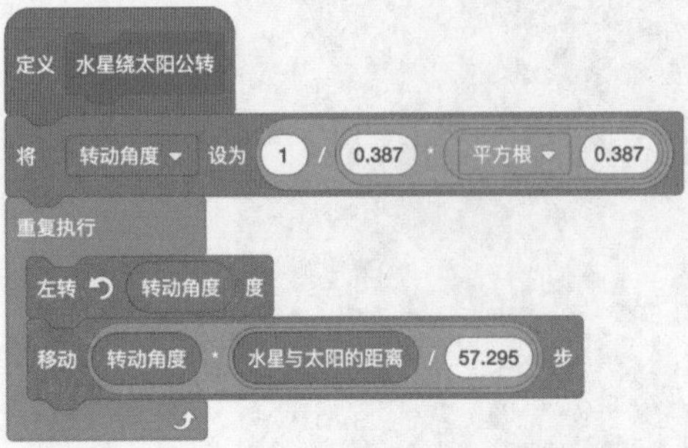

定义 水星绕太阳公转
将 转动角度 设为 1 / 0.387 * 平方根 0.387
重复执行
左转 转动角度 度
移动 转动角度 * 水星与太阳的距离 / 57.295 步
图 41-5　水星绕太阳公转的代码

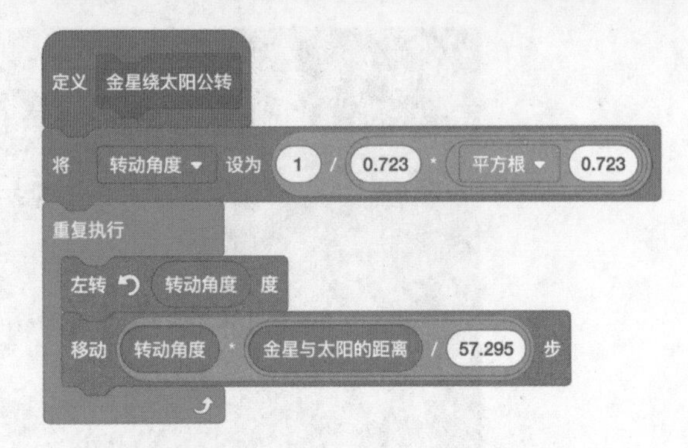

定义 金星绕太阳公转
将 转动角度 设为 1 / 0.723 * 平方根 0.723
重复执行
左转 转动角度 度
移动 转动角度 * 金星与太阳的距离 / 57.295 步
图 41-6　金星绕太阳公转的代码

(6) 火星绕太阳公转,代码如图 41-7 所示。

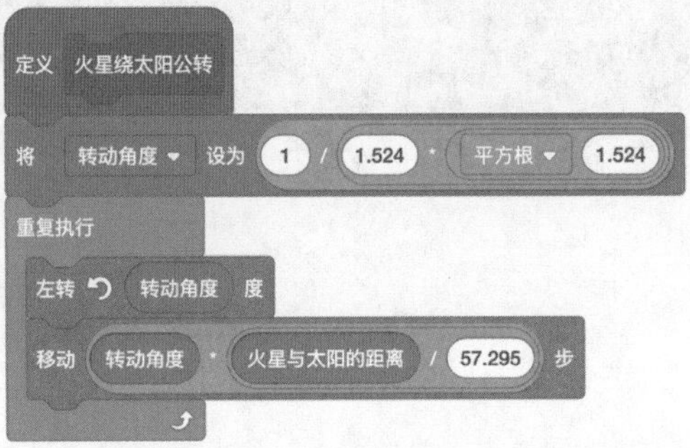

定义 火星绕太阳公转
将 转动角度 设为 1 / 1.524 * 平方根 1.524
重复执行
左转 转动角度 度
移动 转动角度 * 火星与太阳的距离 / 57.295 步
图 41-7　火星绕太阳公转的代码

5. 试一试

你能用 Scratch 模拟土星、木星、天王星、海王星围绕太阳的运转吗？动手试试吧。

第42课
宇宙速度——航天飞行

1. 课程目标

在1687年出版的《自然哲学的数学原理》中记载了牛顿的一个设想：把物体从特别高的山上水平抛出，抛出的速度越来越大，落在地面上的距离也越来越远。如果抛出的速度足够大，物体就不会再落回地面了。若干年后，人造地球卫星的发明让牛顿的设想成为现实。牛顿设想的速度足够大，究竟是多大呢？人造卫星的发射到底是什么原理呢？

本节课将带你学习宇宙速度的物理知识，并用Scratch编写模拟实现"航天飞行"的程序。该程序预期实现的效果如图42-1所示，给航天器不同的发射速度，航天器的运动状态也会不同。

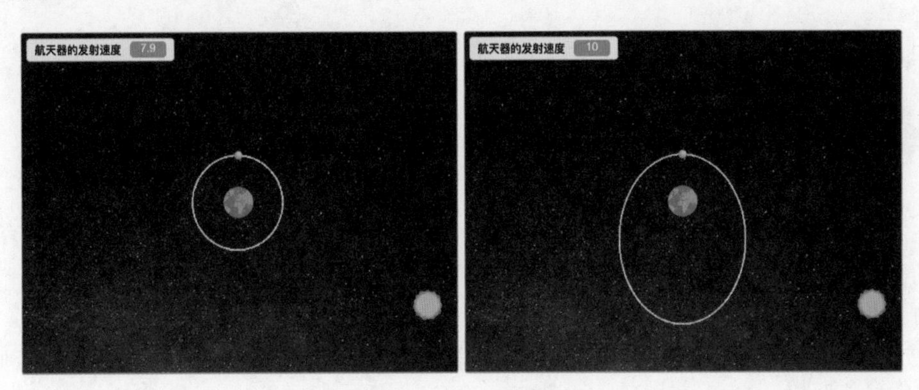

图42-1　程序的实现效果

2. 物理知识

第一宇宙速度

物体在地球附近绕地球做匀速圆周运动的速度，称为第一宇宙速度，大小是7.9km/s。

在地面附近发射航天器，如果速度小于7.9km/s，则航天器无法进入太空；如果速度等于7.9km/s，航天器就会围绕地球做圆周运动；如果速度大于7.9km/s而小于11.2km/s，则航天器绕地球运行的轨迹不是圆，而是椭圆。

第二宇宙速度

当航天器的速度大于或等于11.2km/s时，它会脱离地球引力的束缚，围绕太阳运行。

第三宇宙速度

当航天器的速度大于或等于16.7km/s时，它会脱离太阳引力的束缚，逃逸到太阳系以外的宇宙中。

从地球表面发射航天器，给航天器不同的发射速度，航天器所呈现的运行状态也会不同。将航天器的速度与其运动状态的关系整理成表格，如表42-1所示。

表42-1　航天器的速度与其运动状态的关系

航天器的速度 v/(km/s)	对应的宇宙速度	运行状态
$v<7.9$	未达到宇宙速度	无法进入太空
$v=7.9$	第一宇宙速度	绕地球做匀速圆周运动
$7.9<v<11.2$	第一宇宙速度	绕地球做椭圆运动
$11.2\leqslant v<16.7$	第二宇宙速度	摆脱地球引力，绕太阳运行
$v\geqslant 16.7$	第三宇宙速度	摆脱太阳引力，飞向外太空

明白了宇宙速度的物理原理之后，接下来用Scratch编写“航天飞行”的程序。

3. 算法分析

在本案例程序中，给航天器指定发射速度，判断航天器的运行状态。使用自然语言描述程序的算法，其步骤如下。

(1) 给航天器设置一个发射速度 v。

(2) 判断如果 $v<7.9$km/s，则提示“航天器未达到宇宙速度，不能进入太空”；否则，转到第(3)步。

(3) 判断如果 $v=7.9$km/s，则提示“达到第一宇宙速度”，航天器围绕地球做匀速圆周运动，运行轨迹是圆；否则，转到第(4)步。

(4) 判断如果7.9km/s $<v<$ 11.2km/s，则提示“达到第一宇宙速度”，航天器围绕地球做椭圆运动，运行轨迹是椭圆；否则，转到第(5)步。

(5) 判断如果11.2km/s $\leqslant v<$ 16.7km/s，则提示“达到第二宇宙速度”，航天器飞离地球，飞向太阳；否则，转到第(6)步。

(6) 提示“达到第三宇宙速度”，航天器飞离太阳系，飞向外太空。

用流程图可以更直观地描述算法，如图42-2所示。

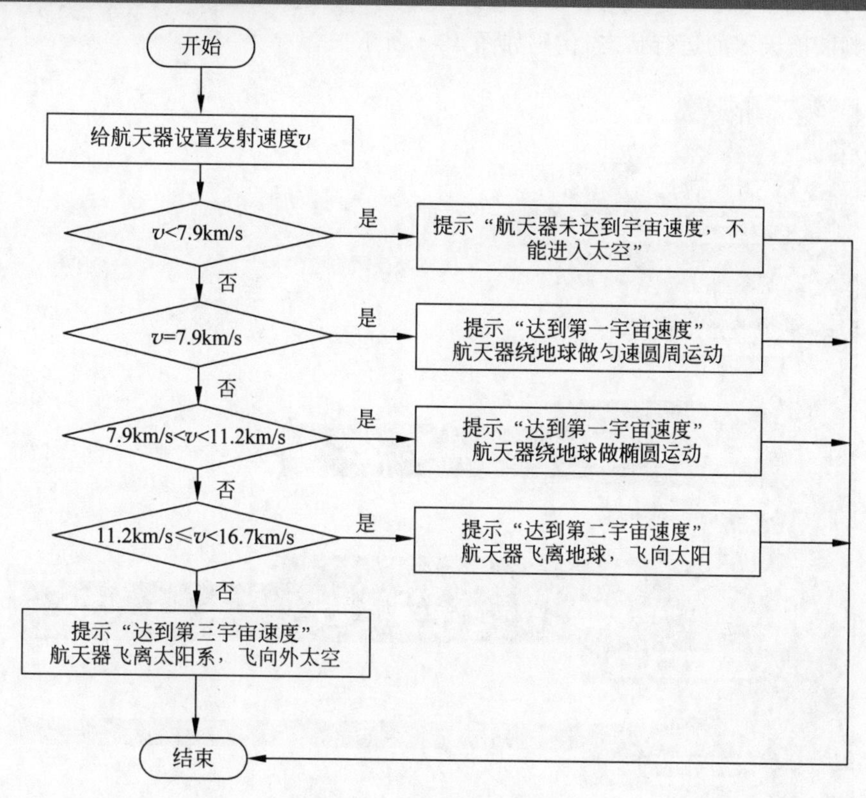

图 42-2　程序算法流程图

4. 编程实现

(1) 新建角色。

本程序的主要角色有：航天器、地球、太阳。

(2) 用列表中的值依次给航天器设置发射速度，代码如图 42-3 所示。

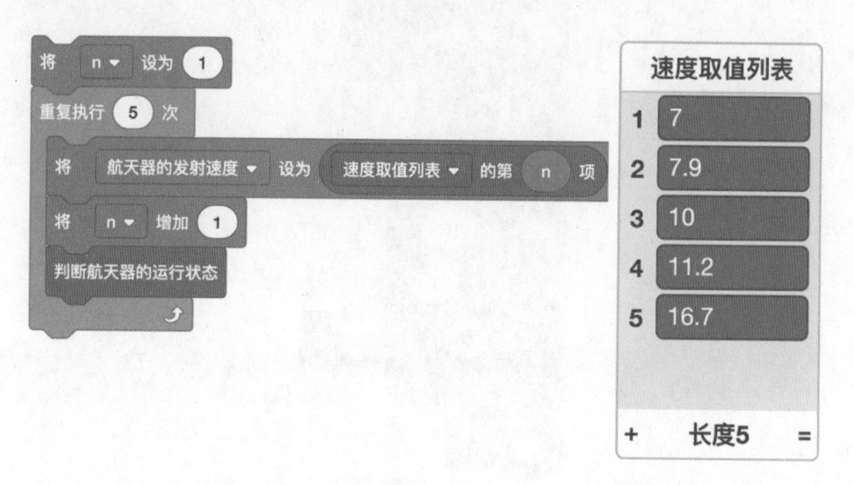

图 42-3　初始化航天器发射速度的代码

(3) 判断航天器的运行状态,代码如图 42-4 所示。

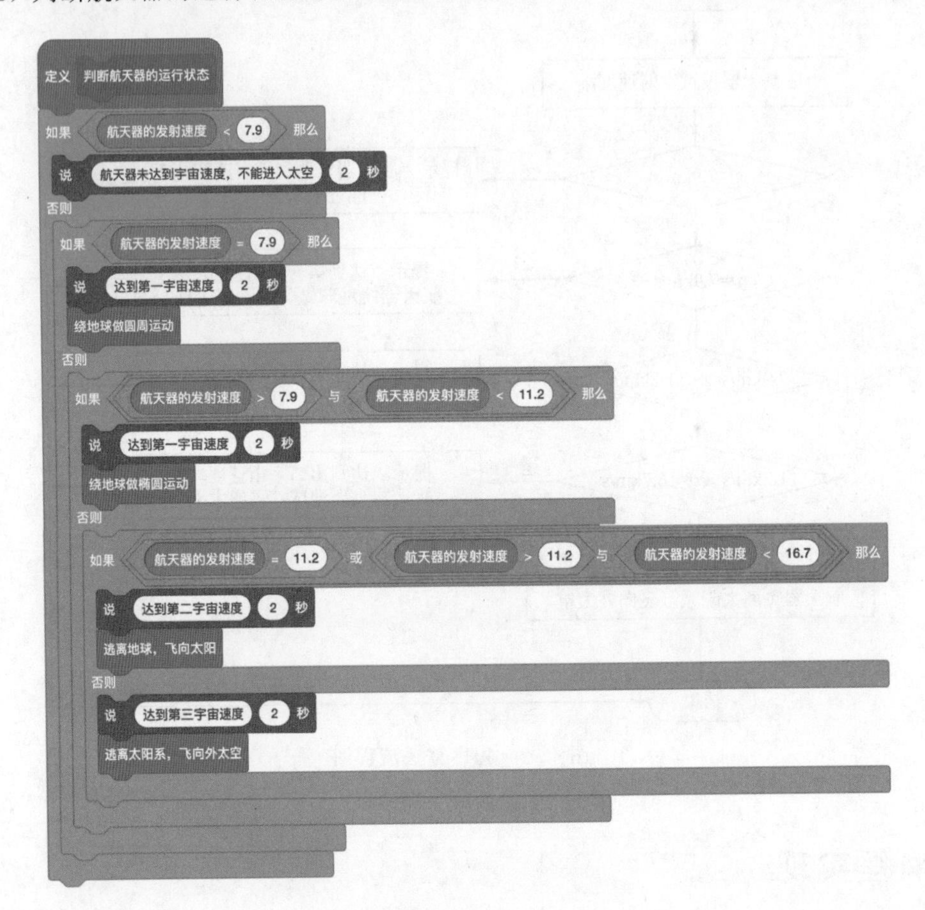

图 42-4　判断航天器运行状态的代码

(4) 航天器绕地球做圆周运动,代码如图 42-5 所示。

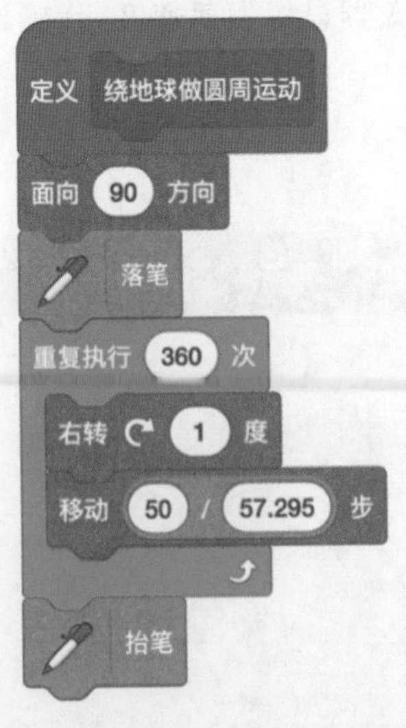

图 42-5　航天器绕地球做圆周运动的代码

（5）航天器绕地球做椭圆运动，代码如图 42-6 所示。

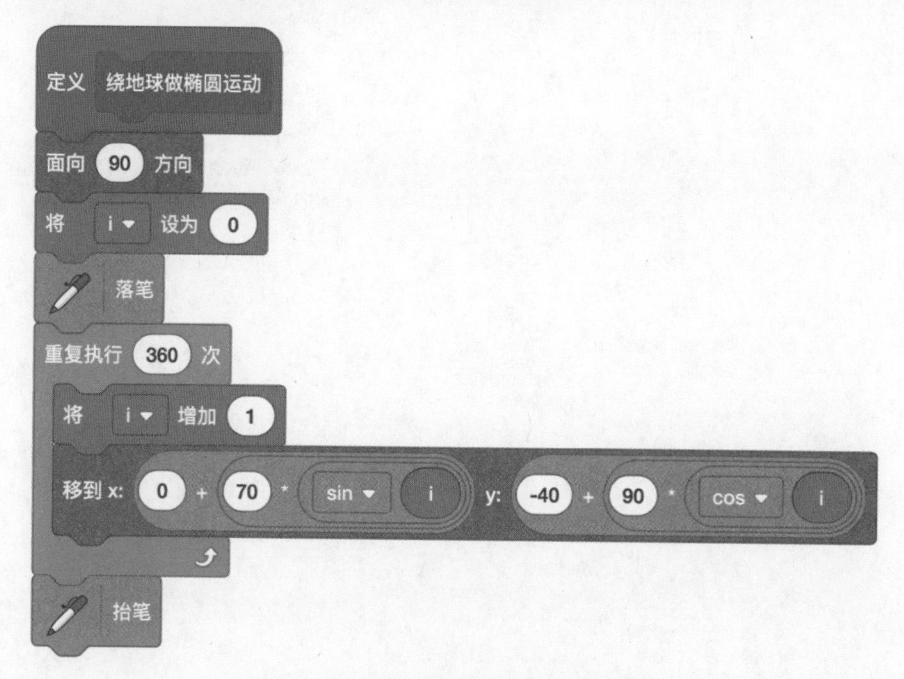

图 42-6 航天器绕地球做椭圆运动的代码

5. 试一试

打开示例程序，修改航天器发射的初始速度，观察航天器的运行状态是怎样的呢？动手试试吧。

第9篇

电

打开电子产品的外壳，一个密密麻麻的电路板展现在眼前，让人眼花缭乱。电路板看起来很复杂、很神秘，但实际上，它们都是由最简单的电路组合而成的。

本篇将结合有趣的 Scratch 案例，学习最简单的几种电路。

第43课　欧姆定律——可调节的灯

第44课　基本电路类型1——串联电路

第45课　基本电路类型2——并联电路

第46课　串并联电路——神奇的开关

第47课　家庭电路——小保险丝大作用

第43课
欧姆定律——可调节的灯

1. 课程目标

声光电的玩具玩久了，声音和电光就没有那么强劲了。这不是因为玩具坏了，而是该换电池了。换上新的电池后，它又和新玩具一样了。这其中蕴含着怎样的物理学原理呢？

本节课将带你熟悉电学的基础知识，学习电压、电流、电阻的基本概念，掌握著名的“欧姆定律”，并用 Scratch 模拟实现“可调节的灯”的实验。该程序预期实现的效果如图 43-1 所示。

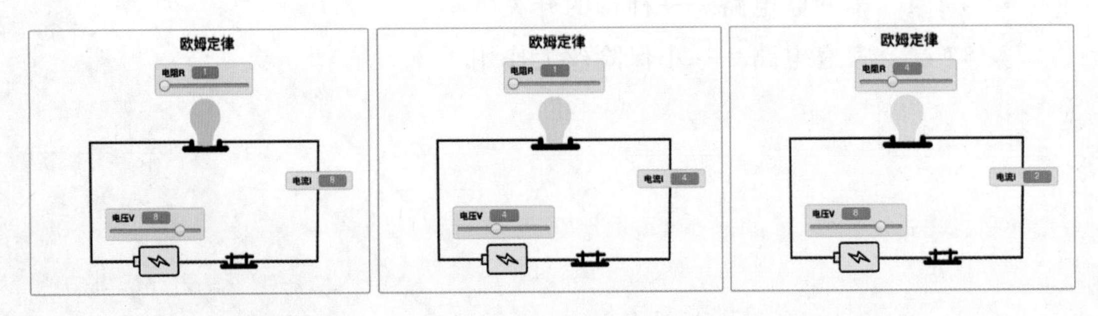

图 43-1　程序的实现效果

2. 物理知识

电流

在图 43-2 所示的最简单的电路中，小灯泡之所以能发光，是因为有电流持续流过小灯泡。同一个小灯泡连接在不同的电路中，亮度也不同，这是因为流过小灯泡的电流强度不同。

电流就是表示电路中电流强弱的物理量，用字母 I 表示，单位是安培，简称安，符号是 A。

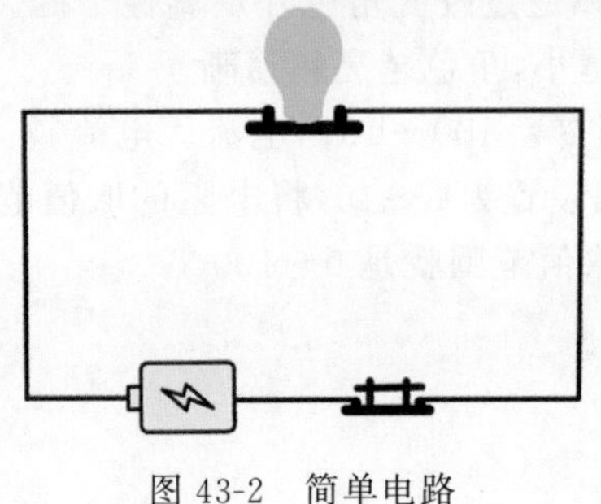

图 43-2　简单电路

电压

要让一段电路中通电产生电流，它的两端就需要有电压。电源就是用来给电路提供电压的。电压用字母 U 表示，单位是伏特，简称伏，符号是 V。

一节干电池的电压约为 1.5V，家用电器的供电电压是 220V，手机电池的电压约为 3.7V。

电阻

分别将铜丝和镍铬合金丝作为导体接入电路中。在相同的电压下，通过铜丝的电流比通过镍铬合金丝的电流要大。因为导体虽然易导电，但对电流也有一定的阻碍作用，铜丝对电流的阻碍作用较小，所以通过铜丝的电流较大。

用电阻表示导体对电流的阻碍作用的大小。电阻越大，对电流的阻碍作用就越大。电阻通常用字母 R 表示，单位是欧姆，简称欧，符号是 Ω。

欧姆定律

德国物理学家欧姆对电流、电压和电阻之间的关系进行了大量的研究，发现了欧姆定律，即导体中的电流与导体两端的电压成正比，与导体的电阻成反比。

用公式表示为

$$I=\frac{U}{R}$$

明白了这些物理原理之后，接下来用 Scratch 编写“可调节的灯”的程序。

3. 算法分析

要实现“可调节的灯”，需要实现以下两个功能。

（1）让通过灯泡的电流可调节。

要让通过灯泡的电流可调节，根据“欧姆定律”，就是让灯泡两端的电压和灯泡的电阻可调节。把电池的电压和灯泡的电阻设置为变量，改变变量的大小，即可实现。

（2）灯泡的亮度随电流的改变而改变。

要想改变角色的亮度,可以通过改变角色外观属性下的"虚像"特效来实现。虚像值越大,角色越暗越模糊;虚像值越小,角色越亮越清晰。

将灯泡的虚像值设置为虚像=100－10×电流。电流越大,虚像值越小;电流越小,虚像值越大。将电压的取值范围设置为0～10,将电阻的取值范围设置为1～10,那么电流的取值范围就是0～10,虚像的取值范围就是0～100。

4. 编程实现

(1) 新建角色。

本程序的主要角色有:小灯泡。

(2) 进行数据初始化,代码如图43-3所示。

(3) 计算电流,代码如图43-4所示。

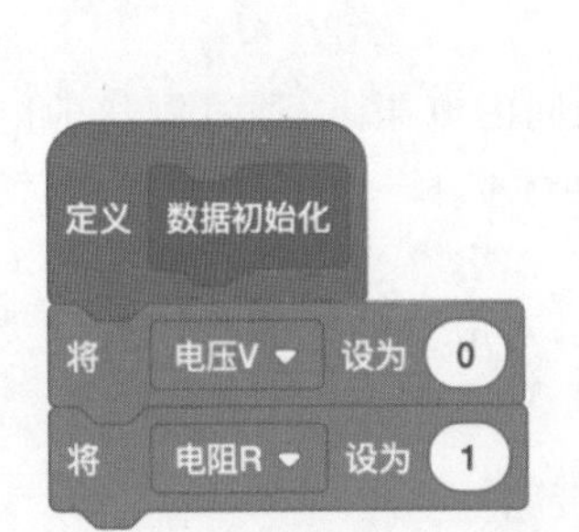

图43-3 数据初始化的代码

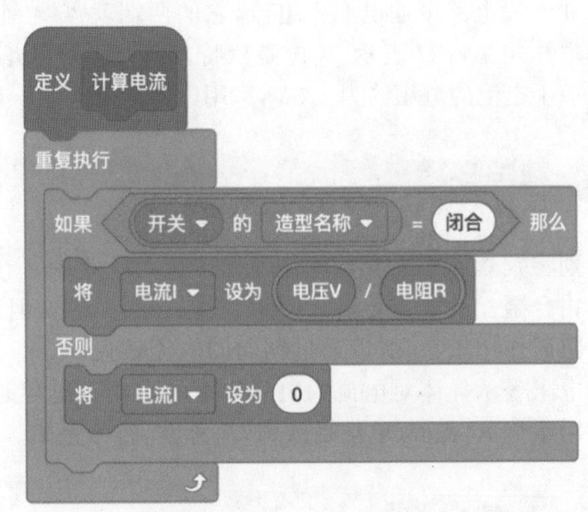

图43-4 计算电流的代码

(4) 根据电流调节灯泡的亮度,代码如图43-5所示。

图43-5 调节灯泡亮度的代码

5. 试一试

打开示例程序,调节电池的电压或灯泡的电阻,观察灯泡的亮度。

第44课
基本电路类型1——串联电路

1. 课程目标

给你一个电源、两个小灯泡、一个开关和一些导线，要想让两个小灯泡都发光，你能想出几种组成电路的方式呢？

本节课将带你学习基本电路类型之一的串联电路，并用 Scratch 编写程序模拟“串联电路”。该程序预期实现的效果如图 44-1 所示。

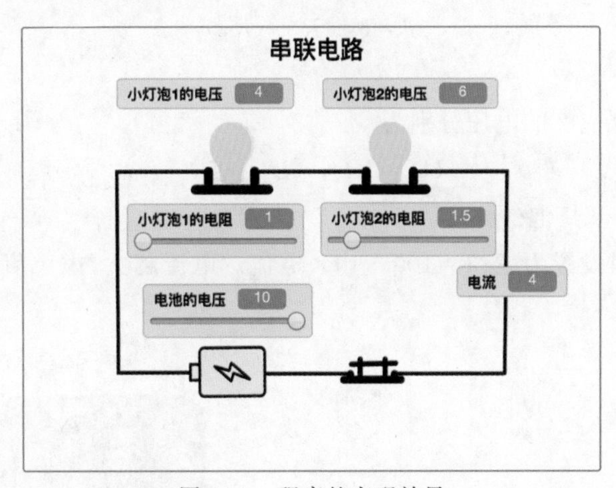

图 44-1　程序的实现效果

2. 物理知识

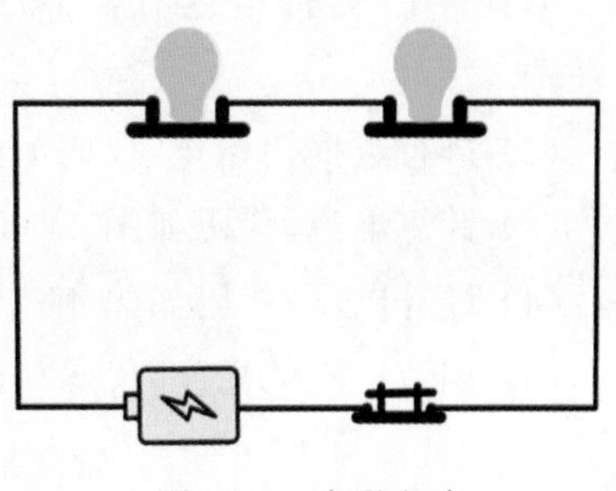

图 44-2　串联电路

如图 44-2 所示，把两个小灯泡依次连接，然后接到电路中，则这两个小灯泡就是串联的。

在串联电路中,开关可以控制所有的用电设备。改变开关的位置,不影响其对电路的控制作用。

串联电路的电流规律

串联电路中的电流处处相等。

在图 44-2 中,两个灯泡是串联的,所以,任何时候两个灯泡的电流都是相等的。

当两个灯泡的电阻不同时,根据欧姆定律 $U=IR$,可以得出,两个灯泡两端的电压是不同的。

明白了这个物理原理之后,接下来用 Scratch 编写"串联电路"的程序。

3. 算法分析

用自然语言描述整个程序的算法,步骤如下。

(1) 程序开始,进行数据初始化。

(2) 计算电流。

已知电池的电压为 U,小灯泡 1 的电阻为 R_1,小灯泡 2 的电阻为 R_2,则电路的电流为

$$I=U/(R_1+R_2)$$

(3) 计算电压。

小灯泡 1 和小灯泡 2 的电压分别为

$$U_1=IR_1,\quad U_2=IR_2$$

(4) 根据电流调节灯泡的亮度。

将灯泡的虚像值设置为虚像=100-10×电流。电流越大,虚像值越小;电流越小,虚像值越大。

4. 编程实现

(1) 新建角色。

本程序的主要角色有:小灯泡 1、小灯泡 2、开关。

(2) 进行数据初始化,代码如图 44-3 所示。

(3) 计算电流,代码如图 44-4 所示。

(4) 计算电压,代码如图 44-5 所示。

(5) 调节灯泡的亮度,代码如图 44-6 所示。

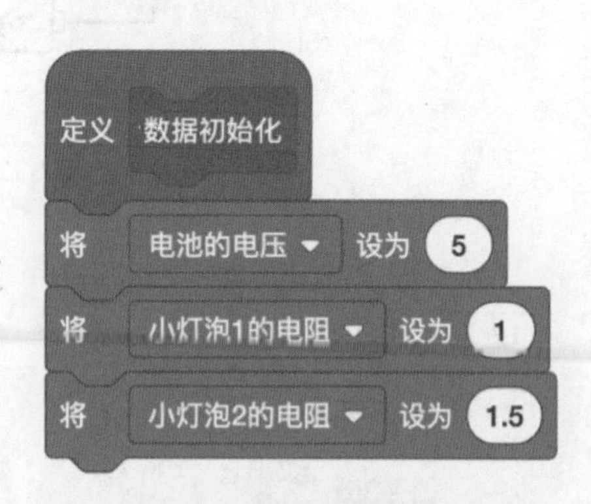

图 44-3 数据初始化的代码

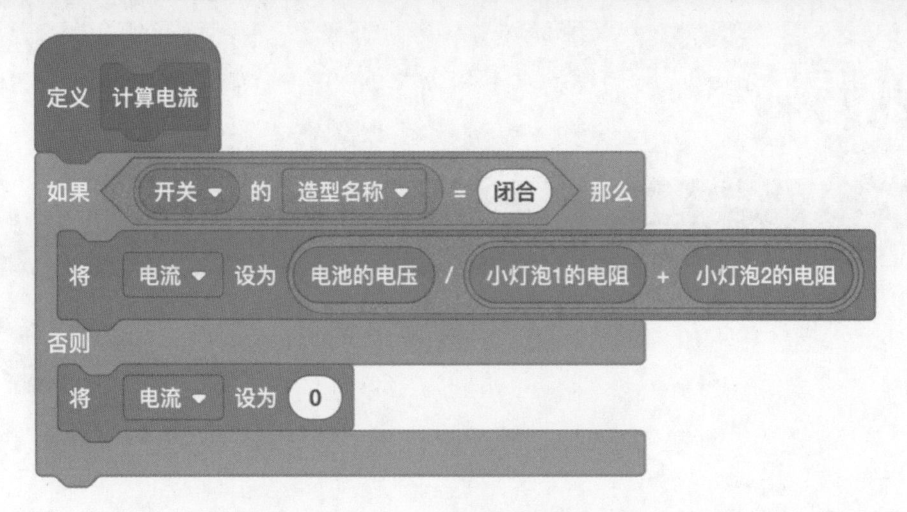

图 44-4　计算电流的代码

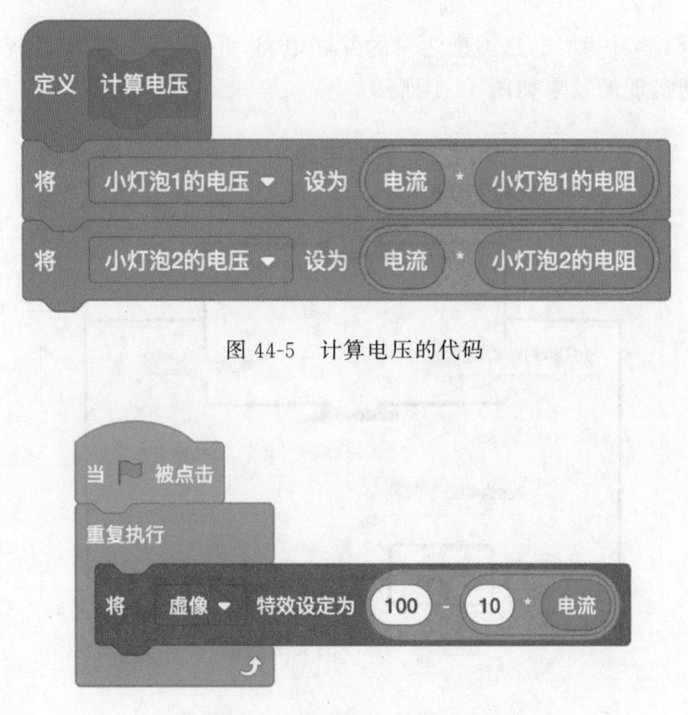

图 44-5　计算电压的代码

图 44-6　调节灯泡亮度的代码

5. 试一试

打开示例程序，调节电池的电压或灯泡的电阻，观察灯泡的亮度。

第45课 基本电路类型2——并联电路

1. 课程目标

本节课将带你学习基本电路类型之一的并联电路,并用 Scratch 编写程序模拟“并联电路”。该程序预期实现的效果如图 45-1 所示。

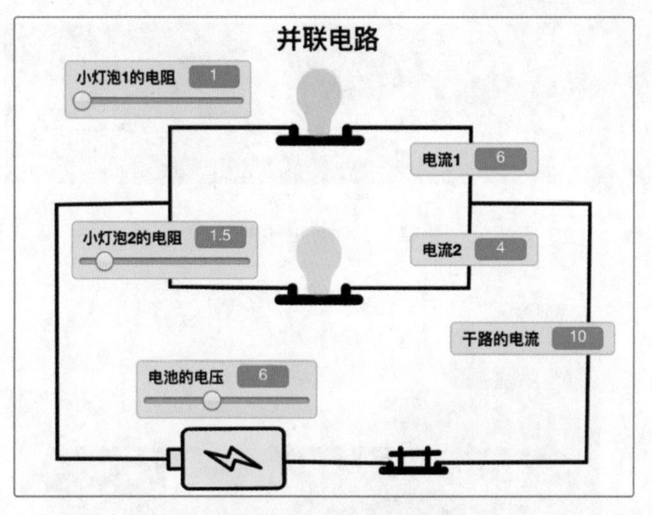

图 45-1 程序的实现效果

2. 物理知识

如图 45-2 所示,两个小灯泡的两端分别连接起来,然后接到电路中,那么这两个小灯泡就是并联的。并联电路中共用的那部分线路叫作干路,独立的那部分线路叫作支路。

在并联电路中,干路开关控制着所有的用电设备,支路开关控制其所在支路的用电设备。

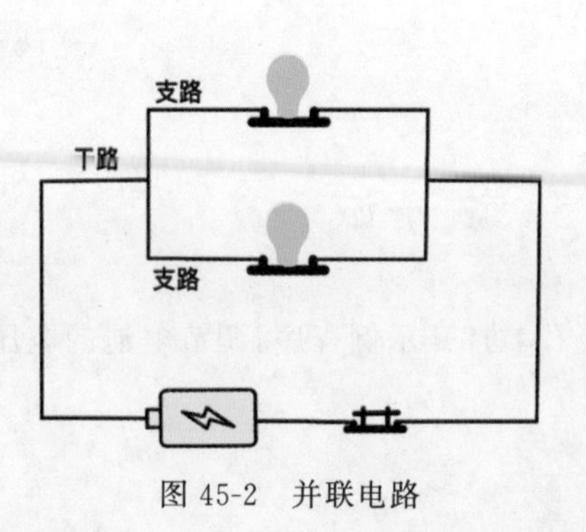

图 45-2 并联电路

并联电路的电流规律

并联电路干路中的电流等于各支路中的电流之和。

并联电路各支路的电压相同。当图 45-2 中的两个灯泡的电阻不同时，根据欧姆定律$I=U/R$可以得出，两个灯泡的电流不同，因此亮度也不同。

已知小灯泡 1 的电阻为R_1，小灯泡 2 的电阻为R_2，则整个并联电路的电阻为$\frac{1}{R}=\frac{1}{R_1}+\frac{1}{R_2}$，可以得出

$$R=\frac{R_1R_2}{R_1+R_2}$$

明白了这个物理原理之后，接下来用 Scratch 编写“并联电路”的程序。

3. 算法分析

用自然语言描述整个程序的算法，步骤如下。

(1) 程序开始，进行数据初始化。

(2) 计算支路的电流。

已知电池的电压为U，则小灯泡 1 和小灯泡 2 的电流分别为

$$I_1=U/R_1,\quad I_2=U/R_2$$

(3) 计算干路的电流。干路的电流为

$$I=I_1+I_2$$

(4) 根据电流调节灯泡的亮度。

将灯泡的虚像值设置为虚像＝100－10×电流。电流越大，虚像值越小；电流越小，虚像值越大。

4. 编程实现

(1) 新建角色。

本程序的主要角色有：小灯泡 1、小灯泡 2、开关。

(2) 进行数据初始化，代码如图 45-3 所示。

(3) 计算电流，代码如图 45-4 所示。

(4) 调节灯泡的亮度。

下面以小灯泡 1 为例，根据电流的大小，调节小灯泡 1 的亮度，代码如图 45-5 所示。

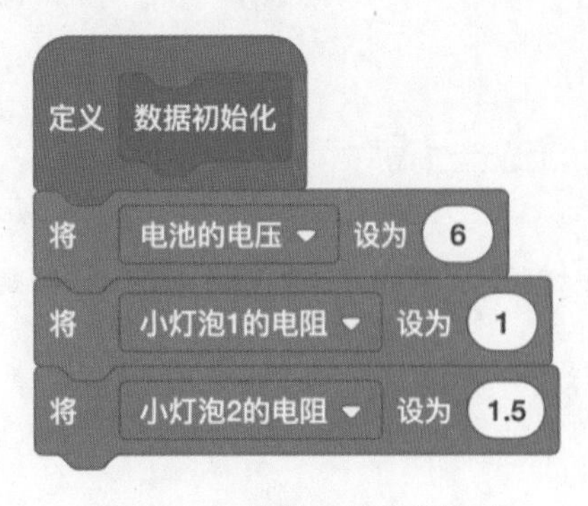

图 45-3　数据初始化的代码

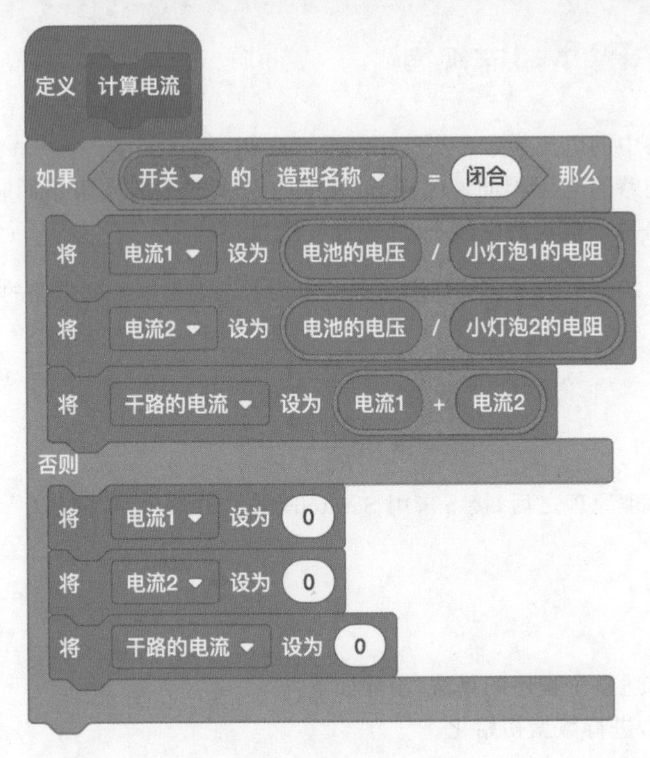

图 45-4　计算电流的代码

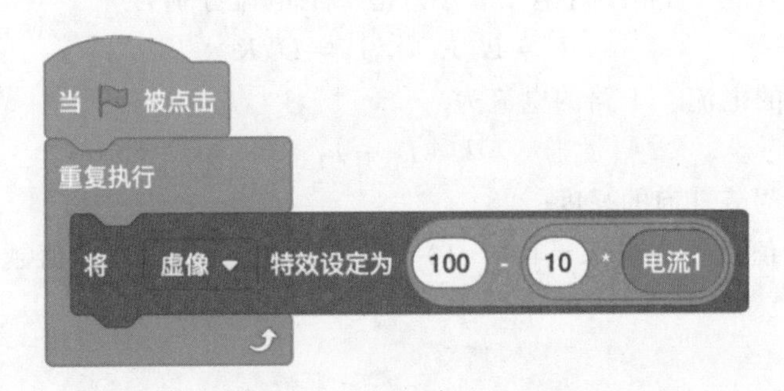

图 45-5　调节灯泡亮度的代码

5. 试一试

打开示例程序，改变灯泡的电阻，观察程序运行的结果如何变化。

第46课 串并联电路——神奇的开关

1. 课程目标

本节课将带你学习串并联电路，并用 Scratch 模拟实现“神奇的开关”的实验。该实验预期实现的效果如下。

（1）当开关 1、开关 2、开关 3 都闭合时，灯泡 1、灯泡 2、灯泡 3 全部亮，且灯泡 3 比灯泡 1 和灯泡 2 要更亮，如图 46-1 所示。

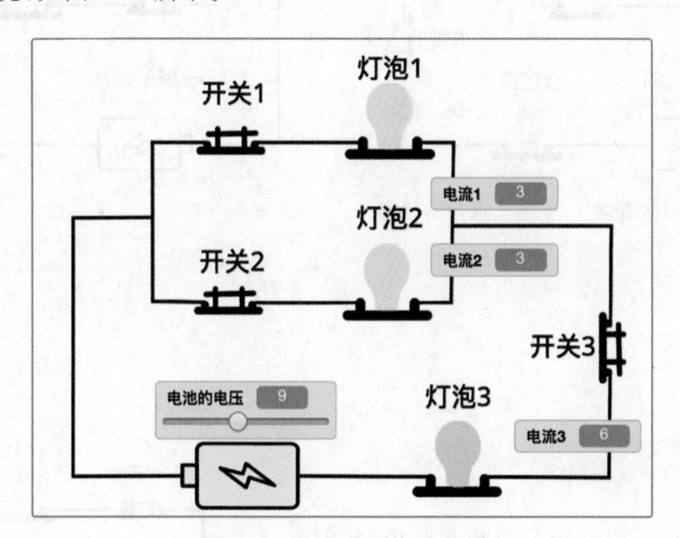

图 46-1　开关都闭合的状态

（2）当开关 1 断开，开关 2、开关 3 闭合时，灯泡 1 不亮，灯泡 2、灯泡 3 会亮，且灯泡 3 和灯泡 2 一样亮，如图 46-2 所示。

（3）当开关 2 断开，开关 1、开关 3 闭合时，灯泡 2 不亮，灯泡 1、灯泡 3 会亮，且灯泡灯 3 和灯泡 1 一样亮，如图 46-3 所示。

（4）当开关 3 断开，开关 1、开关 2 闭合时，灯泡都不亮，如图 46-4 所示。

（5）当开关 1、开关 2 断开，开关 3 闭合时，灯泡都不亮，如图 46-5 所示。

这是如何实现的呢？接下来，我们学习串并联电路的基本原理。

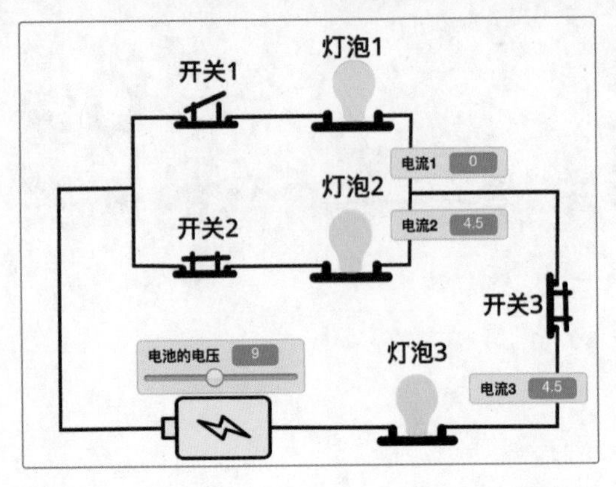

图 46-2 开关 1 断开，开关 2、开关 3 闭合的状态

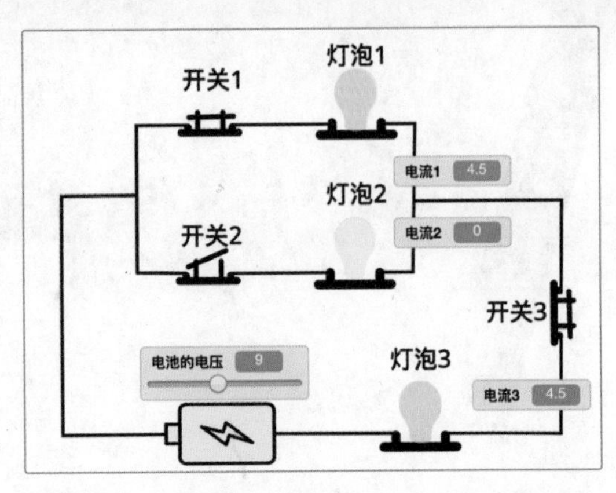

图 46-3 开关 2 断开，开关 1、开关 3 闭合的状态

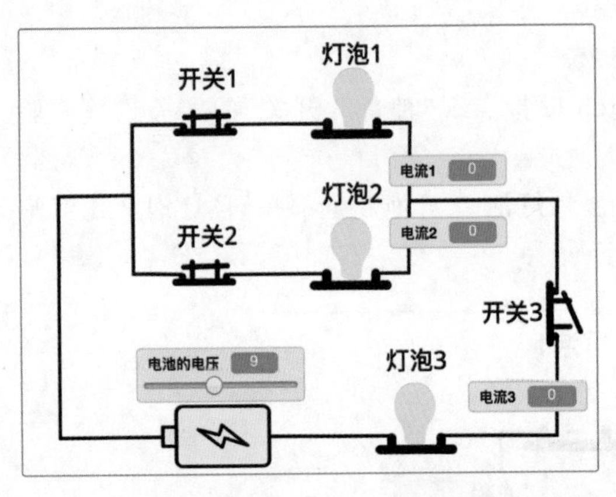

图 46-4 开关 3 断开，开关 1、开关 2 闭合的状态

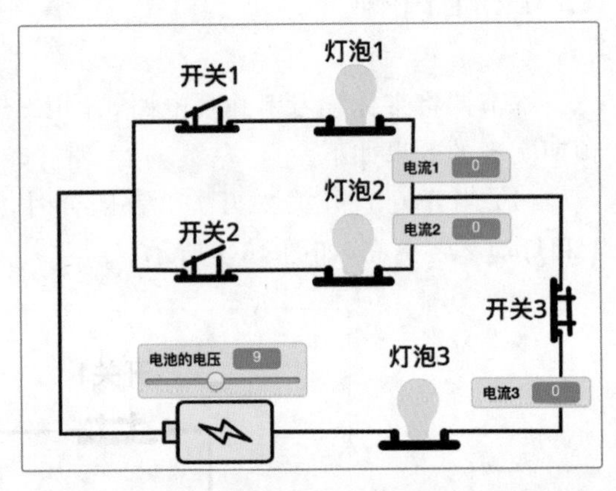

图 46-5 开关 1、开关 2 断开，开关 3 闭合的状态

2. 物理知识

连接串联和并联电路

如图 46-6 所示，把串联电路和并联电路连接起来。灯泡 1 和灯泡 2 组成并联电路，该并联电路又和灯泡 3 组成串联电路。

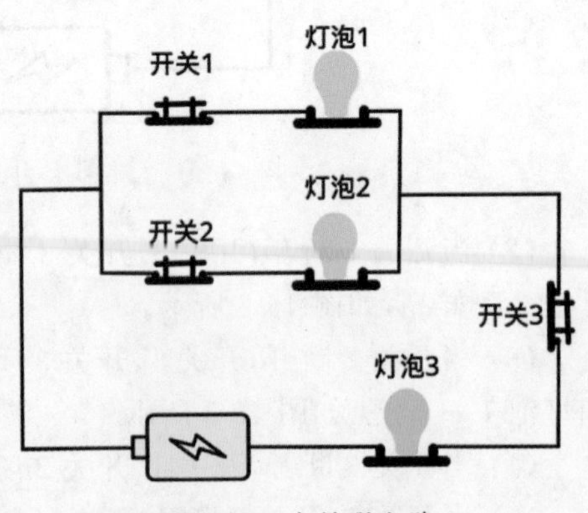

图 46-6 串并联电路

这里有三个开关，开关 1 和开关 2 是支路开关，开关 3 是干路开关。它们的控制作用是一样的吗？

当然不是。在串联电路中，开关可以控制所有的灯泡。在并联电路中，干路开关可以控制所有的灯泡,支路开关只能控制其所在之路的灯泡。所以开关1只能控制灯泡1,开关2只能控制灯泡2,开关3可以控制灯泡1、灯泡2、灯泡3。

明白了这个物理原理之后,接下来用Scratch编写“神奇的开关”的程序。

3. 算法分析

本案例程序中,把串联电路和并联电路连接起来,用三个开关控制三个灯泡。不同的开关控制作用是不一样的。

假设电池的电压为U,灯泡1、灯泡2、灯泡3的电阻分别为R_1、R_2、R_3,灯泡的亮度由电流的大小决定,假设通过灯泡1、灯泡2、灯泡3的电流分别为I_1、I_2、I_3。下面详细分析各个开关是如何控制电路的。

(1) 开关1、开关2、开关3都闭合。

此时,所有的线路都是通路,三个灯泡都会亮。下面计算电路中的电流。

首先,灯泡1和灯泡2组成并联电路,由于$\frac{1}{R_{并}}=\frac{1}{R_1}+\frac{1}{R_2}$,可以得出$R_{并}=\frac{R_1R_2}{R_1+R_2}$。

该并联电路又和灯泡3组成串联电路,所以$R_{总}=R_{并}+R_3$。

根据欧姆定律,可以得出干路电流$I=U/R_{总}$,所以灯泡3的电压$U_3=IR_3$

灯泡1的电流为

$$I_1=\frac{U-U_3}{R_1}$$

灯泡2的电流为

$$I_2=\frac{U-U_3}{R_2}$$

(2) 开关1断开,开关2、开关3闭合。

此时,灯泡1不亮,灯泡2和灯泡3亮。下面计算电路中的电流。

由于灯泡2和灯泡3组成串联电路,所以$R_{总}=R_2+R_3$。

根据欧姆定律可以得出,干路电流$I_3=\frac{U}{R_{总}}$,$I_1=0$,$I_2=I_3$。

(3) 开关2断开,开关1、开关3闭合。

此时,灯泡2不亮,灯泡1和灯泡3亮。下面计算电路中的电流。

由于灯泡1和灯泡3组成串联电路,所以$R_{总}=R_1+R_3$。

根据欧姆定律可以得出,干路电流$I_3=\frac{U}{R_{总}}$,$I_2=0$,$I_1=I_3$。

(4) 其他情况。电路不是通路,所有灯泡都不亮,电路中的电流为0。

用流程图可以更直观地描述算法,如图46-7所示。

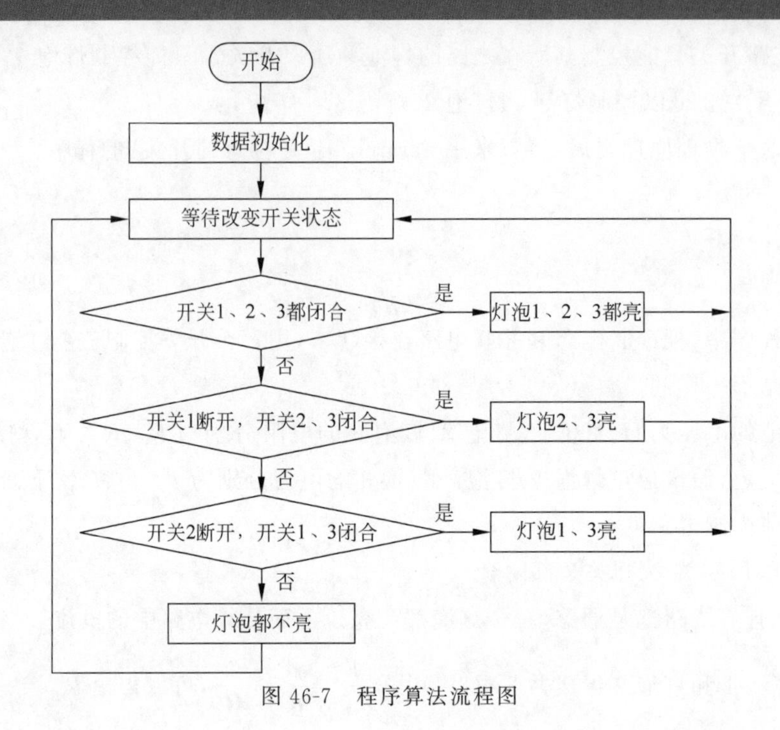

图 46-7　程序算法流程图

4. 编程实现

(1) 新建角色。

本程序的主要角色有：开关 1、开关 2、开关 3、灯泡 1、灯泡 2、灯泡 3。

(2) 数据初始化。

新建变量“电池的电压”“灯泡 1 的电阻”“灯泡 2 的电阻”“灯泡 3 的电阻”“开关 1 的状态”“开关 2 的状态”“开关 3 的状态”。在背景的代码块内添加下面的代码，给变量设置初始值，代码如图 46-8 所示。

(3) 等待改变开关的状态。

以开关 1 为例，每个开关有两种造型，分别对应开关的“闭合”“断开”状态。当单击开关切换造型的同时，改变变量“开关 1 的状态”的值，代码如图 46-9 所示。

图 46-8　数据初始化的代码

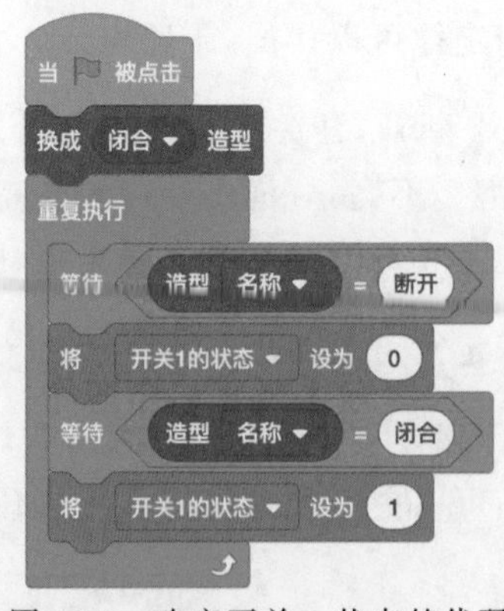

图 46-9　改变开关 1 状态的代码

(4) 根据电路中的 3 个开关的状态计算电路的电流,代码如图 46-10 所示。

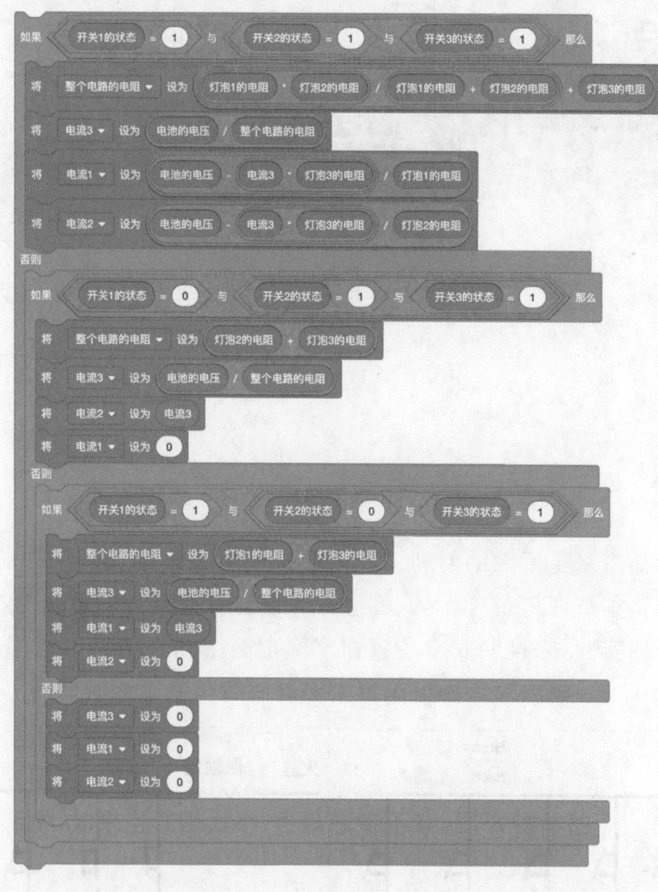

图 46-10　计算电流的代码

(5) 根据电路中的电流调节灯泡的亮度。

以灯泡 1 为例,修改灯泡外观属性中的虚像特效,实现调节灯泡亮度的效果,代码见图 46-11。

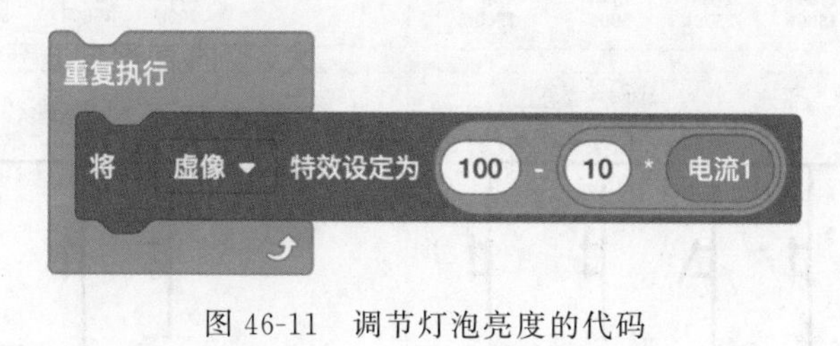

图 46-11　调节灯泡亮度的代码

5. 试一试

打开示例程序,改变灯泡的电阻,观察程序运行的效果如何变化。

第47课 家庭电路——小保险丝大作用

1. 课程目标

电给人们的生活带来了巨大的便利。我们在享受电带来的便利的同时，也应该遵守家庭安全用电的规则。本节课将带你学习家庭电路的组成，并用 Scratch 编写程序模拟实现“小保险丝大作用”的实验，来说明安全装置在家庭电路中的作用。该程序预期实现的效果如图 47-1 所示。

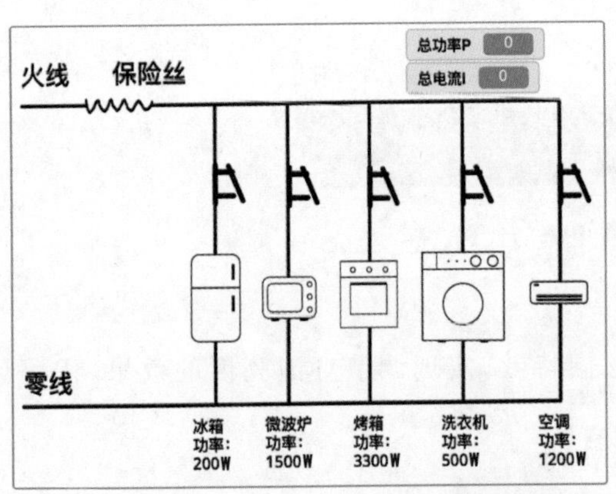

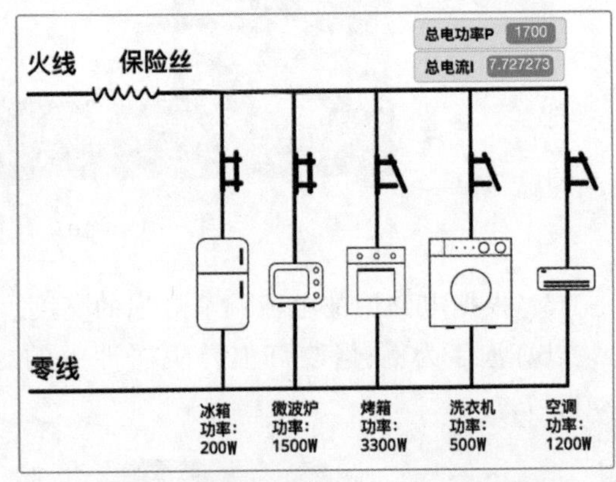

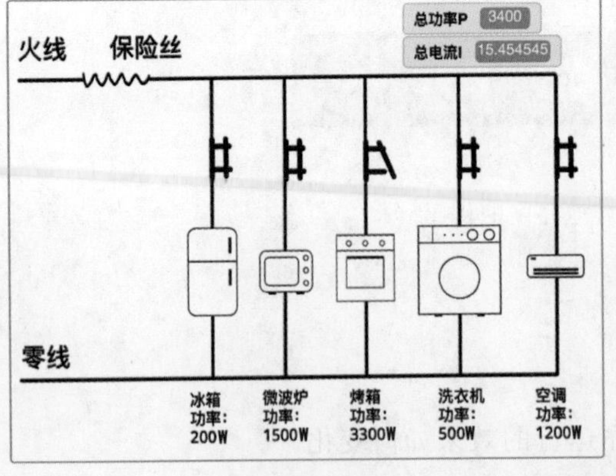

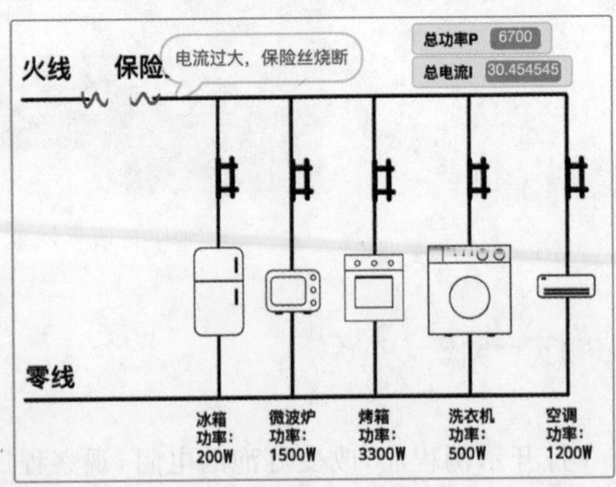

图 47-1 程序的实现效果

当接入电路中的家用电器越来越多时，主线路的电流越来越大，危险也越来越大。安全装置的作用就是，当主线路的电流超过安全阈值时，保险丝就会熔断切断电路，从而起到保护家用电器的作用。本案例中的家用电器以冰箱、微波炉、烤箱、洗衣机、空调为例，将电流安全阈值设置为 30A。当电流超过 30A 时，保险丝自动熔断，切断电路。

2. 物理知识

家庭电路的组成

家庭电路是最常见、最普及的实用电路。学生做电学实验时，通常用干电池提供电能，电压较小；而家庭电路所用的电能是从发电厂输送的，电压是 220V。

图 47-2 是简化的家庭电路示意图。家庭电路的基本组成包括两根进户线、电能表、总开关、保险装置、插座等组成。

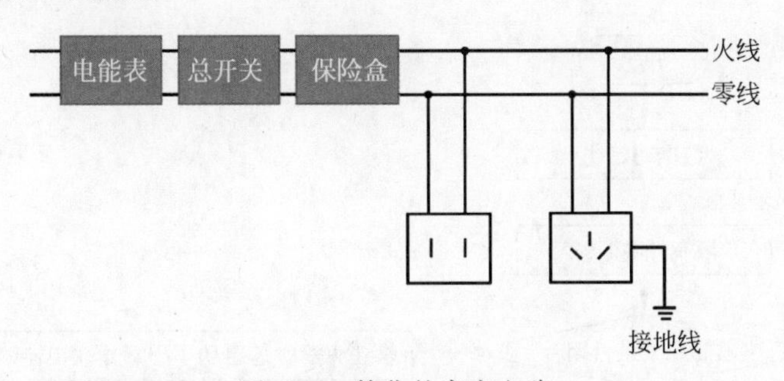

图 47-2　简化的家庭电路

以前居民楼里安装的保险装置是保险丝，都装在保险盒内，当电流过大时，保险丝会熔断切断电路；现在新建的居民楼里安装的保险装置是空气开关，当电流过大时，空气开关会自动跳闸。如果要恢复电路，只需要闭合空气开关即可，非常方便。

电功率

在物理学中，电功率是用来表示电流做功快慢的物理量。用 P 表示，单位是瓦特，简称瓦，符号是 W。每个家用电器都有自己的电功率值，可以从说明书中找到电功率参数。

电功率、电流与电压的关系为 $P=UI$，可以得到 $I=\frac{P}{U}$。已知家庭电路中的电压 $U=$ 220V，则家用电器的电功率 P 越大，电路中的电流 I 就越大。由于各个家用电器的电路是并联的，则主线路的总电流会随着电器的增加而增大。当同时使用的电器过多时，容易引起线路故障，甚至发生火灾。因此，要特别注意不能让总电流超过主线路允许的最大值。

本节课的案例就是用 Scratch 编写程序模拟安全装置在家庭电路中的作用。

3. 算法分析

用自然语言描述整个程序的算法，步骤如下。

(1) 程序开始，进行数据初始化。

(2) 把所有开关置于断开状态。

(3) 判断某电器的开关是否闭合。若是，转到第(4)步；若否，转到第(5)步。

(4) 计算总电功率 P＝总电功率 P＋该家用电器的电功率，转到第(6)步。

(5) 计算总电功率 P＝总电功率 P－该家用电器的电功率，转到第(6)步。

(6) 计算总电流 I＝总电功率 P/220。

(7) 判断总电流 I 是否大于 30A。若是，转到第(8)步；若否，转到第(3)步。

(8) 保险丝熔断。

(9) 程序结束。

用流程图可以更直观地描述算法，如图 47-3 所示。

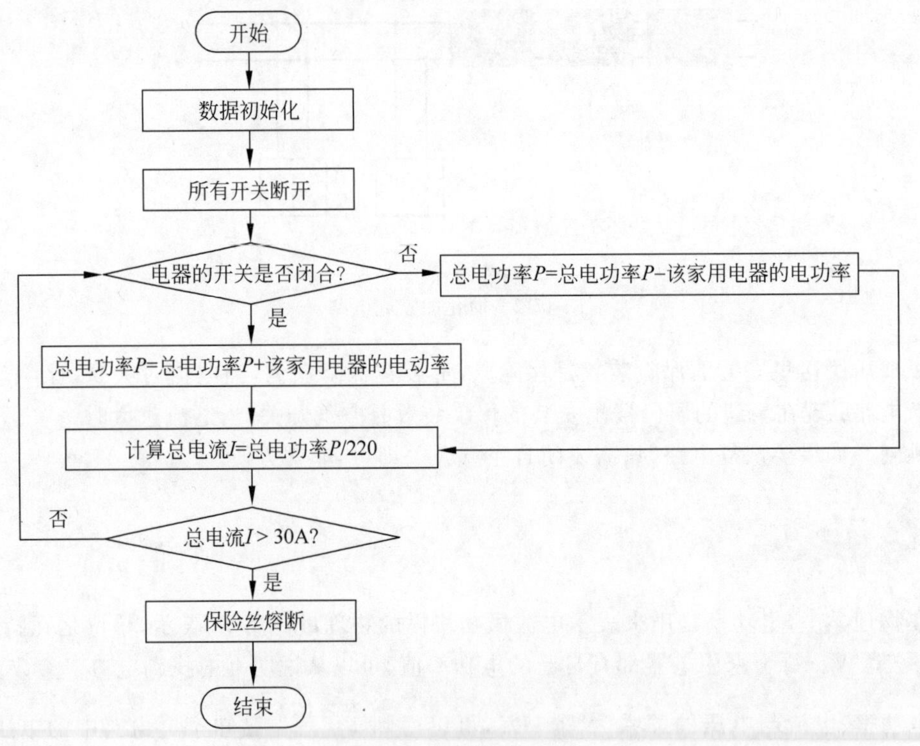

图 47-3　程序算法流程图

4. 编程实现

(1) 新建角色。

本程序的主要角色有：开关 1、开关 2、开关 3、开关 4、开关 5、冰箱、微波炉、烤箱、洗衣机、空调、保险丝。

(2) 进行数据初始化，代码如图 47-4 所示。

(3) 计算总功率。下面以冰箱为例，实现冰箱的开和关对总线路的影响，代码如图 47-5 所示。

图 47-4　数据初始化的代码

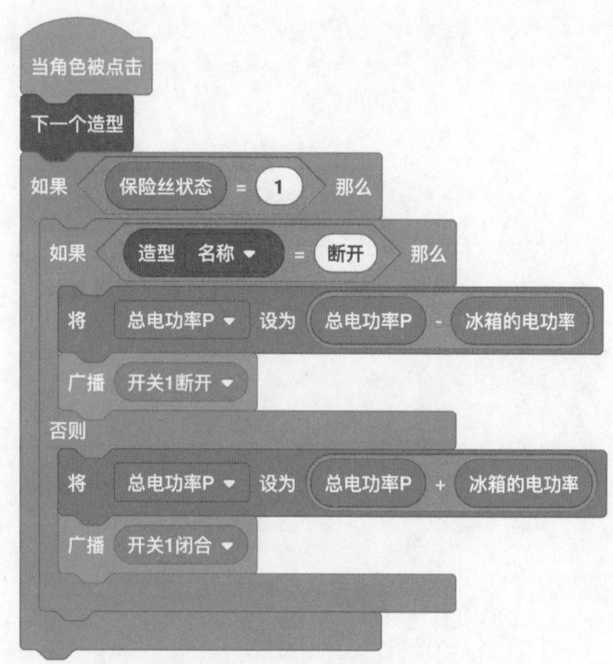

图 47-5　计算线路总功率的代码

(4) 计算总电流，如果电流超过安全阈值，则保险丝熔断，代码如图 47-6 所示。

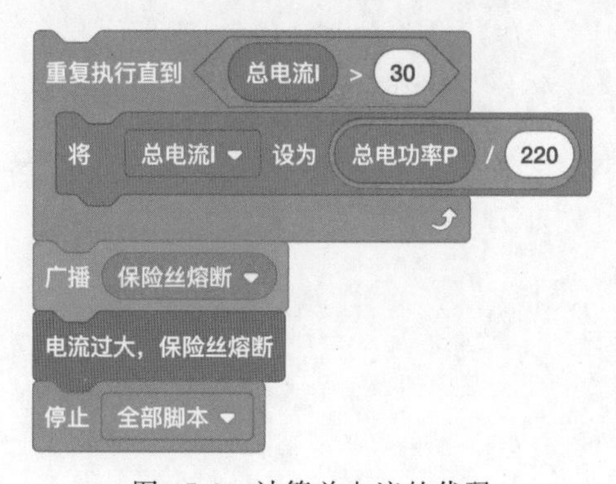

图 47-6　计算总电流的代码

5. 试一试

打开示例程序，把洗衣机、冰箱换成电磁炉、电暖气等其他家用电器，会有什么样的效果呢？动手试试吧。

第 10 篇

磁

早在 2000 多年前的春秋时期，祖先们就发现了天然磁铁矿石能吸引铁类的物质。战国时期，人们运用磁铁的这种特性发明了指南针。它是我国古代的四大发明之一，它的发明为世界的航海业做出了巨大的贡献。

今天，磁现象已经被广泛应用在现代科学技术和人们的生活中。发电机、电动机、变压器、电话、电磁测量仪等都与磁现象有关。在孩子们的玩具箱里，带磁性的玩具更是随处可见。

本篇将用有趣的 Scratch 案例，把磁的特性鲜活形象地表现出来。

第 48 课　磁极 1——有趣的磁性小车

第 49 课　磁极 2——有趣的磁性杠杆

第 50 课　电磁铁——智能水位报警器

第48课
磁极1——有趣的磁性小车

1. 课程目标

给传统玩具加上磁性，会给玩具赋予更多新的玩法，让玩具更加妙趣横生。磁性汽车、磁性火车就是这样有趣又好玩的玩具。

本节课将带你学习磁体的特性，并用 Scratch 编写程序模拟实现“有趣的磁性小车”。该程序预期实现的效果如图 48-1 所示。在两个小车上分别放上一个磁体，单击磁体，可变换磁极的方向，两个小车有时相斥远离，有时又相吸在一起。这是什么原理呢？

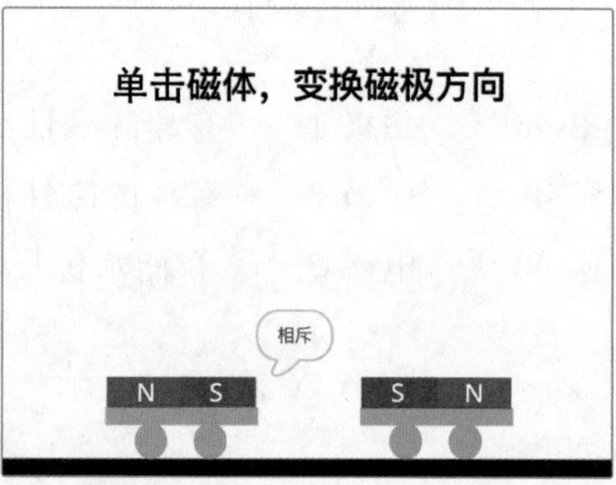

图 48-1　程序的实现效果

2. 物理知识

在古代，人们在大海上航行，没有导航、没有航标指示，却能准确地把握航行方向，这是怎么做到的呢？他们除了依靠太阳作为参照物外，还用一个非常实用的仪器来指导方向，这个仪器就是司南，也就是人们常说的指南针，它是我国古代的四大发明之一。

指南针的原理就是磁针在天然地磁场的作用下自由转动，并最终指向磁子午线的切线方向，磁针的北极指向地磁场的北极，磁针的南极指向地磁场的南极。指南针反映了古人在长期实践中对磁体磁性的深入认识和利用。

现在，磁体在人们的生活中仍然扮演着重要的角色。如何从一堆玩具中快速找出小铁片呢？如何快速地把散落的小铁钉收集起来呢？小钢球掉进很小的洞里，如何把它取出来呢？答案是用磁体。

孩子们经常拿着磁体玩具做各种探索。在他们眼里，磁体有一种魔力，能把铁质物品吸到自己身上。磁体和磁体之间，有时会互相推开，有时又会紧紧地“抱”在一起。

磁体能吸引铁制物品是因为它们有磁性。它们身上磁性最强的两个部位叫作磁极。磁极分南极和北极，通常用 S 和 N 标识。磁极之间能互相推开或者“抱”在一起，是因为磁极之间相互作用的规律是：同名磁极间互相排斥，异名磁极间相互吸引。也就是说 N 极和 N 极互相排斥，S 极和 S 极互相排斥，N 极和 S 极互相吸引。

明白了这个物理原理之后，接下来用 Scratch 编写“有趣的磁性小车”的程序。

3. 算法分析

在本节课的案例中，每个磁体都有两种不同的磁极方向：左 S 右 N 或者左 N 右 S，它们分别对应下面两种角色的造型，如图 48-2 所示。

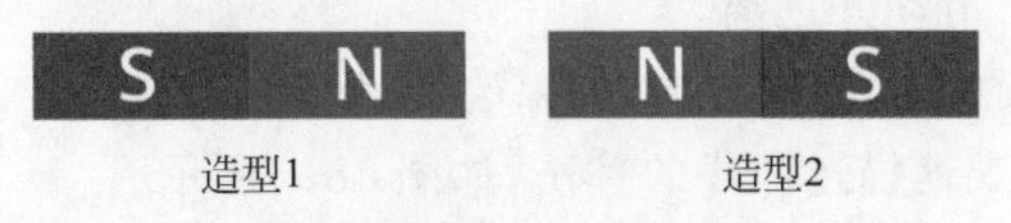

图 48-2　磁体的两种造型

两个磁体之间还存在两种状态：相吸或相斥。

相吸的情况存在如图 48-3 所示的两种场景。

图 48-3　相吸的两种场景

观察这两种场景，发现它们有一个共性，即两个磁体的磁极方向相同，也就是两个磁体的造型是相同的。

相斥的情况存在如图 48-4 所示的两种场景。

观察这两种场景，发现它们也有一个共性，即两个磁体的磁极方向相反，也就是两个磁体的造型是不同的。

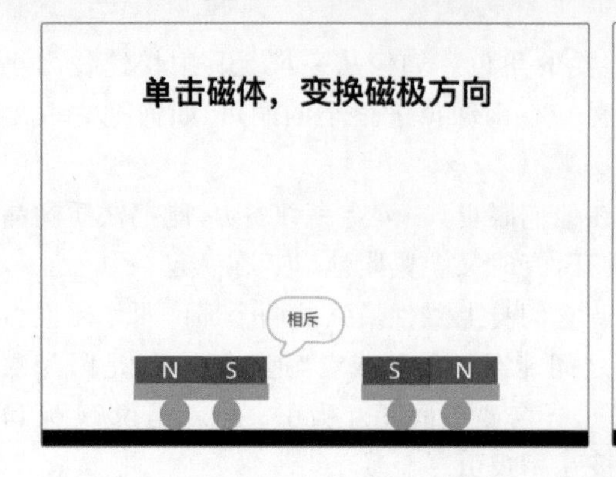

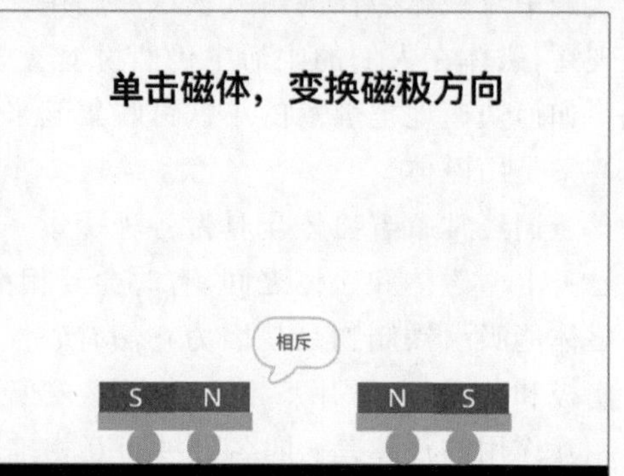

图 48-4　相斥的两种场景

用自然语言描述整个程序的算法，其步骤如下。

(1) 程序开始，进行数据初始化。

(2) 判断两个磁体的造型。如果两个磁体的造型相同，则说明磁极方向相同，相邻的磁极是异性的，两个磁体相吸，吸引力使两个小车滑动并靠近；否则，转到第(3)步。

(3) 如果两个磁体的造型不同，则说明磁极方向不同，相邻的磁极是同性的，两个磁体相斥，排斥力使两个小车滑动并远离。

(4) 程序等待改变磁体的磁极方向，如果改变，则转到第(2)步。

用流程图可以更直观地描述程序的算法，如图 48-5 所示。

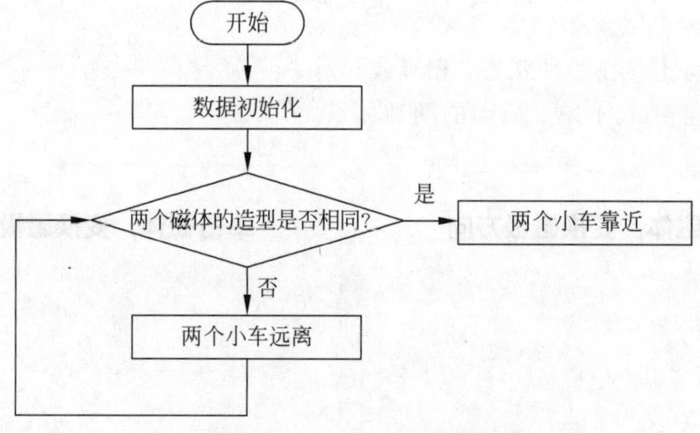

图 48-5　程序算法流程图

4. 编程实现

(1) 新建角色。

本程序的主要角色有：小车 1、磁体 1、小车 2、磁体 2。

(2) 判断两个磁体的磁性状态，代码如图 48-6 所示。

(3) 实现两个小车互相靠近，以小车 1 为例，代码如图 48-7 所示。

(4) 实现两个小车互相远离，以小车 1 为例，代码如图 48-8 所示。

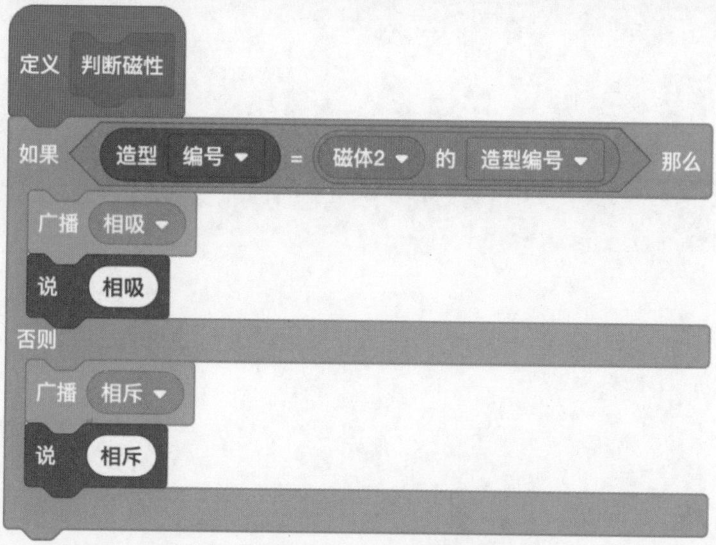

```
定义 判断磁性
如果 <(造型 编号) = (磁体2 的 造型编号)> 那么
    广播 相吸
    说 相吸
否则
    广播 相斥
    说 相斥
```

图 48-6　判断磁体的磁性状态的代码

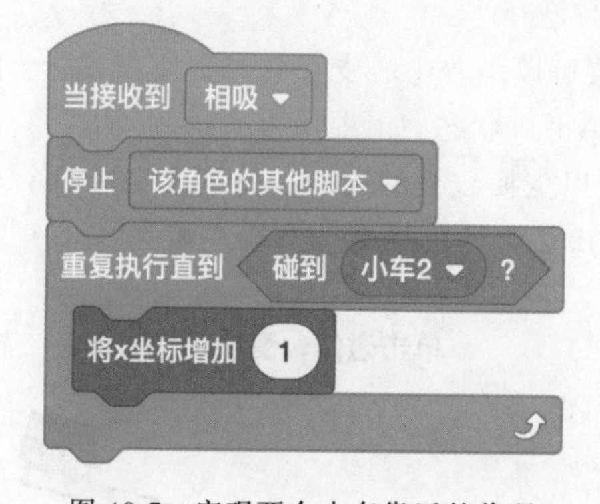

图 48-7　实现两个小车靠近的代码

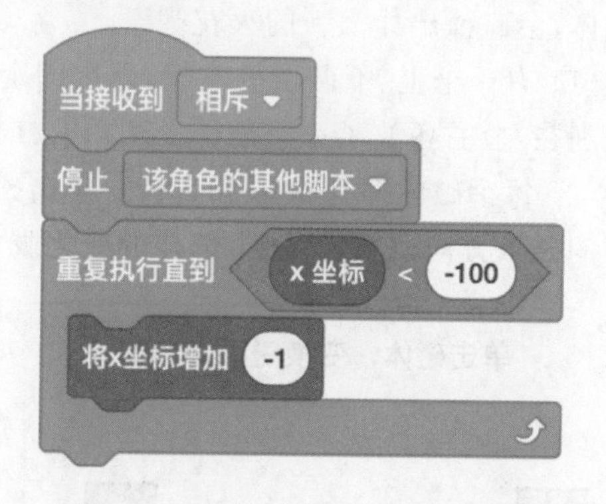

图 48-8　实现两个小车远离的代码

5. 试一试

你还能想到哪些与磁力有关的有趣物体呢？用 Scratch 展示出你的想法和创意吧。

第49课
磁极2——有趣的磁性杠杆

1. 课程目标

本节课利用磁体的特性，用 Scratch 编写程序模拟实现“有趣的磁性杠杆”。当杠杆遇到磁体，会碰撞出什么新的火花呢？

(1) 有一个上、下两层的支架，下层固定，上层可以围着中心支点转动。支架的上、下两层分别在左、右各放了一个磁体。初始时杠杆保持平衡状态，如图 49-1 所示。

(2) 每个磁体都有 N 极和 S 极。单击磁体可以变换磁极的方向。分别改变这四个不同磁体的磁极方向，杠杆会发生怎样的变化呢？图 49-2 中的杠杆为什么会左偏呢？

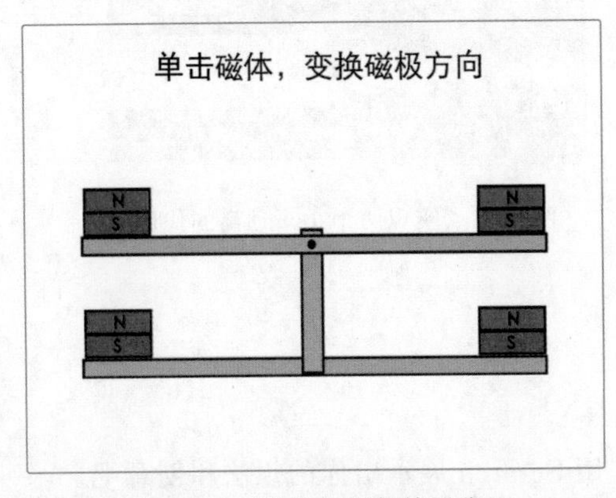

图 49-1　磁性杠杆保持平衡

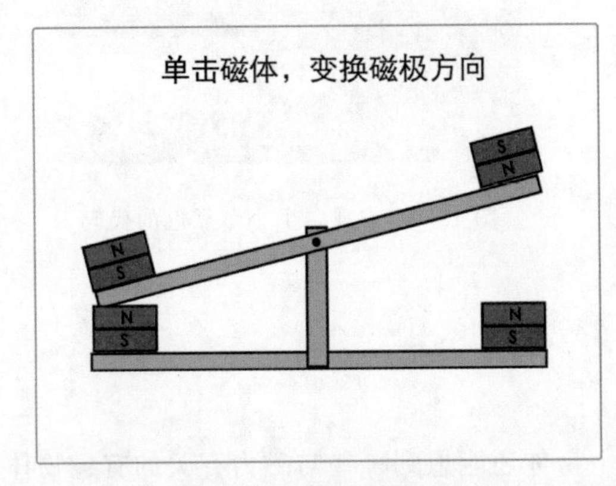

图 49-2　磁性杠杆左偏

(3) 四个磁体，每个磁体有两种方向，那么一共就有 16 种组合。需要在程序里一一分析这 16 种情况吗？

2. 物理知识

在第 48 课中，我们已经学习过磁体的特性。磁体吸引力最强的两个部位叫作磁极。一个能够自由转动的磁体，静止时指向南的磁极叫作南极或 S 极，指向北的磁极叫作北极或 N

极。磁极间相互作用的规律为：同性磁极相互排斥，异性磁极相互吸引。

3. 算法分析

在本节课的“课程目标”抛出了一个问题，每个磁体分别有两种磁极方向：S 极在上或者 N 极在上。通过排列组合，四个磁体一共有 16 种组合方式。如果把这 16 种情况一一分析，程序就太复杂冗余了，有没有更好的方式呢？

我们把这 16 种组合方式按照杠杆的状态分成三类：①平衡状态；②杠杆左偏；③杠杆右偏。分类情况如下。

第一类：平衡状态，如图 49-3 所示。

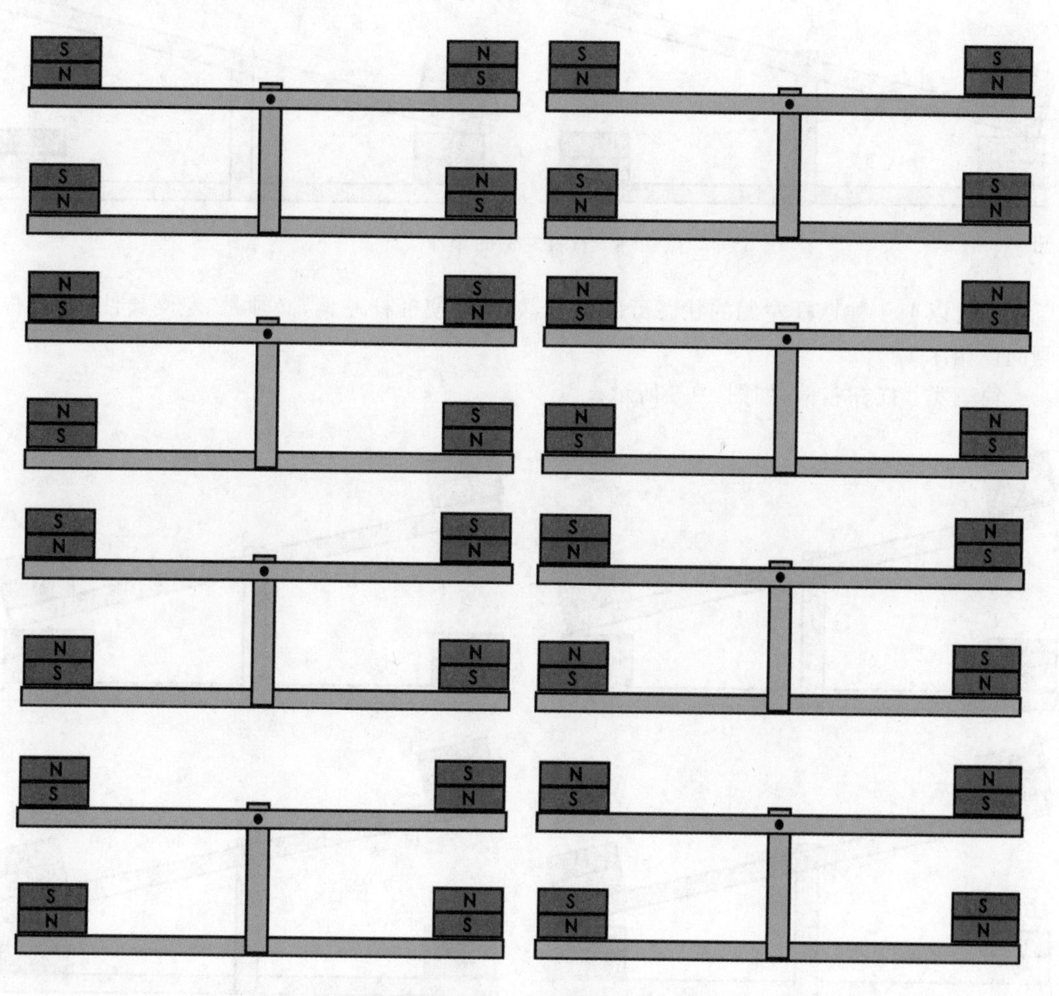

图 49-3　杠杆平衡的 8 种情况

分析以上 8 种杠杆的平衡状态可以得出，如果要使杠杆平衡，左右两侧的磁极性质必须相同。即简化为两种情况：一种情况是左侧与右侧都是同性相斥，另一种情况是左侧与右侧都是异性相吸。

第二类：杠杆左偏，如图 49-4 所示。

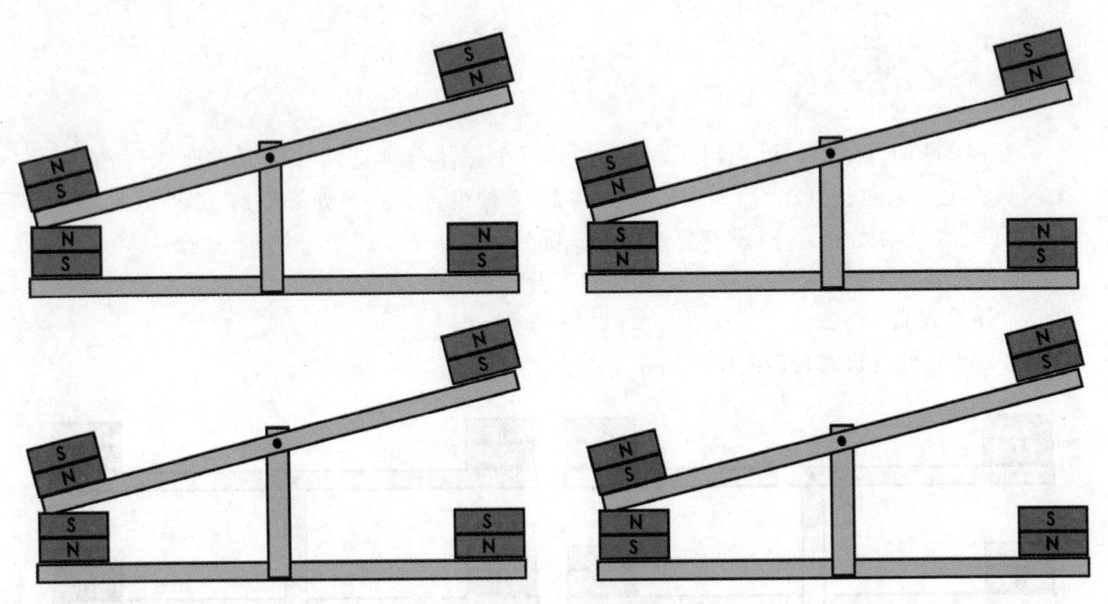

图 49-4　杠杆左偏的 4 种情况

分析以上 4 种杠杆左偏的状态可以得出，如果要使杠杆左偏，必须是“左侧异性相吸，右侧同性相斥”。

第三类：杠杆右偏，如图 49-5 所示。

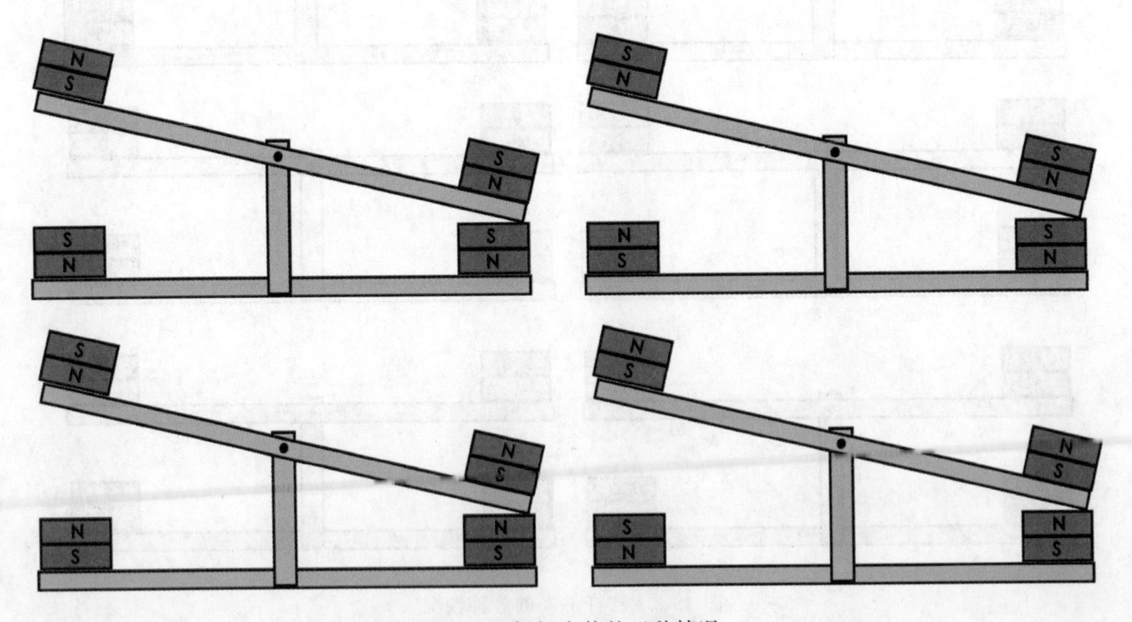

图 49-5　杠杆右偏的 4 种情况

分析以上 4 种杠杆右偏的状态可以得出，如果要使杠杆右偏，必须是“左侧同性相斥，右侧异性相斥”。

用自然语言描述整个程序的算法，其步骤如下。

(1) 程序开始，进行数据初始化。

(2) 判断杠杆左侧的磁性状态。

即判断左上磁体的磁极方向是否等于左下磁体的磁极方向。如果方向相同，则左侧异性相吸；如果方向不同，则左侧同性相斥。

(3) 判断杠杆右侧的磁性状态。

即判断右上磁体的磁极方向是否等于右下磁体的磁极方向。如果方向相同，则右侧异性相吸；如果方向不同，则右侧同性相斥。

(4) 判断杠杆的状态。

根据步骤(2)、(3)得到的结果，计算：

① 如果左侧和右侧磁性状态相同，都是同性相吸或者异性相斥，那么杠杆平衡。

② 如果左侧异性相吸，右侧同性相斥，那么杠杆左偏。

③ 如果左侧同性相斥，右侧异性相吸，那么杠杆右偏。

(5) 重复执行步骤(2)、(3)、(4)。

用流程图可以更直观地描述上述算法，如图 49-6 所示。

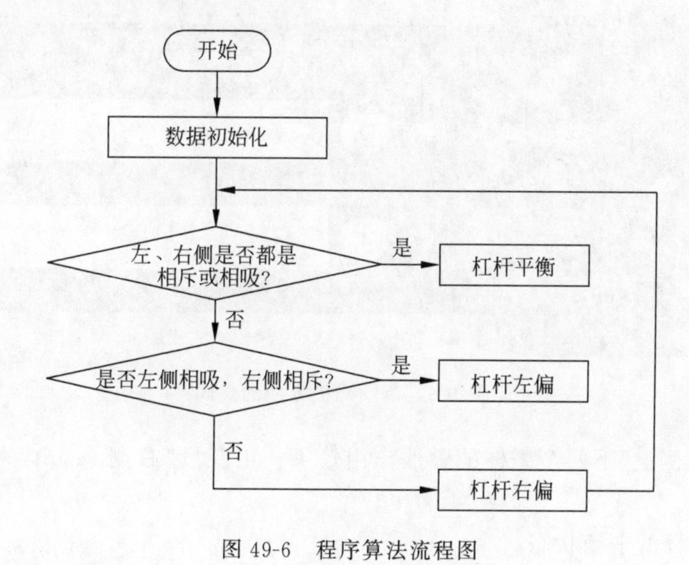

图 49-6　程序算法流程图

4. 编程实现

(1) 新建角色。

本程序的主要角色有：左上、左下、右上、右下、杠杆。

每个磁体角色分别有两个造型，如图 49-7 所示。

(2) 实现单击磁体变换磁极方向的功能，代码如图 49-8 所示。

通过切换造型，即可实现磁极方向的切换。

(3) 判断上、下两个磁体的磁性作用效果。

我们根据磁体的造型编号来判断磁极的方向。如果“左上”磁体的造型编号等于“左下”

磁体的造型编号，说明左侧上、下磁体的磁极方向是一样的，那么说明相邻的磁极是不同名的，也就是相吸的作用效果。

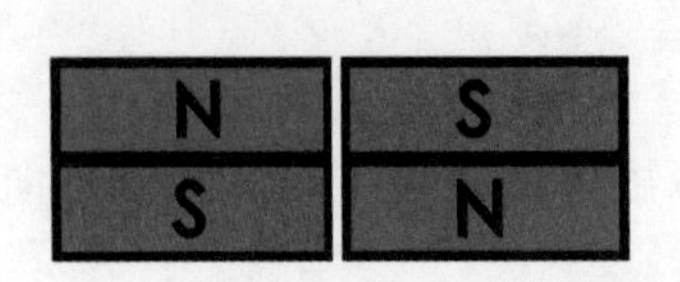

图 49-7　磁体角色的两个造型

图 49-8　切换磁体磁极方向的代码

否则，说明左侧上、下磁体的磁极方向是不一样的，相邻的磁极是同名的，也就是相斥的作用效果。

用变量“左侧 result”来存储左侧上、下两个磁体的磁性作用效果，0 代表相吸，1 代表相斥，代码如图 49-9 所示。

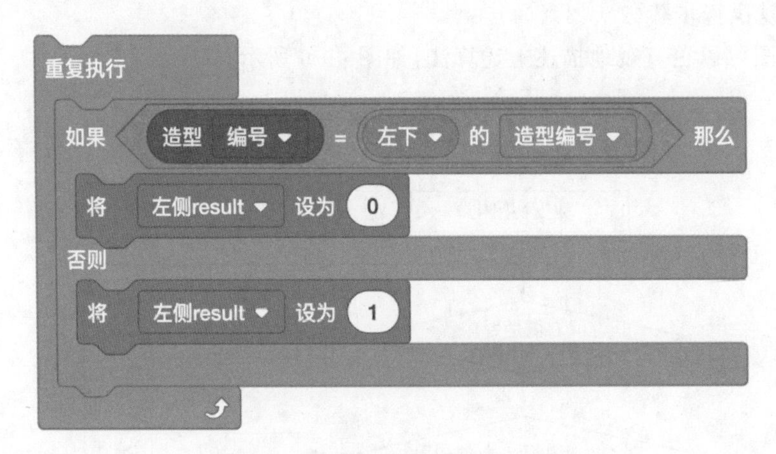

图 49-9　判断磁极方向的代码

同理判断右侧上、下两个磁体的磁性作用效果。用变量“右侧 result”来存储，0 代表相吸，1 代表相斥。

(4) 判断杠杆的平衡状态。

如果“左侧 result”和“右侧 result”的值是一样的，代表左、右侧的作用效果是相同的，要么都是相斥，要么都是相吸，这样杠杆保持平衡状态。

如果“左侧 result”＝0，“右侧 result”＝1，代表左侧的作用效果是相吸，右侧的作用效果是相斥，这样杠杆会左偏。

如果“左侧 result”＝1，“右侧 result”＝0，代表左侧的作用效果是相斥，右侧的作用效果是相吸，这样杠杆会右偏。

代码如图 49-10 所示。

(5) 根据杠杆的平衡状态，实现杠杆转动的效果。

值得注意的是，程序需要把杠杆的状态记录下来。因为当杠杆从偏移状态恢复到平衡状态时，需要知道是从哪种偏移状态恢复的。因为不同的偏移状态恢复平衡状态时，处理逻辑也会不一样，所以创建“杠杆状态”变量来存储杠杆当前的状态。

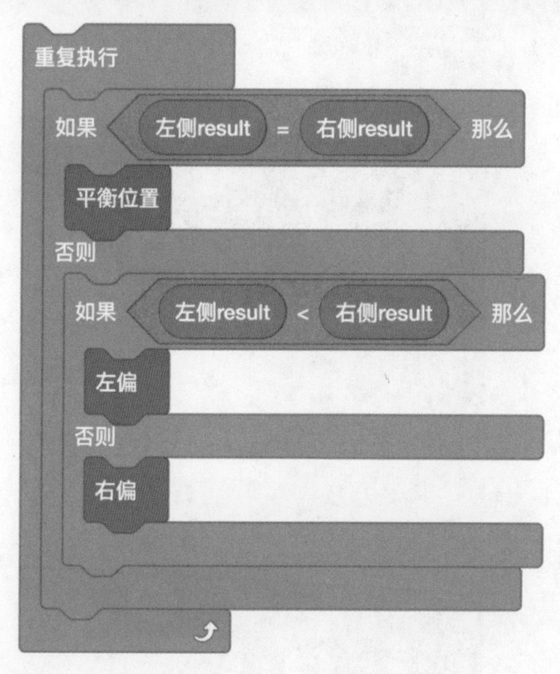

图 49-10　判断杠杆平衡的代码

当杠杆左偏时，杠杆状态设置为 1；当杠杆右偏时，杠杆状态设置为 2；当杠杆平衡时，杠杆状态设置为 0，代码如图 49-11 所示。

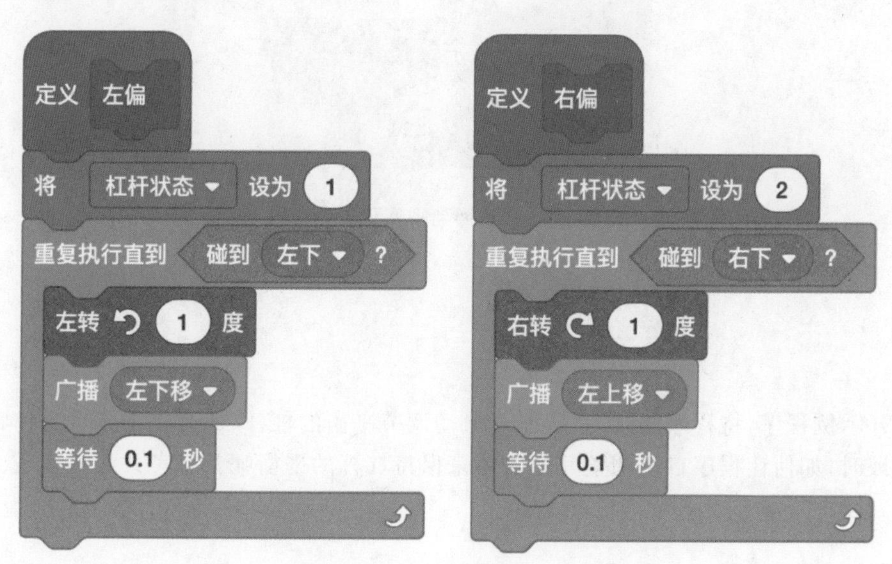

图 49-11　杠杆左偏和右偏的代码

回到“平衡位置”的实现逻辑如图 49-12 所示。程序根据不同的杠杆状态进行不同的处理。最后把“杠杆状态”变量值设置为 0。

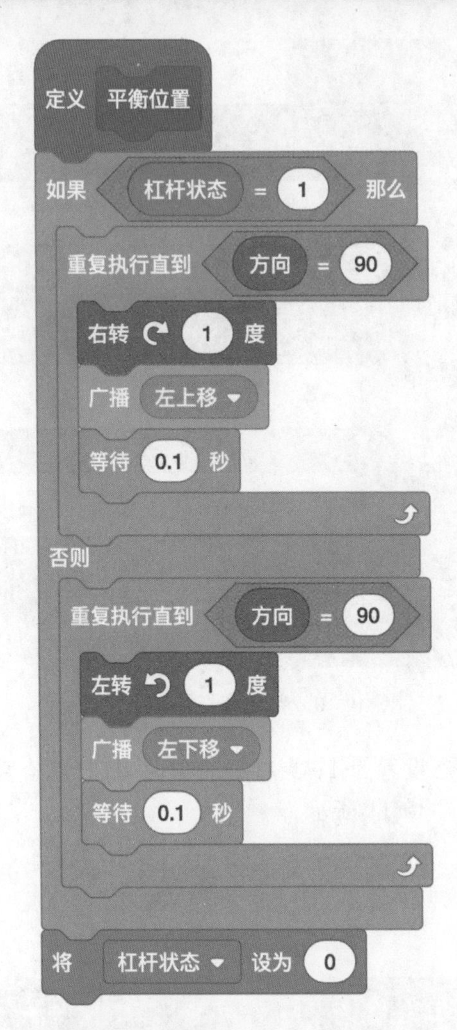

图 49-12 杠杆回到平衡状态的代码

5. 试一试

打开示例程序，将程序修改为“智能可自动调节平衡的杠杆”。当单击某个磁体，杠杆平衡被打破时，如何让程序自动调整其他磁体来保持杠杆的平衡呢？思考并编程实现。

第50课 电磁铁——智能水位报警器

1. 课程目标

在前面的课程中，我们接触的磁体是一种永久磁体，它的磁性是永久存在的。在现实生活中还有另外一种磁体叫作电磁铁，它有时有磁性，有时没有磁性。

本节课将带你学习这种特殊的磁体——电磁铁的特性以及电磁铁在现代科学技术与日常生活中的应用，并用 Scratch 模拟实现“智能水位报警器”。

2. 物理知识

电磁铁

把一根导线绕成螺线管，再在螺线管内插入铁心，一种特殊的磁体就做好了。给螺线管通电时，该磁体会有较强的磁性；不通电时，该磁体就失去了磁性。这种特殊的磁体就叫作电磁铁，如图 50-1 所示。

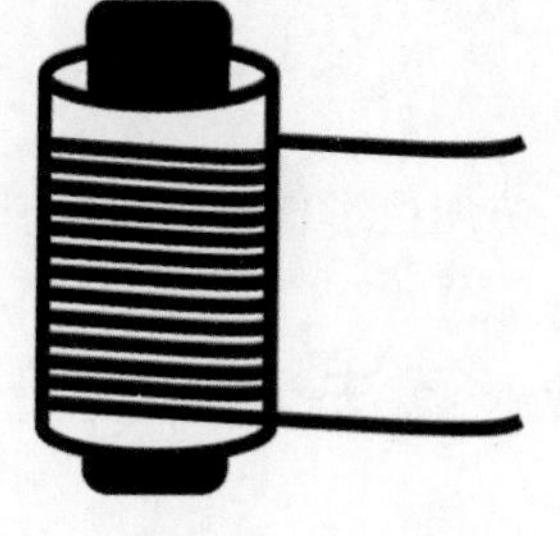

图 50-1 电磁铁

当螺线管线圈的匝数一定时，通入的电流越大，电磁铁的磁性越强。当通入的电流一定时，螺线管线圈的匝数越多，电磁铁的磁性越强。

电磁铁应用广泛，其中的应用之一就是电磁起重机。把电磁铁安装在吊车上，通电后，电磁铁获得很强的磁性，能够吸起很重的钢铁。把钢铁移到指定的位置后切段电源，电磁铁失去磁性，钢铁被放下。全自动洗衣机里的进水、排水阀门，全自动马桶里的感应式冲水器的阀门，都是由电磁铁控制的。

本节课的案例“智能水位报警器”就是电磁铁的应用之一。该程序预期实现的效果如下。

(1) 当水位在警戒水位以下时。

如图 50-2 所示，左侧的电路不通，电磁铁不通电，也就没有磁性。在右侧的电路中，绿灯所在的线路是通的，所以绿灯亮，代表水位正常。

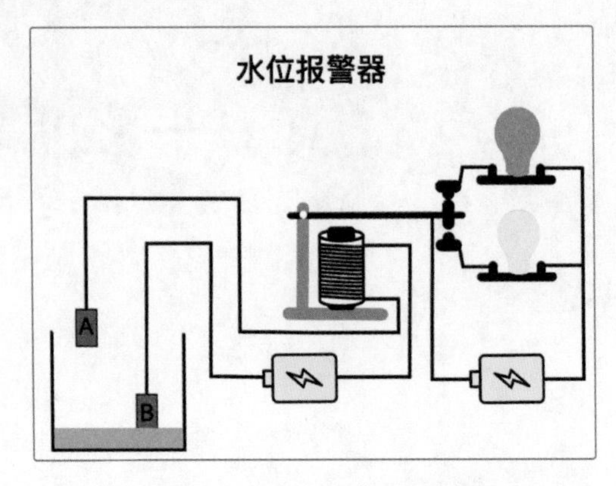

图 50-2　水位正常，绿灯亮

(2) 当水位在警戒水位以上时。

如图 50-3 所示，当水位达到金属块 A 时，由于水能导电，左侧线路形成通路，电磁铁通电并带有磁性。磁力把上方的衔铁吸引下来，衔铁接触到下方的触点，右侧的红灯所在的线路通电，所以红灯亮，给出警示。

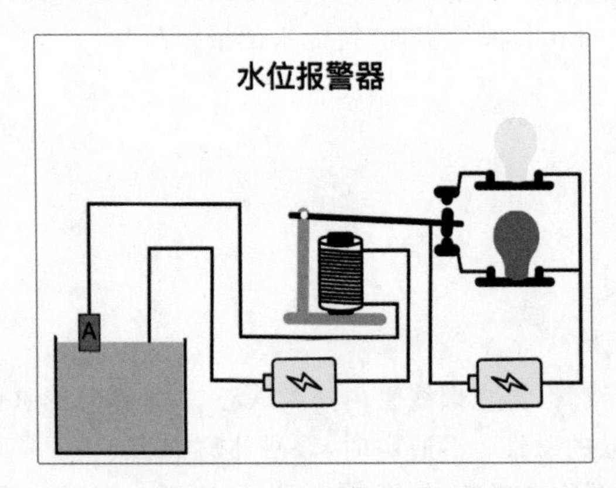

图 50-3　水位异常，红灯亮

明白了这个物理原理之后，接下来用 Scratch 编写"智能水位报警器"的程序。

3. 算法分析

用自然语言描述整个程序的算法，步骤如下。

(1) 程序开始，进行数据初始化。

(2) 判断水位是否达到金属块 A。若是，转到第(4)步；若否，转到第(3)步。

(3) 衔铁接触上方触点，绿灯亮，转到第(2)步。

(4) 衔铁接触下方触点，红灯亮，转到第(2)步。

用流程图可以更直观地描述上述算法，如图 50-4 所示。

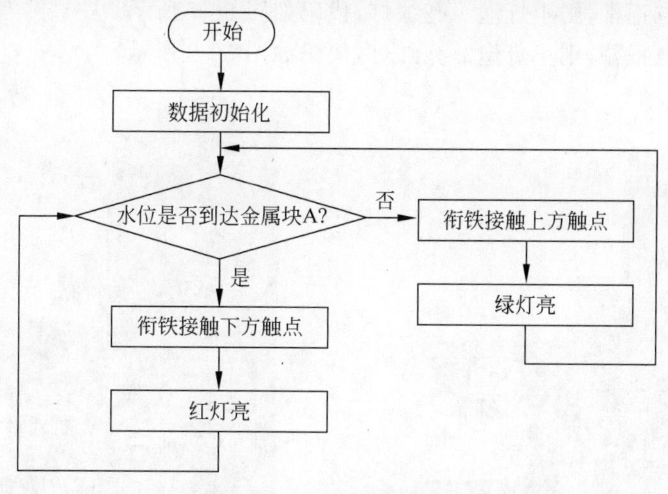

图 50-4 程序算法流程图

4. 编程实现

(1) 新建角色。

本程序的主要角色有：金属块、水、衔铁、小灯泡 1、小灯泡 2。

(2) 判断水位是否达到金属块 A。

创建变量“水位报警”，并初始化为 0，代表水位正常。当水位达到金属块 A 时，将变量“水位报警”设置为 1，代表水位已达到警戒水位。

图 50-5 是角色“金属块 A”的代码段。

(3) 如果水位报警，则衔铁被吸引，接触下方触点，代码如图 50-6 所示。

图 50-5 判断水位是否达到金属块 A 的代码

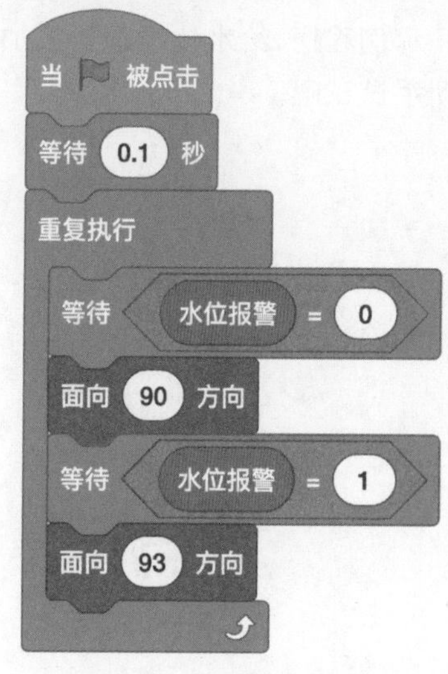

图 50-6 衔铁的代码

(4) 如果水位正常,则小灯泡 1 亮绿灯,代码如图 50-7 所示。

(5) 如果水位报警,则小灯泡 2 亮红灯,代码如图 50-8 所示。

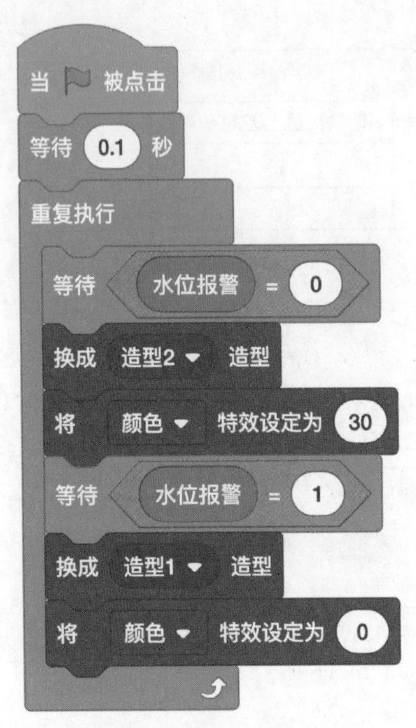

图 50-7　绿灯亮的代码

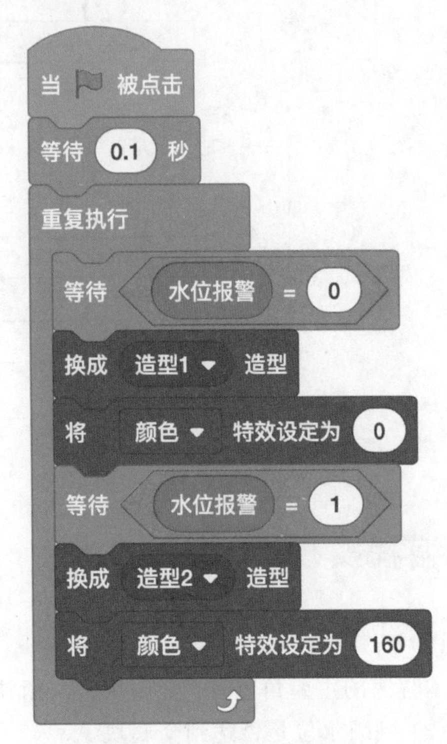

图 50-8　红灯亮的代码

5. 试一试

打开示例程序,给水位报警器添加声音报警功能,要求当水位达到警戒水位时,发出警报音。动手试试吧。

参考文献

[1] 物理(义务教育教科书八年级上、下册)[M]. 北京：人民教育出版社，2019.
[2] 物理(义务教育教科书九年级全一册)[M]. 北京：人民教育出版社，2019.
[3] 谢声涛."编"玩边学：Scratch 趣味编程进阶——妙趣横生的数学和算法[M]. 北京：清华大学出版社，2018.